Martin Posth
1000 Tage in Shanghai

Martin Posth

1000 TAGE
IN SHANGHAI

**Die abenteuerliche Gründung der
ersten chinesisch-deutschen Automobilfabrik**

HANSER

Bildnachweis:
Shanghai Volkswagen, UMU, Andreas Dannenberg, Martin Posth

Nicht in allen Fällen war es möglich, Rechtsinhaber der Abbildungen ausfindig zu machen. Berechtigte Ansprüche werden selbstverständlich im Rahmen der üblichen Vereinbarungen abgegolten.

Bibliografische Information Der Deutschen Bibliothek
Die Deutsche Bibliothek verzeichnet diese Publikation in der Deutschen Nationalbibliografie; detaillierte bibliografische Daten sind im Internet über http://dnb.ddb.de abrufbar.

2   3   4   5   10   09   08   07

© 2006 Carl Hanser Verlag München Wien
Internet: http://www.hanser.de
Lektorat: Martin Janik
Herstellung: Ursula Barche
Umschlaggestaltung: Büro plan.it, München,
unter Verwendung einer Fotografie von Andreas Dannenberg, Tokio
Satz: Presse- und Verlagsservice, Erding
Druck und Bindung: Friedrich Pustet, Regensburg
Printed in Germany

ISBN-10: 3-446-40621-2
ISBN-13: 978-3-446-40621-6

Meinen Töchtern
Jana und Alexa

Vorwort

China ist auf dem besten Wege, sich im 21. Jahrhundert wieder einen der vorderen Plätze in der globalen Staatengemeinschaft zu erobern. Über die atemberaubende Geschwindigkeit seiner industriellen Entwicklung seit 20 Jahren ist viel publiziert worden. Zahllose Bücher und Filme versuchen, uns das neue China vor dem Hintergrund seiner jahrtausendealten Tradition und Geschichte näher zu bringen, seine Kultur, seine Gesellschaft, seine Wirtschaft, seine Politik zu erklären und verständlich zu machen. Denn je besser wir dieses große Land und seine Menschen verstehen, umso leichter können wir ihnen begegnen, Konflikte vermeiden und erfolgreich mit ihnen zusammenarbeiten.

Mein Buch will dazu beitragen, die Debatte um die Herausforderung, die Chinas Entwicklung für uns bedeutet, aus eigener praktischer Erfahrung zu bereichern. Ich berichte darin von Chinas Aufbruch in die automobile Moderne, vom ersten großen Gemeinschaftsprojekt mit ausländischen Investoren im chinesischen Maschinenbau, das von der chinesischen Regierung stets als „Symbol chinesisch-deutscher Zusammenarbeit" verstanden wurde. Es geht mir aber nicht um eine komplexe und detaillierte Beschreibung des gesamten abgeschlossenen Projekts; wichtig ist mir zu erzählen, wie wir die anfänglichen Wirren dieser faszinierenden Unternehmung gemeinsam bewältigt haben. Schon diese Momentaufnahme meiner 1000 Tage in Shanghai zeigt, wie rasant sich China verändert, wie sehr es sich in eine moderne Gesellschaft transformiert, ohne seine Traditionen aufzugeben oder seine Geschichte zu verraten.

Ich danke meinen ehemaligen chinesischen Kollegen und Partnern Zhang Changmou, Wang Rongjun, Jiang Tao, Qiu Ke und Chen Xianglin sowie meiner damaligen Sekretärin Frau Chen Yunqin sehr dafür, dass sie bereit waren, die Entwicklung von damals bis heute aus der Perspektive des

Jahres 2006 nachzuzeichnen. Die chinesischen Texte übersetzte Frau Lin Fu, Berlin. Meinem damaligen Kollegen Hans-Joachim Paul und unserem gemeinsamen Mitstreiter in der Wolfsburger Zentrale, Klaus Wulf, danke ich für ertragreiches Material und anregende Diskussionen während der Entstehung dieses Buches.

Sehr herzlich danke ich Frau Burgula Olschewski, die mich zu diesem Buch ermunterte und mir verlagstechnisch wie beim Verfassen des Textes entscheidend geholfen hat. Schließlich bin ich Prof. Xu Kuangdi, dem langjährigen Oberbürgermeister von Shanghai, 1995 bis 2001, für sein Geleitwort sehr dankbar.

Martin Posth
Berlin, im Sommer 2006

Geleitwort S. E. Prof. Xu Kuangdi

Die Geburtsstunde der modernen Automobilindustrie Chinas geht auf das Jahr 1978 zurück. Deng Xiaoping, der damalige Vizepräsident des Zentralkomitees der Kommunistischen Partei Chinas, schaffte mit seiner „open door policy", der so genannten Öffnungspolitik, die Grundlage dafür, dass die Abschottung Chinas zum Westen beendet wurde und ausländische Investoren zum Engagement in die Volksrepublik eingeladen wurden. Es ist der strategischen Weitsicht des Volkswagen-Konzerns zu verdanken, dass sich VW unter der Führung des damaligen Vorstandsvorsitzenden, Dr. Carl H. Hahn, in Shanghai so frühzeitig und beherzt engagierte.

Mit der Gründung des Gemeinschaftsunternehmens von Shanghai Volkswagen im Jahr 1984 begann ein neues Kapitel internationaler industrieller Zusammenarbeit im Bereich der Automobilindustrie der Volksrepublik Chinas. Dem engagierten Einsatz meiner Amtsvorgänger Jiang Zemin, Zhu Rongji und Huang Ju als Oberbürgermeister von Shanghai ist es zu verdanken, dass sich das größte Projekt in der chinesischen Maschinenbauindustrie zwischen Chinesen und Deutschen im Geist fairer Partnerschaft so erfolgreich entwickeln konnte. Dabei wurde von beiden Seiten unermüdlich um einen gemeinsamen Weg gerungen, der die Interessen beider Partner gleichermaßen berücksichtigte.

Als ich 1995 mein Amt als Oberbürgermeister von Shanghai antrat, hatte sich Shanghai Volkswagen aus einem kleinen Keim schon zu einer kräftigen Pflanze entwickelt, deren Saat sich mit der systematischen Nationalisierung der Zulieferindustrie weit über Shanghai hinaus über die gesamte Volksrepublik China verbreitet hatte. Heute ist diese Saat aufgegangen. Shanghai Volkswagen hat wesentlich zur Modernisierung und Erneuerung von Chinas Automobilindustrie beigetragen. Die Volksrepublik China zählt zu den größten Autoproduzenten der Welt mit einem Markt, der sich ständig dynamisch weiterentwickelt.

Unserer Dank gilt allen Beteiligten der ersten Stunde, die mit großartigem Einsatz, gegenseitigem Respekt und Vertrauen den chinesisch-deutschen Traum entwickelten und verwirklichten, den Traum von der größten, besten und modernsten Automobilfabrik Chinas.

Das deutsche Gründungsteam von Shanghai Volkswagen, das unter Führung von Dr. Martin Posth und Hans-Joachim Paul eine bis heute wegweisende Basis der chinesisch-deutschen Zusammenarbeit legte, genießt bei uns in Shanghai bis heute einen ausgezeichneten Ruf.

Für Chinesen ist dieses Buch von Martin Posth ein historisches Dokument über die Öffnungspolitik und für ausländische Investoren eine Pflichtlektüre. In einzigartiger Weise schildert es am Beispiel Shanghai Volkswagen praxisnah, kritisch und konstruktiv, wie trotz unterschiedlicher Kulturen im gemeinsamen Verständnis um die Sache erfolgreich gerungen wurde. Die Vorschläge, die Martin Posth an alle richtet, die sich in China engagieren wollen oder dies ins Auge fassen, gilt es zu beherzigen, wenn man in China erfolgreich zusammenarbeiten will. Das Buch bleibt auf Dauer ein wichtiges Dokument der modernen Industriegeschichte Chinas.

Xu Kuangdi
Sommer 2006

Inhalt

1

Chinas Traum von Detroit – Wolfsburgs Tor nach Asien

Für einen Moment stockte mir der Atem. Fassungslos starrte ich auf die maroden Fabrikhallen, vor denen ich angekommen war. Diese staubige Bruchbude soll eine Autofabrik sein? Hier will Volkswagen zusammen mit den Chinesen Autos bauen? Doch ein Blick auf das Firmenschild zeigte, dass ich an der richtigen Adresse angekommen war. Ich stand vor einer Fabrik der Shanghai Tractor and Automobile Corporation, der STAC, dem chinesischen Staatsunternehmen, mit dem der Wolfsburger Volkswagen-Konzern gerade ein Joint Venture vereinbart hatte. Der Vertrag für die Shanghai Volkswagen Automotive Co. Ltd. (SVW) war erst vor wenigen Wochen, am 10. Oktober in Beijing unterzeichnet worden.

Der erste Blick auf die Fabrik in Anting

Es war Anfang November 1984. Für einen Tag hatte ich mich von der kleinen bayerischen Delegation der Hanns-Seidel-Stiftung abgesetzt, die auf Einladung der chinesischen Freundschaftsgesellschaft seit drei Wochen durch China reiste. Als Vorstandsmitglied der Audi AG wollte ich mir einmal aus der Nähe ansehen, wo mein Mutterkonzern demnächst mit den Chinesen gemeinsam die erste moderne Pkw-Produktion der Volksrepublik aufbauen wollte.

Begleitet von einem chinesischen Delegationsleiter fuhr ich mit einem Taxi die 30 Kilometer nordwestlich aus Shanghai heraus nach Anting, einem Dorf in der so genannten Industriezone, der „industrial zone" im Bezirk Jiaoding. Wir brauchten eine gute Stunde, weil Fahrräder, Ochsen und der

Zustand der Straße kein schnelleres Fortkommen erlaubten. Am Wegesrand sahen wir Bauern auf den Reisfeldern arbeiten, während wir fahrend den Reis droschen, den sie zu diesem Zweck auf die Straße gelegt hatten. Ich ahnte zwar schon, dass die Chinesen eine Modernisierung ihrer Produktion dringend brauchten. Beim ersten Blick auf das, was eines Tages Shanghai Volkswagen werden sollte, wurde diese blasse Ahnung jedoch zur bitteren Gewissheit. Jede Menge Schrott lag auf dem Grundstück herum. Die Gebäude hatten mit dem, was wir uns unter Fertigungshallen vorstellen, nichts zu tun.

Die Fenster waren undicht, die sandige, unbefestigte Straße führte mitten durch das Fabrikgelände und drinnen war es nicht nur ebenso feucht, sondern auch ebenso kalt wie draußen. Heizung gab es nicht. Es schien mir alles so vernachlässigt, ja geradezu abbruchreif, dass ich mir überhaupt nicht vorstellen konnte, wie aus diesen heruntergekommenen Hallen jemals auch nur ein einziges, für uns halbwegs akzeptables Auto herauskommen sollte. „Mein lieber Mann", fuhr mir durch den Kopf, „wer hier mit den Chinesen zusammenarbeiten will, steht vor gewaltigen Herausforderungen." Was hatten sich die Wolfsburger nur bei diesem Vertrag gedacht, fragte ich mich, verließ Anting und schloss mich in Shanghai wieder meiner Delegation an, mit der ich wenige Tage später nach Deutschland zurückkehrte.

Meine ersten China-Erlebnisse gaben mir nachhaltig zu denken. Die Menschen lebten dort in ärmlichsten Verhältnissen, die sich ein Europäer kaum vorstellen konnte. Gleichzeitig spürte man im ganzen Land die Hoffnung auf Besserung. Die Menschen verströmten Optimismus, ja eine regelrechte Lust auf Veränderung. Das hatte ich in Deutschland nur selten erlebt, wo es eher darauf anzukommen schien, es sich in der späten Wirtschaftswunderrepublik so komfortabel wie möglich einzurichten.

Ich war 40 Jahre alt und hatte eben erst einen neuen Fünfjahresvertrag als Personalvorstand bei Audi unterschrieben. Ich war glücklich verheiratet, wir hatten zwei wunderbare Töchter, ein neues Haus, einen Fahrer, kurz alles, was man sich wünschen konnte. Und doch hatte sich bei mir während der China-Reise der Eindruck verstärkt: Mensch, die Welt hat auch noch eine andere Seite. Ich wollte mich persönlich neu orientieren.

Ende der 70er Jahre lud die chinesische Regierung Unternehmen aus aller Welt ein, sich mit Kapital und Know-how an der industriellen Modernisierung zu beteiligen, die sich die Kommunistische Partei Chinas auf ihre Fahne geschrieben hatte. Im Austausch für westliche Technologie und westliches Management-Know-how boten die Chinesen ausländischen Investoren erstmals Zugang zum potentiell größten nationalen Markt der Welt, einem Markt mit zukünftig zu erwartenden bemerkenswerten Wachstumsraten und viel versprechenden Gewinnaussichten. Denn wachsende Nachfrage war in China allemal in Sicht.

Nach einem Jahrhundert der Isolation, nach Jahrzehnten voller Unruhen, Bürgerkrieg und Hungersnöten schien in China eine neue Epoche anzubrechen. Zehn Jahre Kulturrevolution hatten zuletzt unvorstellbare Zerstörungen angerichtet, Millionen Chinesen ihr Leben gekostet und großes Leid über die Menschen gebracht. Seit Ende der 70er Jahre gewannen langsam wirtschaftliche Reformer die Oberhand in der Kommunistischen Partei Chinas, die das Riesenreich mit fester Hand regierte. Diese Reformer – an ihrer Spitze Deng Xiaoping – sahen sehr klar, dass die über eine Milliarde Menschen hinauswachsende Bevölkerung jede Menge Versorgungsprobleme mit sich bringen würde, etwa bei Nahrungsmitteln oder Energie. Diese Probleme, folgerten die Reformer, werden sich nur lösen lassen, wenn die niedrige Produktivität in Landwirtschaft und Industrie in China künftig erheblich ansteigt. Dafür brauchte das Land, in dem das jährliche Durchschnittseinkommen 1983 noch unter 350 US-Dollar im Jahr lag, wirtschaftliche Unterstützung von außen – vor allem Kapital, Technologie und Management-Know-how.

Die chinesische Regierung plante, in Shanghai die Kraftfahrzeugindustrie zur Schlüsselindustrie auszubauen. Weil die Automobilindustrie das Herzstück vieler moderner

Volkswirtschaften ausmacht, förderten die Chinesen deren Entwicklung von Beginn an besonders nachdrücklich. Schon 1978 begannen chinesische Regierungsvertreter, mit Volkswagen über eine gemeinschaftliche Pkw-Produktion in Shanghai zu sprechen. Denn hier – so hatten die chinesischen Wirtschaftsreformer beschlossen – sollte einer der künftigen Schwerpunkte der chinesischen Autoindustrie entstehen, Chinas Detroit.

Damit könnte Shanghai an die Tradition der 30er Jahre des letzten Jahrhunderts anknüpfen. Zu dieser Zeit war die Stadt automobiles Zentrum und es gab auf diesem Sektor schon einmal eine chinesisch-deutsche Zusammenarbeit. Mit Teilen und technischer Unterstützung aus Deutschland bauten die Chinesen in Shanghai 1936 ihren ersten eigenen Lkw, Motoren und Know-how kamen von der Daimler-Benz AG.

Den eigentlichen Beginn der Geschichte der chinesischen Autoindustrie markiert allerdings, wie der Name schon sagt, die First Automobile Works, kurz FAW. Sie wurde 1953 in Changchun, der Hauptstadt der nordöstlichen, an Nordkorea grenzenden Provinz Jilin, mit Unterstützung der Russen errichtet, gemessen an ihrer Fläche die größte Automobilfabrik der Welt, ein beeindruckendes Imperium, das die Millionenstadt Changchun prägt. Die chinesische Gründergeneration der FAW stammte aus allen möglichen chinesischen Automobilwerken, zu einem großen Teil aus Shanghai. 1969 kam die SAW, Second Automobile Works, in Shiyan dazu. Fachpersonal und Technologie wurden aus der FAW in Changchun übernommen. Shiyan liegt eine halbe Tagesreise mit dem Zug nordwestlich von Wuhan entfernt, einem der bedeutendsten Verkehrsknotenpunkte und Wirtschaftszentren Chinas in der dicht bevölkerten Provinz Hubei. Aus strategischen Gründen wurde die SAW nicht unmittelbar in Wuhan angelegt, sondern ins abgeschiedene bergige Hinterland versetzt, damit der Feind im Falle militärischer Verwicklungen nicht so leicht an sie herankommen konnte. Die Zusammensetzung der Belegschaften zeigt, dass sich die Vertreter der drei größeren Standorte der chinesischen Automobilindustrie, Shanghai, Changchun und Shiyan, untereinander bestens kannten.

Die STAC, ein klassischer Staatsbetrieb, baute in Anting seit 1959 ein Auto mit Namen „Fenghuan" (Phoenix), ein Modell, das dem 1956 von Daimler-Benz auf den Markt gebrachten Mercedes 220 S nachempfunden war. Nach einer Unterbrechung der Produktion in den frühen 60er Jahren ging dieses Modell 1964 unter dem neuen Namen „Shanghai Sedan" in Serienproduktion. Seit Mitte der 70er Jahre kamen jährlich zwischen 3 000 und 5 000 dieser Autos aus der Fertigung der STAC. Alle drei, FAW, SAW und STAC, waren klassische Staatsbetriebe (State Owned Enterprises, SOE). Die STAC unterstand allerdings nicht wie FAW und SAW der Zentralregierung in Beijing, sondern befand sich im Besitz der Stadt Shanghai, die den besonderen Status einer regierungsunmittelbaren Stadt hat.

Vorgeschichte des Vertragsabschlusses

Der Anstoß für die Verhandlungen über die chinesisch-deutsche Zusammenarbeit resultierte nicht aus einer Initiative des VW-Konzerns, sondern verdankte sich der Umsicht und Spontaneität des damaligen Maschinenbauministers der Volksrepublik, Chou Tzu Tsian. Auf der Suche nach Partnern für den Aufbau der Industrie besuchte er im November 1978 die Stuttgarter Daimler-Benz-Zentrale. Da die Chinesen den Rest der Welt nur in Ausschnitten erlebt hatten, kannten sie nur wenige Autohersteller, unter den deutschen allein Daimler-Benz in Stuttgart.

Als der chinesische Maschinenbauminister in Deutschland ankam, sah er auf den Straßen nicht wie erwartet einen Mercedes neben dem anderen, sondern jede Menge VW-Produkte wie den Käfer oder den Golf. Chou Tzu Tsian erkundigte sich deshalb nach dem Hersteller dieser Autos. Sie stammten von Volkswagen aus Wolfsburg, klärten die Stuttgarter den Minister auf. Kurz entschlossen reiste Chou Tzu Tsian mit seiner Delegation per Zug nach Wolfsburg.

Dort angekommen, ging die Delegation zu Fuß vom Bahnhof zur „Wache Sandkamp", seit jeher der Haupteingang für Besucher des VW-Werkes. Chou Tzu Tsian stellte sich mit Hilfe eines Übersetzers dem Diensthabenden Wachmann mit den Worten vor: „Ich bin der chinesische Maschinenbauminister und möchte einen Verantwortlichen von VW sprechen." Der Wachmann staunte nicht schlecht über diesen Minister in blauer Mao-Jacke, der per pedes angereist kam, und versuchte, jemanden zu finden, der ihn empfangen könnte. Gott sei Dank war an diesem Tag Dr. Werner P. Schmidt im Haus, damals als VW-Vorstand für den Vertrieb zuständig. Ihn rief der Wachmann an: „Herr Dr. Schmidt, hier vor mir steht der chinesische Minister für Maschinenbau und möchte Sie gern sprechen." Herr Direktor Schmidt war nicht weniger erstaunt als der Wachmann, aber respektvoll und neugierig genug, um zu erwidern: „Dann bitten Sie ihn doch zu mir ins Hochhaus. Es wird mir eine Ehre sein."

So begann das Gespräch zwischen der chinesischen Regierung und Volkswagen, aus dem Besuche, Gegenbesuche und schließlich das erste chinesisch-deutsche Joint Venture im Automobilbereich entstanden: aus einer spontanen Idee, die Chou Tzu Tsian hatte und kurzerhand realisierte. Die Episode gibt einen Vorgeschmack auf den Pragmatismus, mit dem die Chinesen an jede Aufgabe herangehen, die sich ihnen stellt.

Allerdings gab es einige Gründe, mit denen sich Volkswagen den Chinesen als Partner empfahl. Das wichtigste Ziel, das die Chinesen bei der Modernisierung ihrer Industrie verfolgten, war, durch den Import neuer Technologien den Eigenbedarf des Landes an Pkws zu decken und Exportpotential zu erschließen: in erster Linie für den asiatischen Markt, perspektivisch aber auch für die Märkte in Amerika und Europa.

Einer der frühen Mitstreiter für das Projekt Shanghai Volkswagen auf chinesischer Seite war Jiang Tao. Er war Leiter des Vorbereitungsteams für das Pkw-Projekt in Shanghai, der Vorstufe des Joint Ventures. In seinen Erinnerun-

gen, die Jiang Tao für uns freundlicherweise zusammen-
fasste, schildert er den weiteren Verlauf der Vorgeschichte
von Shanghai Volkswagen. Dabei erläutert er die strategischen Ziele, die die Chinesen mit dem geplanten Joint Venture vor Augen hatten. „Im November 1978 stimmte der
damalige Vizepräsident des Zentralkomitees der Kommunistischen Partei Chinas (KPC) Deng Xiaoping dem Vorschlag zu, das Automobilprojekt in Shanghai durch eine gemeinsame Investition und gemeinsame Geschäftsführung mit
einer ausländischen Autofirma umzusetzen, als chinesisch-
ausländisches Joint Venture.

Die Führung der Stadt Shanghai entschied sich für mich
als zuständigen Projektleiter. Mich ehrte diese große Verantwortung und ich entschloss mich, das Vorhaben mit aller
Kraft zum Erfolg zu bringen. Nach der Diskussion mit anderen zuständigen Kollegen legten wir die strategischen Ziele des Projektes fest:

– In Shanghai sollte der erste moderne, umfassende Stütz-
   punkt der Autoindustrie aufgebaut werden.
– Es muss nicht nur eine moderne Pkw-Produktionsstätte
   mit großer Kapazität, sondern auch eine Serie Autoteile-
   und Zubehörfabriken mit hohen technischen Anforderungen aufgebaut werden, um mehr und mehr Teile und
   Zubehör vor Ort herzustellen.
– Ein Technikentwicklungszentrum müsste von der Joint-
   Venture-Firma errichtet werden. Um eigene Marken entwickeln zu können, sollte schrittweise eine eigenständige
   Entwicklung aufgebaut werden.

Ende 1978 fingen wir an, mit verschiedenen großen Auto-
firmen auf der Welt Gespräche zu führen. Im Frühling 1979
besichtigten wir diese Firmen und nahmen Verhandlungen
mit ihnen auf. Dabei zeigte die Geschäftsführung der
Volkswagen AG großes Interesse an dem Projekt. Sie sah in
China einen riesigen potentiellen Automarkt und vertraute
darauf, dass die chinesische Wirtschaft sich durch Reform
und Öffnung sehr schnell entwickeln würde, dass der po-

tentielle Automarkt zu einem realen würde, wenn sie im Rahmen eines chinesisch-deutschen Joint Ventures die Autoindustrie entwickeln. Durch die Zusammenarbeit könnte Shanghai eine moderne Automobilindustrie aufbauen und die Volkswagen AG die Chance des Zugangs zum Markt nutzen.

Als wir erstmals mit Dr. Hahn, dem Vorstandsvorsitzenden der Volkswagen AG, sprachen, erklärte er ausdrücklich, dass er mit chinesischen Partnern kooperieren wolle, um sich mit ihnen gemeinsam zu bemühen, eine moderne Automobilfabrik in China aufzubauen und schrittweise alle von den chinesischen Partnern gestellten Anforderungen im Rahmen der strategischen Ziele umzusetzen. Ich bemerkte: Wir hatten zwar unterschiedliche Interessen, doch ein gemeinsames Ziel. Ich überzeugte mich selbst davon, dass VW über moderne Technologien verfügte und wissenschaftliches Management betrieb. Volkswagen legte großen Wert auf Qualität und arbeitete in einem gründlichen, praxisnahen Stil. Ich war der Meinung, dass die Volkswagen AG unser idealer Kooperationspartner sei, und wir entschieden uns, mit ihr zu kooperieren."

Die chinesischen Partner wollten kurzfristig ihre vorhandene Automobilindustrie modernisieren und lokal Produkte fertigen, die technologisch internationalen Standards entsprachen. Dabei ging es ihnen vorrangig darum, eine Qualität und Wirtschaftlichkeit zu erreichen, die sie in die Lage versetzte, eine wettbewerbsfähige Automobilexportindustrie aufzubauen. Zu diesem Zweck brauchten sie in allen Bereichen industrieller Aktivität westliches Know-how: von Produkt- und Produktionstechnologien über Management- und Verwaltungswissen, Systemen für Aus- und Weiterbildung bis zu Strategien für Vertrieb, Service und Marketing. Langfristig beabsichtigte China, sich über diesen Weg als ernsthafter Konkurrent auf dem Weltmarkt, zumindest aber im südostasiatischen Raum zu positionieren.

Die beiden großen Autoproduzenten, die die Chinesen Ende der 70er Jahre angesprochen hatten, General Motors und Toyota, winkten dankend ab. Wer interessierte sich damals schon für China? Echido Toyoda, Miteigentümer des legendären japanischen Autobauers, erzählte mir 1987 am Rande der Tokio Motor Show davon, nicht ohne hinzuzufügen, dass diese Ablehnung eine falsche Entscheidung gewesen sei, die er bis heute bedauere. Allerdings ist es nach meiner Erfahrung mehr als fraglich, ob ein chinesisch-japanisches Gemeinschaftsunternehmen zur damaligen Zeit überhaupt auf die Füße gekommen wäre. Neben den Schwierigkeiten, mit denen wir später zu kämpfen hatten, hätte die tief verwurzelte Feindschaft, die Japan und China verbindet, eine weitere zusätzliche Belastung der Partnerschaft bedeutet, die auf mittlere Sicht nur schwer zu bewältigen gewesen wäre. Bis heute sind die Belagerung von Nanjing und die Morde in der Mandschurei während der japanischen Besetzung Chinas nicht vergessen. Die jährlichen Besuche japanischer Spitzenpolitiker an Schreinen, an denen japanischer Kriegsopfer gedacht wird – unter ihnen auch verurteilte Kriegsverbrecher –, verursachen bis heute regelmäßig schwere Störungen zwischen den Nachbarstaaten.

Dr. Hahn erkannte in China schon früh den Markt des 21. Jahrhunderts und trieb die Verhandlungen mit den Chinesen gezielt voran, als er 1982 den VW-Vorstandsvorsitz von dem erkrankten Vorgänger Toni Schmücker übernahm. Die eher zufällig begonnenen Gespräche mit den Chinesen wurden unter seiner Regie mit der strategischen Perspektive forciert, über eine Kooperation mit den Chinesen einen „Brückenkopf" in den südostasiatischen Raum zu errichten, um sich erfolgreich gegen dortige Wettbewerber, Japaner und Koreaner, im Markt durchzusetzen.

Für Volkswagen kam es darauf an, möglichst schnell in dem zukunftsträchtigen Markt Chinas Fuß zu fassen, der angesichts der extrem niedrigen Verkehrsdichte langfristig bedeutende Absatzchancen bot. In China kamen 1985 auf 1 000 Einwohner ganze acht Autos, unter diesen vielleicht ein oder zwei Pkws. Wie mager diese Zahlen waren, zeigt der Vergleich mit anderen Ländern. In Japan kamen auf 1 000 Einwohner rund 220 Pkws, in Deutschland und den USA etwa 500. Es war deshalb erklärtes Ziel von VW, das

Engagement hinsichtlich Kapazität und Produktpalette angepasst an die Markterfordernisse und die Absatzchancen stufenweise auszubauen und zu erweitern.

Ein entscheidender Pluspunkt von VW war die Offerte, Motoren in China zu produzieren und einen Teil davon in den weltweiten Verbund zu exportieren. Mit den zu exportierenden Motoren konnte VW ein Essential der chinesischen Regierung und der Partner erfüllen, eine langfristig ausgeglichene Devisenbilanz. Die Modernisierung würde Geld kosten – und zwar nicht nur Renminbi (RMB), die chinesische Währung, sondern jede Menge Devisen, D-Mark oder US-Dollar. Die ausländischen Mitarbeiter des Joint Ventures würden zu einem großen Teil in Devisen bezahlt, neue Maschinen für die moderne Fertigung könnten oft nur im Ausland bestellt werden, und Zulieferungen und Teile für die eigentliche Produktion des Santanas müssten anfangs nahezu 100-prozentig in Wolfsburg gekauft werden.

Um zu verhindern, dass die Joint Ventures an Devisenmangel eingingen, bevor sie richtig begonnen hatten, genehmigten die chinesischen Behörden ein Gemeinschaftsunternehmen mit ausländischer Beteiligung nur dann, wenn aus dem Joint-Venture-Vertrag klar ersichtlich war, wie das Unternehmen selbst Devisen einnehmen und längerfristig für eine ausgeglichene Bilanz sorgen wird. Mit anderen Worten: Die Devisen, die ein Unternehmen brauchte, musste es selbst einspielen. Im Fall von SVW wurde diese entscheidende Genehmigungshürde mit der Motorenfabrik und der Exportperspektive genommen. Durch den vorgesehenen Export sollten bei SVW die Dollars sprudeln, die wir für die Modernisierung und für unsere Produktion brauchten. Diese Konstruktion überzeugte die Chinesen. Am Ende der Verhandlungsphase, als nur noch VW und Citroën im Rennen waren, bekam VW den Zuschlag für das Projekt nicht zuletzt deshalb, weil das Konzept eine begründete Aussicht auf Devisenausgleich aus eigener Kraft bot.

Volkswagen hatte zudem einen exzellenten Ruf in der Welt und verfügte im Aufbau von Fabrikationen in Entwicklungsländern wie Brasilien oder Mexiko über einschlägige

Erfahrungen. Überdies versprach VW, permanent Techno-
logie und Know-how zu transferieren. Nicht unerheblich
dürfte für die Chinesen außerdem gewesen sein, dass der
Joint-Venture-Vertrag auf 25 Jahre ausgelegt war und damit
dem Verdacht vorbeugte, die Ausländer wollten mit ihrem
Engagement nur „schnell Kasse machen". Der gemeinsame
Plan für konkrete Etappenziele reichte ins siebte Jahr der
Partnerschaft.

Von Beginn an strebte VW ein Gemeinschaftsunternehmen mit Kapitalbeteiligung und entsprechend geteilter Managementhoheit an, ein so genanntes „Equity Joint Venture", das in seiner Grundstruktur der deutschen Gesellschaft
mit beschränkter Haftung nachgebildet ist. Der schließlich
ausgehandelte Joint-Venture-Vertrag sah im Einzelnen Folgendes vor: Das Grundkapital der Gesellschaft sollte insgesamt 255 Mio. RMB betragen, was rein rechnerisch nach
dem Wechselkurs von 1984 rund 190 Mio. D-Mark entsprach. VW brachte die eine Hälfte des Grundkapitals ein,
die andere Hälfte teilten sich drei chinesische Partner, die
Shanghai Tractor Automobile Corporation (STAC) mit
25 Prozent, der Verband der chinesischen Automobilindustrie, die China National Automotive Industry Corporation
(CNAIC) mit zehn Prozent und die Bank of China (BoC)
mit 15 Prozent.

Die Aufgaben des neuen Unternehmens waren:

– die von der STAC übernommene Automobilfabrik, in
  der bisher nur ein Pkw des Typs „Shanghai Sedan" gefertigt worden war, zu modernisieren, und zwar in den
  Fertigungsbereichen Presswerk, Rohbau, Lackiererei
  und Endmontage;
– stufenweise die technische Kapazität auf 30 000 Einheiten für das Produkt (Santana) zu steigern und im Zwei-
  schichtbetrieb auszubauen;
– in von der STAC übernommenen Fabrikhallen eine Motorenfertigung für 100 000 Motoren jährlich im Zwei-
  schichtbetrieb einzurichten;
– den so genannten nationalen Fertigungsanteil, das heißt

alles, was in China produziert wurde, schrittweise zu erhöhen, um im siebten Jahr der Zusammenarbeit einen lokalen Fertigungsanteil von 80 bis 90 Prozent zu erreichen;
– landesweit ein Kundendienstnetz mit Ersatzteilversorgung und voll funktionsfähigen Werkstätten zu errichten;
– Rumpfmotoren an die VW AG zu exportieren.

Im Oktober 1984 war es so weit. Der Vertrag für das bislang größte Maschinenbauunternehmen, das die Chinesen jemals mit einem ausländischen Investor zusammen ins Werk gesetzt hatten, wurde feierlich in Beijing in der „Großen Halle des Volkes" abgeschlossen. Der chinesische Ministerpräsident Zhao Ziyang und Bundeskanzler Helmut Kohl unterstrichen mit ihrer Anwesenheit bei der Unterzeichnungszeremonie die politische Bedeutung des Projektes „als Symbol der chinesisch-deutschen Zusammenarbeit". CNAIC-Präsident Rao Bin, Projektleiter Jiang Tao, Zhou Mengxiong als Vertreter der Shanghai Trust and Consulting Co., einer Tochter der Bank of China, und VW-Chef Dr. Carl H. Hahn sowie Dr. Werner P. Schmidt, designierter stellvertretender Aufsichtsratsvorsitzender des neuen Joint Ventures, unterzeichneten den Vertrag. Das erste chinesisch-deutsche Gemeinschaftsunternehmen im Maschinenbau war beschlossene Sache, die Shanghai Volkswagen Automotive Co. Ltd. (SVW). Es war die Geburtsstunde der modernen Autoindustrie Chinas.

Volkswagen sucht seine China-Pioniere

Ich war gerade drei Tage aus China zurück, als in meinem Ingolstädter Büro das Telefon klingelte. Ich nahm den Hörer ab. „Wesner hier, hallo Herr Posth, wie geht's?" Dr. Eckehardt Wesner betreute und gestaltete personalpolitisch alle Auslandsunternehmen des VW-Konzerns. Ob in Mexiko oder Südafrika, immer wenn es darum ging, eine Top-

Position zu besetzen, war Dr. Wesner verantwortlich und hatte seine Hand im Spiel. „Mir geht's gut", antwortete ich, „ich bin gerade von einer beeindruckenden Reise aus China zurückgekehrt." Wesner: „Deswegen rufe ich Sie ja an. Sagen Sie einmal: Habt ihr nicht in eurem Laden einen Controller?" „Wir haben viele Controller. Was für eine Hierarchie denn?" „Abteilungsleiter." Wir unterschieden damals im Konzern vier leitende Führungsebenen: Vorstand, Bereichsleiter, Hauptabteilungsleiter und Abteilungsleiter. Wer einen Abteilungsleiter suchte, bevorzugte eine eher kostengünstige Lösung, jemanden mit anerkannter Fachkompetenz, aber nicht unbedingt ausgeprägtem Führungstalent. „Welche Aufgabe soll der Controller denn übernehmen?", erkundigte ich mich. Wesner antwortete: „Na, wir suchen den ersten Mann für China."

Hatte ich mich verhört oder meinte er das wirklich? Glaubte Wesner allen Ernstes, diese chinesisch-deutsche Automobilfabrik werde mit einem Controller an der Spitze aufgebaut werden können? An die heruntergekommenen Montagehallen in Anting erinnerte ich mich noch sehr lebhaft. Deshalb beschwor ich Wesner: „Herr Wesner, ich komme gerade aus China. Wissen Sie, wie es da aussieht? Wollen Sie das Unternehmen von vornherein zum Scheitern bringen? Ich bin in Anting gewesen und habe mir das Werk der STAC angesehen. Sie können sich gar nicht vorstellen, was da los ist! Wenn Sie dort jemals mit Autos Geld verdienen wollen, brauchen Sie erfahrene Führungskräfte, Unternehmertypen, die auch den nötigen Pioniergeist mitbringen."

Dr. Wesner, Personalfachmann vom Scheitel bis zur Sohle, wandte ein: „Das mag ja stimmen, aber die können wir gar nicht bezahlen. Das Joint Venture verdient doch noch kein Geld. Das ist doch eine Nullnummer, an der bisher noch gar nichts dran ist." Ich fragte weiter: „Wen haben Sie denn auf der technischen Seite?" Seine Antwort: „Ja, da haben wir schon einen Abteilungsleiter …" Noch einmal versuchte ich zu verdeutlichen, dass für die Herausforderung China nicht die zweite oder die dritte Garnitur gebraucht werde, sondern eine erstklassige Führungsmannschaft mit unternehmerischer Erfahrung und Courage. Nachdrücklich riet ich Wesner, sich die Angelegenheit noch einmal durch den Kopf gehen zu lassen. Dabei entfuhr mir – wohl in der Hitze des Gefechts – so etwas Ähnliches wie: „Bevor wir jetzt noch lange reden, mache ich das doch selbst."

Wie ich schnell mitbekam, war diese von mir eher beiläufig eingeworfene Bemerkung im Kopf meines Gesprächspartners als wesentliche Äußerung meinerseits hängen geblieben. Denn Wesner ging anschließend zu Dr. Carl H. Hahn, dem Vorstandschef von VW, und berichtete von unserem Telefonat. „Ich habe mit Posth gesprochen, der gerade einen längeren China-Aufenthalt hinter sich hat. Er hat sich auch in Anting umgesehen und gewarnt, dass das mit einem Controller als Spitzenmann in China nicht gut gehen wird. Außerdem", fügte Wesner hinzu, „hatte ich den Eindruck, er könne vielleicht selbst an der Aufgabe interessiert sein."

Nach dem Telefonat mit Wesner fühlte ich mich meinerseits verpflichtet, Dr. Hahn darüber zu informieren, warum ich mir Sorgen um das Gelingen des China-Geschäfts machte. Ich rief ihn an: „Herr Dr. Hahn, Sie sind zwar eigentlich mein Aufsichtsratsvorsitzender, aber heute möchte ich Sie auf das beabsichtigte China-Engagement ansprechen. Mit einem Abteilungsleiter für Finanzen, den Herr Wesner gerade sucht, wird dieses Unternehmen in China nichts werden." Dr. Hahn erwiderte: „Sie haben völlig Recht. Das China-Geschäft ist eine gewaltige Herausforderung, dafür brauchen wir ein anderes Kaliber." Wenn ich mich recht erinnere, fragte mich Dr. Hahn bei dieser Gelegenheit auch, ob die Aufgabe mich selbst reizen könne. Ich wiegelte ab: „So ernst war das nicht gemeint, ich habe das nur einmal provokativ in den Raum gestellt." Wir verabschiedeten uns voneinander mit dem Vorhaben, das Thema bei anderer Gelegenheit weiter zu vertiefen.

Eine Woche vor Weihnachten flog ich zusammen mit Dr. Hahn von Wolfsburg nach Ingolstadt. Er hatte schon die Skier im Gepäck und war auf dem Weg nach St. Moritz in den Winterurlaub mit seiner Frau, der er mich mit den Wor-

ten vorstellte: „Herr Posth, unser neuer Chef in Shanghai."
Ich wandte ein: „Na ja, so weit ist es ja wohl noch nicht."
„Nein, nein", beruhigte mich Dr. Hahn, „aber unter dem
Weihnachtsbaum haben Sie ja Zeit, über einiges nachzuden-
ken."

Das war das offizielle Angebot, den Vorstandsposten bei
Audi in Ingolstadt aufzugeben, um als VWs erster Mann in
China die Autoproduktion in Shanghai ins Laufen zu bringen. Klar, dass mich die Aufgabe reizte, verantwortlich und
dabei zu sein, wenn es galt, ein Unternehmen von Grund auf
neu aufzubauen, noch dazu in China und damit auf uns
noch fremdem Terrain. Andererseits hatte ich den Schlamassel in Anting gerade mit eigenen Augen gesehen. Shanghai war zu der Zeit außerdem alles andere als die weltoffene
Metropole, die man heute kennt. In der ganzen Stadt gab es
nur wenige Hochhäuser, kein internationales Hotel oder
Restaurant. Dennoch ahnte man, dass aus dieser Stadt, die
früher einmal „Paris des Ostens" genannt wurde, wieder etwas Großes werden könnte. Sicher, heute war es noch nicht
so weit, Fahrräder statt Autos prägten den Verkehr. Die
Menschen schoben sich in einheitlich blauen so genannten
Mao-Jacken in Massen durch staubige oder vom Regen
überflutete Straßen. Aber irgendwie spürte man doch, dass
sie nach vorn wollten.

In dieses pure China wollte ich meine Familie verschlep-
pen? Gerade war unser neues Haus in Ingolstadt fertig geworden, in dem jedes Schlafzimmer ein eigenes Bad hatte.
Die Marmorfliesen für Böden, Bäder und Terrasse hatte ich
eigens aus Anatolien geholt. Wollte ich dieses luxuriöse Zuhause wirklich für die nächsten fünf Jahre gegen simples
chinesisches Wohnen tauschen?

Doch am Ende gewann meine Neugier auf das riesige
Reich der Mitte, das gerade aus seinem Dornröschenschlaf
erwachte, die Oberhand. Ich könnte miterleben, wie das
Land sich öffnet, bewegt und verändert, vielleicht könnten
wir es mit unserem Engagement sogar ein wenig mitge-
stalten. Mir imponierte das Jahrhundertprojekt, das sich
die Kommunistische Partei Chinas vorgenommen hatte, die

Modernisierung der Wirtschaft mit Hilfe westlicher Partner. Das Vorhaben bedingte zwar die marktwirtschaftliche Quadratur des planwirtschaftlichen Kreises, doch das nötigte mir Respekt ab. Wer kann sich die Herausforderung schon aussuchen, die sich ihm stellt? Schließlich malte ich mir aus, welche ungeheuren Chancen der chinesische Markt für jeden westlichen Autohersteller birgt, der hier als erster beherzt seinen Fuß in die Tür setzt.

Die Möglichkeit, unmittelbar etwas zu bewirken, war für mich das Salz in der Suppe. „Wenn du in Deutschland etwas machst", überlegte ich, „vergeudest du mehr als die Hälfte deiner Zeit damit, irgendetwas zu verwalten und verschwendest dabei wertvolle Energie. Aber in Shanghai", malte ich mir aus, „wird jeder Schritt Ergebnisse bringen, auch wenn es gelegentlich einmal stocken oder rückwärts gehen wird. Das ist doch etwas, was du selbst gestalten kannst", dachte ich und beschloss: „Das willst du tun."

Während der Weihnachtstage erzählte ich meiner damaligen Frau Helga-Inge von dem Angebot und gab schließlich zu: „Ich trage mich mit dem Gedanken, den Job anzunehmen." Meine Frau erhob keine Einwände, im Gegenteil, sie ließ sich gern auf das Abenteuer ein. Unseren beiden Töchtern kündigten wir an: „Wir haben eine Überraschung für euch!" Alexa, damals sieben, und Jana, fast acht Jahre alt, saßen im Flur und freuten sich schon auf das Päckchen von ihrer Großmutter, das normalerweise dieser Ankündigung folgte. Doch diesmal war es kein Päckchen, sondern ein Umzug ans andere Ende der Welt. Die Kinder waren Feuer und Flamme. Sie freuten sich sofort. Alles, was sie von China wussten, hatten sie sich aus meinen Erzählungen nach meiner Rückkehr aus China zusammengereimt. Diese Berichte genügten, um sie zu begeistern. Fröhlich sprangen und tanzten die beiden durchs Zimmer und jubelten: „Wir fahren nach China, wir fahren nach China!"

Welches Märchenland malten sich diese zwei kleinen Kindsköpfe in ihrer lebhaften Vorfreude wohl aus? Was stellten sie sich unter China vor? Leise Zweifel beschlichen mich angesichts der hopsenden Kinder. Wird das arme Entwicklungsland, das ich vor wenigen Wochen zum ersten Mal betreten hatte, dieser kindlichen Vorfreude standhalten, diese unbändige Erwartung erfüllen? Egal, die Sache war entschieden, wir gehen nach Shanghai. Heute weiß ich übrigens von meinen Töchtern, dass sie in China 1985 genau das fanden, worauf sie sich so gefreut hatten: einen aufregenden „Abenteuerspielplatz", den sie neugierig erkundeten.

In Wolfsburg, in Ingolstadt und in der einschlägigen Wirtschaftspresse schlug die Nachricht, dass Audi-Personalchef Martin Posth VWs erster Mann in China wird, ein wie eine Bombe. Warum kein „reinrassiger" Wolfsburger? Warum ein Personalfachmann, fragte man sich. Und: Wieso macht der Posth das eigentlich? Ist er von allen guten Geistern verlassen, dass er seinen ledernen Vorstandssessel im schönen Ingolstadt gegen einen harten Stuhl in einem armen Land auf der anderen Seite der Welt eintauschen will? Mancher Journalist vermutete eine Leiche in meinem Keller, die es mir ratsam erscheinen ließe, Deutschland den Rücken zu kehren. Jedenfalls war vielen hierzulande meine Entscheidung suspekt.

Nur wenige verstanden, dass es mich ungemein reizte, bei dem gewaltigen Veränderungsprozess dabei zu sein, der sich in China abzeichnete. Gewiss, der Anblick der lustlosen Arbeiter und der staubigen Fabrik in Anting hatte mich erschüttert. Doch brauchten uns die Chinesen nicht gerade deshalb, weil ihre Produktionsweise hoffnungslos veraltet war? Schließlich konnte man sich mit ein wenig Fantasie 1984 auch schon vorstellen, welche ungeheuren Möglichkeiten der Erfolg des Joint Ventures für den Volkswagen-Konzern bot. Wenn es den Kommunisten in China gelingt, die staatliche Planwirtschaft für privates Kapital aus dem Ausland zu öffnen, wächst im Reich der Mitte – langsam, aber sicher – der größte nationale Absatzmarkt der Welt. China war im Aufbruch. Die Menschen wollten Veränderung, und wie mir schien, konnten sie dabei unsere Unterstützung gut gebrauchen.

Als im Januar 1985 entschieden war, dass der bisherige Audi-Personalvorstand für Volkswagen nach China gehen

wird, nahm der weitere Verlauf der Dinge eine wunderbare
Wendung. Der Wolfsburger Produktionsvorstand, Dr.
Günther Hartwich, der für die technischen Aufgaben in
Shanghai eigentlich schon einen Abteilungsleiter ausgesucht
hatte, zog seinen Kandidaten wieder zurück. Er dürfte sich
in etwa Folgendes gedacht haben: „Wenn Dr. Hahn den
Posth – immerhin Vorstandsmitglied, wenn auch ‚nur‘ bei
der Tochter Audi – ins Rennen schickt, kann ich nicht ir-
gendeinen Abteilungsleiter nach Shanghai berufen, sondern
brauche den besten Mann aus meinem Laden." Dieser beste
Mann hieß Hans-Joachim Paul, war Bereichsleiter des VW-
Werkes Kassel und kam auf diese Weise überhaupt erst ins
Gespräch. Das war ein Segen, denn ohne Paul wäre das Unternehmen Shanghai Volkswagen niemals gelaufen. Obwohl
wir beide von zwei miteinander konkurrierenden Konzern-
fraktionen benannt worden waren, entpuppte sich die Dop-
pelspitze Paul und Posth im weiteren Lauf der Dinge als ge-
glückte Kombination, ein „Bilderbuchteam", wie Dr. Hahn
uns in seinen Erinnerungen an seine Jahre bei Volkswagen
nennt.[1]

Anfang Januar 1985 trafen wir uns zum ersten Mal im
Rothehof, dem Gästehaus von Volkswagen in Wolfsburg.
Paul schien schon vom Äußeren her wie gemacht für einen
Einsatz in Fernost. Der wegen seiner asiatischen Gesichtszü-
ge von Kollegen auf den Spitznamen „Mongolen-Paul" ge-
taufte Ingenieur wollte seine Entscheidung erst treffen,
nachdem er mich kennen gelernt hätte. Ich eröffnete ihm,
dass ich entschlossen sei, die Aufgabe in China anzunehmen, und erläuterte ihm meine Gründe. Wir verstanden uns
auf Anhieb. Schon nach unserer ersten Begegnung wusste
ich, er wäre ein exzellenter Kollege für die Aufbauarbeit, die
in Shanghai auf uns wartete. Auch Paul muss nach unserem
Gespräch überzeugt gewesen sein, denn er verließ Kassel,
um als Technischer Direktor in den Vorstand von Shanghai
Volkswagen zu wechseln.

Partnerschaftspremiere für den Konzern

Shanghai Volkswagen markiert nicht nur einen Meilenstein in der modernen Industriegeschichte Chinas, sondern auch eine Premiere in der Entwicklung von Volkswagen. SVW war weltweit das erste Gemeinschaftsunternehmen, auf das sich VW einließ – abgesehen von einem Joint Venture im damaligen Jugoslawien, der TAS, und einem Joint Venture in Nigeria, bei dem allerdings die Managementverantwortung allein bei Volkswagen lag. Ob in Brasilien, Mexiko, in den USA oder in Südafrika, überall sonst auf der Welt, wo Volkswagen draufstand, war bis 1984 auch zu 100 Prozent Volkswagen drin. Der Konzern bestimmte in jeder Beziehung, wo es langging. Wolfsburg gab den Ton an und der Rest der VW-Welt, einschließlich der Zulieferer, zog mit.

Das änderte sich nun in China schlagartig. Das Gemeinschaftsunternehmen Shanghai Volkswagen war vertraglich mit einer 50:50-Beteiligung von Kapital und Managementverantwortung von vornherein auf Partnerschaft ausgelegt, ohne Konsens ginge nichts. Auf jeder Ebene, bei jeder unternehmerischen Entscheidung hieß es nun „gemeinsam oder gar nicht". Die Führungsgremien waren paritätisch besetzt. Eine Hälfte der insgesamt zehn Board-Mitglieder – der „Board of Directors" ist unserem Aufsichtsrat vergleichbar – wurde von unseren chinesischen Partnern entsandt, die andere Hälfte von Volkswagen. Ebenso im vierköpfigen geschäftsführenden Vorstand, dem so genannten Executive Committee, kurz EXCOM: zwei Chinesen, zwei Deutsche. Die beiden Deutschen standen jetzt fest, Paul als Technischer und Posth als Kaufmännischer Direktor. Ich sollte außerdem die Funktion des stellvertretenden Vorstandssprechers übernehmen.

Im Zuge des Vertragsabschlusses hatte man sich darauf geeinigt, den Vorsitz in Aufsichtsrat und Vorstand den Hausherren zu überlassen und mit Chinesen zu besetzen. Wir begnügten uns mit dem jeweiligen Stellvertreter. Dieses Modell der Fifty-fifty-Partnerschaft unter chinesischer Leitung war meines Erachtens sinnvoll und hat sich bis heute be-

währt – allein schon weil die repräsentativen und offiziellen
Aufgaben, die etwa ein Sprecher des Vorstandes hat, von einem Deutschen gar nicht erfüllt werden könnten. Was wussten wir schon von den Chinesen und ihren Gepflogenheiten?
Wem hätten wir was präsentieren sollen? Mit einem lokalen
Vorstandssprecher hatte Volkswagen bereits in Jugoslawien
gute Erfahrungen gesammelt. Dort wurde er erst von einem
deutschen Vorstandssprecher abgelöst, als VW seinen anfangs hälftigen Anteil an dem Gemeinschaftsunternehmen
auf weit über 50 Prozent erhöht hatte.

Unter unseren Wolfsburger Kollegen war diese Partnerschaft mit chinesischer Leitung, die ihrem Heimvorteil ge-
schuldet war, allerdings nicht unumstritten. Volkswagen in
der zweiten und die Chinesen in der ersten Reihe? Eine ge-
wöhnungsbedürftige Idee für manchen Mitarbeiter unseres
deutschen Konzerns, der schon überall auf der Welt gezeigt
hatte, was er alles erreichen kann, wenn er mit Nachdruck
das Heft in der Hand behält: in Mexiko, in Brasilien, in Südafrika. Viele dachten: „Partnerschaft? Okay, wenn es nicht
anders geht in China. Aber wir sind der Chef." Vorherr-
schende Meinung war, dass die Führung eigentlich in die
Hände von Volkswagen gehöre. Paul und ich dachten nicht
so. Zwar war klar, dass wir unsere Interessen in dem Joint
Venture aus der zweiten Reihe durchsetzen mussten, aber
das störte uns nicht weiter. In China könnten wir ausprobie-
ren, wie das geht. Paul und mir erschien das zentralistisch-
autoritäre Führungsmodell, an dem sich viele Wolfsburger
orientierten, eher langweilig. Wir wollten etwas Neues, nicht
nur die industrielle Moderne für das alte China, sondern
auch eine Art chinesische Innovation für den allzu leicht in
Selbstgefälligkeit abstumpfenden Wolfsburger Traditions-
konzern. Im Unterschied zu den Kollegen von VW waren
Paul und ich nicht in die langjährigen Verhandlungen um
das Joint Venture einbezogen. Doch brauchten wir uns nicht
bis zur ersten Aufsichtsratssitzung zu gedulden, die für den
20. März in Shanghai angesetzt war, um einen ersten persönlichen Eindruck von unseren künftigen chinesischen Partnern zu bekommen. Denn schon im Februar trafen wir uns

zu einer 16-tägigen Rundreise durch die transatlantischen VW-Standorte, die uns nach Brasilien, Mexiko, Kanada und in die USA führte.

Es war ein persönliches Anliegen von Dr. Carl H. Hahn, unseren chinesischen Partnern zu zeigen, wie wir als Weltkonzern in anderen Ländern Produktion und Vertrieb aufgebaut und einen hohen Qualitätsstandard erreicht hatten. Neben meinem Kollegen Paul und unserem künftigen Repräsentanten in Beijing, dem in Nanjing geborenen Dr. Wenpo Lee, der bislang eine Abteilung der Wolfsburger Forschung und Entwicklung geleitet hatte, waren zehn Chinesen bei dieser Reise durch den Konzern dabei. Der bedeutendste unter ihnen war Rao Bin, der Präsident der China National Automotive Industry Corporation, CNAIC. Die CNAIC war eines der Instrumente, mit denen die chinesische Regierung begann, die Autoindustrie – das Herz der künftigen industriellen Entwicklung Chinas – aus dem Staatsapparat herauszulösen. Sie als Anteilseigner in unser Gemeinschaftsunternehmen einzubeziehen war ein geschickter Schachzug der Chinesen aus Shanghai, um auf diese Weise eine zentrale Beijinger Institution in das lokale Projekt SVW einzubinden. In einem ersten Schritt in Richtung Deregulierung hatte die Regierung die CNAIC mit der Autopolitik beauftragt und aus dem Maschinenbauministerium ausgegliedert, dessen stellvertretender Minister Rao Bin bis dato gewesen war. Jetzt war er faktisch so etwas wie Chinas Autominister – eine Schlüsselfigur für unseren künftigen Erfolg. Zu unseren Begleitern gehörte außerdem der stellvertretende Bürgermeister von Shanghai, Li Zhao Ji, der sich um die Wirtschaft der Stadt und besonders um die ausländischen Investoren kümmerte. Mit dabei waren auch die fünf designierten chinesischen Aufsichtsratsmitglieder von SVW, unter ihnen Qiu Ke, der damalige Chef der STAC und designierte erste Aufsichtsratsvorsitzende von SVW, und Chen Xianglin, der Qiu Ke als Chef der STAC nachfolgte.

Auf dieser Reise lernten wir auch unseren künftigen Kollegen kennen, den Mann, den die Chinesen als Sprecher des Vorstandes von SVW ausgesucht hatten, Zhang Changmou.

Er war etwa zehn Jahre älter als ich und sprach perfekt Englisch – ein Umstand, der es uns ermöglichte, ohne den Umweg über einen Übersetzer direkt miteinander zu kommunizieren. Paul und ich nutzten die Gelegenheit der Reise, um im alltäglichen Beisammensein behutsam die ersten persönlichen Beziehungen zu unseren künftigen Partnern zu knüpfen.

Dr. Hahn reiste eigens einige Tage zu uns nach São Paulo, um aus seiner Sicht zu erklären, wie Volkswagen das Automobilgeschäft in Brasilien, Mexiko oder in Nordamerika betrieb. Wie wir uns als deutsche Hersteller in fremden Ländern als verantwortliche Mitbürger („good corporate citizens") engagieren, wie wir Fabriken und lokale Zuliefernetze aufbauen, Vertrieb und Service organisieren, wie wir Sozialeinrichtungen zur Verfügung stellen und für unsere Mitarbeiter sorgen. Die Chinesen sollten vorbildliche Leistungen von VW, die so genannte „best practice", rund um die Welt und in den verschiedensten Hinsichten aus eigener Anschauung kennen lernen.

Nach westlichen Maßstäben liegt die kritische Produktionsschwelle für Autos bei 1000 Stück pro Tag. Bei dieser Stückzahl ist die Produktion in Großserien im internationalen Maßstab rentabel und wettbewerbsfähig. Mit zwei Santanas pro Tag, die die Chinesen seit 1982 in einer Probemontage in Anting von Hand zusammenschraubten, war SVW von diesen Größen noch Welten entfernt. Dennoch diskutierten wir bereits während dieser Reise, wann wir diese Schwelle von 1000 Fahrzeugen pro Tag erreicht haben könnten. Dr. Hahn entwickelte ein Szenario, wie Shanghai Volkswagen in mehreren Etappen jenseits der Jahrtausendwende auf eine Million gefertigte Autos pro Jahr kommen könnte. Das war die visionäre Generallinie.

Allerdings müssten wir erst ein paar Erfahrungen in China sammeln, um beurteilen zu können, wie schnell man die Produktion tatsächlich ausbauen könnte und sollte. Schließlich wussten wir noch nicht so recht, wie viele Santanas der chinesische Markt überhaupt vertragen und abnehmen würde – ein Markt, den es in unserem Sinne noch gar nicht gab.

Wir einigten uns auf eine Erhöhung der Produktionskapazität von SVW „yibu yibu", Schritt für Schritt, nennt
man das in China. Dies sollte von nun an unsere Devise
werden.

Von 1 000 Autos pro Tag, die wir langfristig anstrebten,
konnten die Chinesen bislang bestenfalls träumen. Bei
300 Arbeitstagen pro Jahr, die in China üblich waren, ergab
das ein Jahresvolumen von 300 000 Pkws. Das musste unseren Partnern fantastisch erscheinen. Die über 120 Automobilfabriken mit den 2 500 bis 3 000 Zulieferbetrieben,
die es in China damals gab, stellten in einem Jahr zusammen
gerade einmal 250 000 Kraftfahrzeuge fertig, darunter nur
klägliche 6 000 Pkws. In ganz Shanghai – auch 1985 schon
eine Elf-Millionen-Metropole – gab es nur drei öffentliche
Tankstellen.

In São Paulo, unserem brasilianischen Werk, interessierten sich die Chinesen besonders für die Santana-Montage.
Dass SVW den Santana bauen sollte, war im Joint-Venture-
Vertrag festgelegt worden, und zwar auf Wunsch der Chinesen. Volkswagen hatte im Zuge der Verhandlungen zunächst den Audi 100 angeboten, doch die Chinesen zogen
den Santana vor. Es war vor allem der CNAIC-Vorsitzende
Rao Bin, der die chinesische Regierung überzeugt hatte, welches Auto China wirklich brauchte: keinen großen Schlit-
ten, sondern ein sparsames, wirtschaftliches und sicheres
Auto, und eines, das in der ersten Phase der Zusammenarbeit mit den Deutschen einfach zu bauen wäre. Darüber ist
in der Presse viel Falsches spekuliert worden, etwa weil der
Santana im Markt nicht liefe, hätten wir ihn noch schnell
den Chinesen aufgezwungen. Das ist ein hartnäckiges Vor-
urteil, das sich bis heute gehalten hat. Die Wahrheit ist, dass
der Santana zwar in Europa nicht besonders gut lief, in Brasilien aber zum Beispiel ein richtiger Renner war. Und zwar
aus gutem Grund: solide VW-Mittelklasse ausgestattet mit
der neuesten Technologie. Genau so ein Auto wollten die
Chinesen. Übrigens wurde der Santana damals auch in Spa-
nien gebaut, in Südafrika und, was viele nicht wissen, als
Lizenzfertigung in Japan von Nissan – er war schließlich

unser neuestes Auto. Die Legende, wir hätten den Chinesen eine „alte Klamotte" verkauft, entbehrt jeder Grundlage. Der Santana war das modernste Auto, das wir hatten. 1982, als im Rahmen des Probemontagevertrags die Entscheidung für den Santana fiel, war er gerade ein Jahr auf dem Markt. Auch die immer wieder aufgestellte Behauptung, wir hätten alte Produktionsanlagen und Werkzeuge, die in Deutschland nicht mehr gebraucht wurden, nach Shanghai verschifft, entspricht nicht den Tatsachen. Bei unserer kleinen Produktionskapazität in den Anfangsjahren von SVW hätten die deutschen Anlagen und Werkzeuge, die auf weitgehend automatisierte Massenfertigung ausgelegt waren, überhaupt nicht in unsere Fabrik gepasst.

Der Blick auf die brasilianische Montage regte unsere Fantasie an. Wenn uns die vertraglich vorgesehene Lokalisierung der Teilefertigung gelänge, in China Teile und Komponenten des Santanas qualitäts-, kosten- und wettbewerbsgerecht produzieren zu lassen, könnte Shanghai Volkswagen zum Zulieferer des Volkswagen-Konzerns rund um den Globus werden. Warum sollten die Teile, aus denen der Santana in Südafrika oder Brasilien zusammengefügt wurde, nicht aus China stammen? Diese Exportperspektive gefiel den Chinesen. Die Ausfuhr brächte Devisen ins Land, die sie dringend brauchten, um ihre Wirtschaft zu modernisieren. Mit solchen Überlegungen signalisierten wir unsererseits, was wir unter Partnerschaft verstanden: Industriepolitik in wohlverstandenem beiderseitigem Interesse. Das bedeutete den Chinesen viel, die mit anderen Unternehmen, die nur wenig Rücksicht auf die chinesischen Interessen und Gegebenheiten nahmen, bereits einschlägige unangenehme Erfahrungen gesammelt hatten. Dr. Hahn vermittelte dieses „wohlverstandene beiderseitige Interesse" überzeugend und traf bei den Chinesen, vor allem bei Rao Bin, auf Partner, die ihn verstanden. Nicht zuletzt bildeten die exzellente persönliche Beziehung zwischen Rao Bin und Dr. Hahn und ihre übereinstimmende Grundeinstellung ein wesentliches Fundament unseres Joint Ventures.

Einer unserer chinesischen Reisegefährten, Qiu Ke, hebt

in seinem rückblickenden Resümee der chinesisch-deutschen Zusammenarbeit bei SVW die strategische Weitsicht der VW-Spitze ausdrücklich hervor: „Der Beginn der Zusammenarbeit zwischen der Shanghai Automotive Industry Corporation (SAIC) und der Deutschen Volkswagen AG war nicht einfach." Die STAC wurde Mitte der 80er Jahre in SATIC umbenannt, Shanghai Automobile and Tractor Industry Corporation. Seit 1990 firmiert sie unter SAIC. Qiu Ke weiter: „Zu Anfang der 80er Jahre wurde zwar in China die Reform- und Öffnungspolitik festgelegt, aber in der Autoindustrie waren die Bedingungen für Einfuhr der ausländischen Investitionen und Technologie, für die gemeinsame Geschäftsführung eines Unternehmens relativ schlecht.

Unter diesen schwierigen Bedingungen hat sich der Vorstand der Volkswagen AG unter Führung von Herrn Dr. Hahn mit langfristiger Denkweise trotz aller Hindernisse und Risiken entschlossen, mit Shanghai zu kooperieren. Der Führungskader in Wolfsburg hat diese weitsichtigen strategischen Leitgedanken durchgesetzt, die eine entscheidende Rolle für die erfolgreiche Zusammenarbeit mit uns gespielt haben."

Wir lernten unsere chinesischen Partner in spannenden Fachdiskussionen langsam kennen und entwickelten gemeinsam Perspektiven für SVW. Als wir die weitgehend automatisierte Rohbaufertigung in São Paulo besichtigten, wurde uns allen zum Beispiel schnell klar, dass wir in Shanghai nicht so viele Roboter in der Produktion bräuchten. In China, wo es jede Menge sehr billige Arbeitskräfte gab, sollten Roboter nur da eingesetzt werden, wo die Präzision der menschlichen Hand und des menschlichen Auges nicht genügten, um die Qualität sicherzustellen, die wir anstrebten.

In unserem mexikanischen Werk in Puebla, das wir anschließend besuchten, funktionierte alles wegen der landestypischen Voraussetzungen ein bisschen anders als in Brasilien. So gewannen unsere chinesischen Mitreisenden einen Eindruck von der Anpassungsfähigkeit des Konzerns an unterschiedliche kulturelle und gesellschaftliche Voraussetzungen in den einzelnen Ländern.

Dann ging es nach Tennessee, wohin die Japaner ihre Art der Autoproduktion erfolgreich in die USA exportiert hatten. Eine der ersten „transplants" – so nannte man die ersten Fertigungsstätten der japanischen Autoindustrie auf US-amerikanischem Boden, zu denen die Autobosse der Welt damals pilgerten – war die Niederlassung von Nissan in Smyrna, einer kleinen Stadt bei Nashville. Hier war es den Japanern gelungen, ihr inzwischen legendäres Produktionssystem – kostengünstig, schnell und qualitätsbewusst – an die US-amerikanischen Verhältnisse anzupassen und in einem völlig anderen Kulturkreis erfolgreich zu etablieren. Uns forschenden Besuchern war klar, dass in den Fabrikhallen von Shanghai Volkswagen ebenfalls zwei Kulturen aufeinander treffen werden. Wird uns gelingen, was Fachleute heute „Cross Cultural Management" nennen, zwischen den Kulturen konstruktiv und produktiv zu vermitteln?

Schließlich kamen wir in die Stadt der USA, der Shanghai nacheifern wollte, das Herz der amerikanischen Autoindustrie und Sitz von Volkswagen of America, Detroit. Bei dieser Gelegenheit besuchten wir unser damaliges Werk in Westmoreland, wo der Golf vom Band lief. Die ersten Jettas, die später in Changchun im Rahmen des zweiten VW-Joint-Ventures bei FAW-Volkswagen produziert wurden, kamen übrigens aus eben dieser Produktionsanlage. Ende der 80er Jahre kauften die Chinesen die komplette Anlage auf, bauten sie in Westmoreland ab, beschrifteten alle Einzelteile, verpackten sie in große, dem Vernehmen nach besonders widerstandsfähige Holzkisten und verschifften sie nach Changchun. Dort standen die Kisten mehr als zwei Jahre lang buchstäblich im Regen. Auf einer Länge von einem Kilometer reihten sie sich ungeschützt am Straßenrand auf und boten im frostigen Winter, in dem das Thermometer oft unter 20 Grad minus fiel, einen traurigen Anblick.

Wenn ich später gelegentlich an diesem Straßenlager entlangfuhr, fragte ich mich, ob die Chinesen wohl aus diesen gottverlassenen Kisten jemals wieder irgendetwas Brauchbares herausholen würden. Starke Zweifel, ob die in den Kisten schlummernde Produktionsanlage jemals wieder ins

Laufen käme, schienen mehr als angebracht. Doch die Chinesen belehrten mich eines Besseren. Als in der neuen Fabrik in Changchun Ende 1992, Anfang 1993 die Halle für den Karosseriebau so weit war, wurden die Kisten endgültig geleert, die Einzelteile sortiert und nach der umfangreichen, sorgfältigen Dokumentation, die beim Abbau handschriftlich erstellt worden war, wieder zusammengefügt. Zu meinem größten Erstaunen haben die Chinesen die Anlage tatsächlich zum Laufen gebracht und – eine Spitzenleistung für sich! – weitgehend ohne Unterstützung aus Wolfsburg für den Jetta umgerüstet. Eine respektable Leistung, vor der ich den Hut ziehe. Das hätten wir nicht gekonnt.

Nach unserem Abstecher in die Golf-Produktion von Westmoreland besuchten wir zum Abschluss unserer Reise in Toronto VW of Canada, eine reine Vertriebsgesellschaft. Hier nahmen wir in Augenschein, wie man in einem modernen Land die Autos zu den Kunden bringt, sie zeitgerecht mit Ersatzteilen beliefert und für Service sorgt – Bereiche, die man in den chinesischen Staatsbetrieben bis dato nur vom Hörensagen kannte. Am Ende der zweiwöchigen Reise hatten wir uns zusammen mit unseren chinesischen Partnern die transatlantische Welt des Volkswagen-Konzerns im Schnelldurchlauf angesehen, hatten täglich miteinander gegessen, zahllose Fachdiskussionen und viele persönliche Gespräche geführt. Wir hatten erste weiter reichende Perspektiven unseres Joint Ventures entwickelt und so schon ein kleines Stück des Weges zurückgelegt, den wir zusammen beschreiten wollten, den Weg zum Erfolg von Shanghai Volkswagen, unserem gemeinsamen Unternehmen. Jetzt teilten wir mit unseren künftigen Partnern gemeinsame Erfahrungen und Eindrücke, auf die wir uns später oft bezogen. Einmal gesehen ist besser als tausendmal gehört, heißt ein chinesisches Sprichwort, das Dr. Hahn perfekt beherzigt hatte, als er unsere gemeinsame Reise durch die transatlantische VW-Welt initiierte.

Bei der ersten Aufsichtsratssitzung (Board Meeting) von Shanghai Volkswagen, am 20. März 1985 im Cypress Hotel, wurden wir als geschäftsführender Vorstand bestellt, als

Executive Committee. Zhang Changmou wurde unser General Manager oder Sprecher des Vorstandes und verantwortete das Ressort Öffentlichkeitsarbeit. Sein Stellvertreter, Deputy General Manager, wurde ich. In meine Zuständigkeit fiel die kommerzielle Seite des Unternehmens: Finanzen, Einkauf, Marketing und Service. Unser technischer Direktor Hans-Joachim Paul leitete Produktion, Forschung und Entwicklung, Planung sowie Qualitätssicherung. Das Personalressort und die Organisation lagen in der Verantwortung unseres zweiten chinesischen Vorstandskollegen Fei Chenrong. Unmittelbar im Anschluss an die Aufsichtsratssitzung traten wir zu unserer konstituierenden Vorstandssitzung zusammen. Dabei ging es ganz unspektakulär zu. Wir sahen uns alle in die Augen und jeder stellte sich noch einmal vor. Fei Chenrong, den Personalchef, der auf unserer Reise nicht dabei gewesen war, lernten wir als einen ruhigen Kollegen kennen. Schließlich beschlossen wir, dass wir nunmehr rechtlich verbindlich als Vorstand handeln. Damit waren wir ab sofort für das Unternehmen Shanghai Volkswagen verantwortlich.

Am nächsten Morgen fuhren wir zur offiziellen Eröffnungszeremonie ins Werk, um mit der Belegschaft zu feiern, anschließend zum Empfang der Stadt in die „Exhibition Hall" von Shanghai, einem Ausstellungspalast, der von der Stadtregierung Shanghais gern für offizielle Anlässe genutzt wurde. Das im typischen Moskauer Zuckerbäckerstil gehaltene Gebäude offenbarte auf den ersten Blick seinen Ursprung als sowjetisch-chinesisches Gemeinschaftsprojekt. Der Tag schloss mit einem abendlichen Bankett im Cypress Hotel mit dem Bürgermeister, Feuerwerk und allem, was dazugehört. Solange die Wolfsburger noch da waren, ging es in den ersten Tagen von einem Dinner zum nächsten: „Auf den künftigen gemeinsamen Erfolg und eine gute Zusammenarbeit! Ganbei!" Nach alter chinesischer Sitte leerte man sein Glas anschließend „auf ex". Heute darf man „Ganbei", das wörtlich übersetzt „bis zu Neige" bedeutet, getrost auch als einfaches Prosit verstehen – je nach Trinkfestigkeit.

Es ging fröhlich und herzlich zu. Viele Reden wurden gehalten, von Deutschen und Chinesen, die allerlei Hoffnungen und Erwartungen in das Projekt setzten. Nachdem ich die vierte chinesische Rede gehört hatte, fiel mir die symbolträchtige Sprache und bildhafte Ausdrucksweise der Chinesen auf. Ich hörte etwas genauer hin und fragte mich, was mit den blumigen Worten und der bildhaften Ausdrucksweise wohl wirklich gemeint sei. Im Verhältnis zu den Reden der Chinesen erschienen die Vorträge der Wolfsburger Mannschaft doch recht trocken und sachlich, wie wir Deutschen eben so sind. Mir dämmerte einmal mehr, dass in unserem Gemeinschaftsunternehmen zwei sehr verschiedene Welten aufeinander treffen werden. Im Laufe der Zeit lernte ich, dass die feierlichen Ansprachen, die die Chinesen bei solchen Gelegenheiten wie unserer Eröffnungsfeier halten, eine wichtige Rolle für die wechselseitige Verständigung spielen. Sie dienen keineswegs nur höflicher Begrüßung und erschöpfen sich nicht in bloßen Lippenbekenntnissen. Es empfiehlt sich, genau hinzuhören und zumindest zu versuchen, das Gesagte zu interpretieren, weil oft Grundsätzliches über den Stand der wechselseitigen Beziehungen zum Ausdruck gebracht wird.

Langsam verschwanden die Wolfsburger Konzernrepräsentanten, die chinesischen Amtsträger zogen sich nach Beijing oder in ihre Shanghaier Verwaltung zurück. Wir blieben in Anting, wo wir vor der schwierigen Aufgabe standen, ein modernes, alles umfassendes Automobilunternehmen aufzubauen: von lokalen Zulieferern über unsere eigene Fertigung und Montage bis zum Vertrieb mit Servicestationen sowie funktionierender Ersatzteilversorgung. Ganz abgesehen davon, dass wir Deutschen zudem in der Pflicht standen, unsere chinesischen Mitarbeiter auszubilden und unsere Kollegen mit westlichem Management-Know-how vertraut zu machen. Vor uns lag ein riesiger Berg von Aufgaben, für die erste Etappe bis zur offiziellen Geschäftsaufnahme, der Erteilung der „business licence" von SVW, blieben uns fünf Monate Zeit.

Bereiten Sie Ihr China-Engagement gründlich vor

- Vermeiden Sie euphorische oder panische Hektik. Nehmen Sie sich genügend Zeit und Geduld, um Ihr China-Engagement reifen zu lassen – Ihr chinesischer Partner nimmt sie sich im Zweifel sowieso.
- Einen Vertrag zu verhandeln bedeutet aus chinesischer Sicht, eine langfristige Beziehung aufzubauen. Nehmen Sie an dieser Gestaltung aktiv und partnerschaftlich teil.
- Partnerschaft muss aber mehr sein als taktisches Geplänkel, sie muss gewollt sein und von Herzen kommen.
- Wechseln Sie in Ihrem Verhandlungsteam nicht ständig die handelnden Personen und beziehen Sie die Mitarbeiter ein, die später in Ihrem Projekt Verantwortung vor Ort haben.
- Denken Sie daran, dass das grundsätzliche Miteinander von Menschen gestaltet wird und nicht durch Verträge, Gesetze und Regelungen verordnet werden kann. Spielen Sie daher mögliche spätere Konfliktfälle bereits während der Vertragsphase durch.
- Verlassen Sie sich dann nicht auf Ihren chinesischen Partner, wenn es darum geht, schwierige, Ihrem Partner wie auch Ihnen nicht vertraute Aufgaben zu lösen.
- Greifen Sie auf Erfahrungen Dritter in möglichst großem Umfang zurück. Sie müssen deren Fehler nun wirklich nicht wiederholen. Verlassen Sie sich nicht darauf, in China mit Mustern und Praktiken voranzukommen, mit denen Sie andernorts in der Welt erfolgreich gestartet sind.
- Analysieren Sie nicht nur die kommerziellen, sondern auch die interkulturellen Voraussetzungen Ihres zukünftigen Projektes. Wie steht es um die Qualifikation der Humanressourcen und des Managements? Behalten Sie im Auge, dass viele Kooperationen in China an kulturellen Problemen scheitern, nicht am Produkt, an Kosten oder Preisen.
- Vergessen Sie nicht: Die Machbarkeitsstudie ist und bleibt die Bibel für die Dauer Ihrer Unternehmung. Für die kleinsten Fehler, die Sie hier machen, werden Sie später womöglich einen hohen Preis bezahlen.

2
Kulturschock in Shanghai, Anfangschaos in Anting

Anfang September 1985 siedelte unsre Familie um. Wer 1985 auf dem Hongqiao-Flughafen am westlichen Stadtrand Shanghais landete, war in einer völlig fremden Welt. Die Stadt empfing anreisende Fluggäste in einer Wellblechbaracke, in der man erst einmal mindestens eine Stunde auf sein Gepäck wartete, was in der zugigen Halle im Winter recht ungemütlich werden konnte. Alle Gepäckstücke wurden zu einem Haufen aufgetürmt, auf dem die Chinesen herumkrabbelten, sobald sie ihren Koffer entdeckt hatten. Anschließend ging es mit einem Taxi in eines der wenigen Hotels in Shanghai, das zur damaligen Zeit international üblichen Ansprüchen genügte und nur fünf Autominuten vom Flughafen entfernt war. Eine ungewohnt breite, vierspurig ausgebaute Straße, die von hohen Bäumen gesäumt wurde, führte vom Flughafen bis zur Hongqiao-Straße, der Hauptverkehrsader Richtung Stadtmitte, die im Unterschied zu der großzügigen Flughafenallee so schmal und in einem so beklagenswerten Zustand war, dass sich der Verkehr nur mühsam durch sie hindurchquälte. Gott sei Dank war unser neues Heim schon fast in Sichtweite, wenn wir in die Hauptstraße Richtung Stadtzentrum einbogen.

Ankunft in einer fremden, faszinierenden Welt

Näherte man sich auf der Hongqiao-Straße dem Stadtkern, der von unserem Hotel noch rund zehn Kilometer entfernt war, geriet man in das für die damalige Zeit typische Gewimmel der Menschenmassen, die sich unaufhörlich durch die Straßen Shanghais schoben: zu Fuß oder mit dem Fahrrad, auf dem sich oft mehr türmte, als in den Kofferraum eines Autos passte. Pkws waren noch eine Seltenheit, dennoch bot der Verkehr ein chaotisches Bild. Lastwagen, Busse und die wenigen Pkws, die es gab, hupten unaufhörlich, um Radfahrer auf sich aufmerksam zu machen, die sich weder an Verkehrsregeln hielten noch auf anhaltendes Hupen reagierten. Auf den großen Kreuzungen mühten sich akkurat uniformierte und stets mit Sonnenbrillen ausgestattete Verkehrspolizisten – wie uns schien, weitgehend vergeblich – mittels Handzeichen und Trillerpfeife, das quirlige Chaos zu regeln. Während der Regenzeit konnte es vorkommen, dass Radfahrer in den Fluten so weit versanken, dass nur noch der Sattel aus dem Wasser ragte, durch das sie mit gewaltiger Anstrengung vorwärts zu kommen suchten. Erst 1986, anlässlich eines Staatsbesuches der englischen Königin Elizabeth II., wurde die Hongqiao-Straße ordentlich ausgebaut.

Zeitweise hingen quer durch die ganze Stadt Tabakblätter zum Trocknen über den Straßen, die ein eigenartiges Aroma verbreiteten. Es roch anders, alles sah anders aus, das Klima war ungewohnt, ein für uns oft angriffslustig klingender Ton drang durch die Unterhaltungen in der fremden Sprache an unsere Ohren. Wir waren in einer erst 1982 eröffneten Hotelanlage untergebracht, die die Chinesen gebaut hatten, um dem im Zuge des politischen Öffnungsprozesses wachsenden Fremdenverkehr gerecht zu werden. Das Cypress Hotel, in dem wir schon mit einem abendlichen Bankett den Auftakt von SVW gefeiert hatten, befand sich an der Hongqiao-Straße inmitten eines gepflegten Parks, dessen Gelände direkt an den Zoo von Shanghai grenzte.

Die anderen unserer deutschen Mitarbeiter wohnten mitten im Zentrum Shanghais, im Yandang-Haus, einem der ersten höheren Wohnblöcke, die die STAC von Hongkong-Chinesen mit Rücksicht auf die zu erwartenden ausländischen Mitarbeiter am Rande des Fuxing-Parks hatte errichten lassen. In unmittelbarer Nähe konnte man die Huai-Hai-Straße entlangschlendern, die schon damals zu den wichtigsten Einkaufsstraßen Shanghais gehörte.

Ein von den deutschen Mitarbeitern gern aufgesuchter Treffpunkt war die Bar des Hengshan Hotels, an der gleichnamigen Straße im Südwesten Shanghais gelegen, ungefähr auf halber Strecke zwischen unserem Hotel und der Stadtmitte. Das Hengshan Hotel hatte den Deutschen schon während der Vertragsverhandlungen als Unterkunft gedient und beherbergte später die Experten, die wir für kurzfristige Aufgaben bei SVW brauchten. In diesem Hotel trafen sich die Deutschen nach Feierabend auf ein Bier an der Bar, die sie auf den bösen Namen „Rattenbar" getauft hatten, weil das Gerücht nicht verstummen wollte, dass die Vierbeiner, die bei der Namensgebung Pate standen, eben dort gesichtet worden seien.

Für die damaligen Verhältnisse wohnten wir aus chinesischer Sicht erstklassig, wenn nicht luxuriös. Dennoch stand bei unseren Gesprächen mit dem Vizebürgermeister Li Zhao Ji die Unterbringung der Deutschen immer wieder zur Debatte – ein Riesenproblem zu Anfang. Die chinesischen Wohnverhältnisse waren so rückständig, dass sie den Deutschen nicht zugemutet werden konnten. Wenn wir hier nichts unternähmen, bekämen wir überhaupt keine Deutschen nach Shanghai. Im Joint-Venture-Vertrag stand, dass die STAC für die Unterbringung der deutschen Mitarbeiter zuständig sei und „europäische Verhältnisse" schaffen müsste. Das gelang allerdings nur Schritt für Schritt.

Wohnraum war in Shanghai äußerst knapp, nicht selten teilten sich drei Generationen einer Familie zwei Zimmer. Auf jeden Einwohner kamen vier Quadratmeter Wohnraum, und zwar durchschnittlich, das heißt, viele verfügten gerade einmal über den nötigen Platz, um ein Bett aufstellen zu können. Elektrizität war ein Luxus, den sich nur sehr wenige leisten konnten, und zum Zähneputzen ging man morgens auf die Straße, weil kaum ein Haus über einen eigenen Wasseranschluss verfügte, Toiletten waren grundsätzlich eine öffentliche Angelegenheit, innerhalb der eigenen vier Wände gab es sie nur für Privilegierte. Man konnte schlechterdings von den Deutschen nicht erwarten, dass sie sich diesen ärmlichen Verhältnissen anpassten.

Für die Chinesen waren die einfachen Häuser, die Paul und ich im Park des Cypress Hotels bezogen, regelrechte Paläste. Und die Unterbringung war teuer, sie ist es übrigens bis heute geblieben. Die monatliche Miete für ein einfaches Haus liegt heute zwischen 5 000 und 8 000 Dollar. Damals zahlten wir eine Tagesmiete von 350 RMB oder 175 D-Mark. Das machte im Monat gute 5 000, in einem Jahr 60 000 Dollar. So viel Geld verdiente ein Chinese damals sein ganzes Leben lang nicht, der im Schnitt in einem Jahr nicht mehr als 350 Dollar mit nach Hause brachte.

Dabei hatten Paul und ich gar keine besonderen Ansprüche. Wir wohnten in japanischen Fertighäusern aus Blech, aufgeteilt in zwei Kinderzimmer, ein Schlaf-, ein Wohnzimmer und die Küche, sowie mit Nasszellen aus Plastik. Die Häuser boten ganz gewiss noch nicht einmal den Komfort eines durchschnittlichen deutschen Reihenhauses. Was wir für unsere fürstliche Miete bekamen, war ordentlich – mehr nicht. Und das war gut so, denn Paul und ich setzten mit unserer Haltung die Maßstäbe für die anderen deutschen Mitarbeiter von Shanghai Volkswagen. Deswegen schien es ratsam, bescheiden zu bleiben.

Viele deutsche Mitarbeiter kamen mit ganz anderen Ansprüchen und Vorstellungen nach China. Kollegen etwa, die in unserem nigerianischen Werk gearbeitet hatten, wohnten dort in schönen, großen Villen, in denen gegen billiges Geld Personal für alles Wünschbare zur Verfügung gestanden hatte. In Shanghai erwarteten sie wie selbstverständlich die gleichen Standards. Doch diese Erwartung ging völlig an der Wirklichkeit vorbei. Es war gar nicht so einfach, ihnen klar zu machen, dass noch nicht einmal der Oberbürgermeister von Shanghai so wohnte, wie sie es sich wünschten. Außerdem hatten die Chinesen von „europäischem Standard" ihre eigene Vorstellung, und die deckte sich nicht automatisch mit der der Deutschen, die sich laufend bei Paul und mir beschwerten. Diese Anspruchshaltung beschäftigte zu Anfang alle, und dann kamen noch die Ehefrauen mit ihren Sonderwünschen. Andererseits war es für die Chinesen, die eben sehr viel bescheidener wohnten, wirklich nicht einfach zu akzeptieren, dass wir Häuser, aus ihrer Sicht „Luxuspaläste", beanspruchten, die sich kaum ein Chinese leisten konnte.

Um für die Kinder unserer deutschen Mitarbeiter eine adäquate Schulausbildung sicherstellen zu können, engagierten wir das Lehrerehepaar Neumann aus Hannover, das die schwierige Aufgabe übernahm, für 15 schulpflichtige deutsche Kinder aus insgesamt 13 Klassenstufen einen halbwegs ordnungsgemäßen Unterricht zu gewährleisten. Zum Lehrkörper zählten außerdem eine Chinesin, die die Landessprache unterrichtete, eine schon länger in Shanghai lebende Engländerin übernahm den Englischunterricht und Mathematik unterrichtete ein weiterer Deutscher. Das „Schulgebäude" bestand aus einem Dreizimmerappartement in einer oberen Etage des Yandang-Hauses, in dem die deutschen Mitarbeiter mit ihren Familien ihr Domizil aufgeschlagen hatten.

Neben dem feuchten Klima und dem überwältigenden Menschengewimmel in den Straßen bereitete die chinesische Küche manchem Deutschen ernste Schwierigkeiten. Meine damalige Frau Helga-Inge Posth hatte sich zwar gesagt: „Wo eine Milliarde Menschen satt werden, werden auch wir nicht verhungern." Aber das aus reicher, westeuropäischer Sicht in bestimmten Hinsichten spärliche Angebot und die chinesischen Essgewohnheiten machten doch zu schaffen. So dauerte es Monate, bis endlich ein Mehl entdeckt war, aus dem sich ein Brot backen ließ, das man in Scheiben schneiden konnte, bevor es sich in zahllose Krümel auflöste. Helga-Inge Posth erinnert sich: „Es gab nur einen einzigen Laden, der gelegentlich westliche Waren anbot. Hier konnte man vielleicht einmal Spaghetti kaufen, vielleicht aber auch nicht. Körperpflegemittel gab es, wenn überhaupt, nur eine einzige Sorte. Am anderen Ende der Stadt gab es einmal in der Woche gefrorenes Fleisch, eine Sorte Kochschinken, eine Sorte Käse und Eier. Eine Buchhandlung, in der man etwa deutsche Zeitschriften kaufen konnte, suchte man vergebens." Die Ausflüge auf die einheimischen Märkte waren abenteuerlich. Mit drei Schultertaschen bewaffnet zogen die

Frauen los, wenn sie gehört hatten, dass es irgendwo Konserven gäbe, deren Inhalt unsere deutschen Gaumen gewohnt waren: Erbsen, Bohnen oder Ähnliches. Mit etwas Glück kehrten sie mit einer Ladung stets verbeulter Dosen zurück. Die unbeschädigten Konserven waren damals ausschließlich für den Export reserviert – ein Zeichen des angestrengten Bemühens der chinesischen Regierung um Deviseneinnahmen.

Wie in unserer Fabrik in Anting kam es im Privatleben auch darauf an, mit Einfallsreichtum unter den besonderen chinesischen Bedingungen neue Wege zu gehen. Der Klavierunterricht, mit dem unsere Töchter in Ingolstadt begonnen hatten, wurde in Shanghai recht schnell wieder aufgenommen. Eine chinesische Musikstudentin, die weder Deutsch noch Englisch sprach, brachte zu den Unterrichtsstunden eine Deutsch sprechende Kommilitonin mit, die während des Klavierunterrichts das Nötigste übersetzte. Die Studentinnen liehen sich deutsche Frauenzeitschriften von uns aus, um aus ihnen gemeinsam zu erforschen, wie sich deutsche Frauen kleideten und schminkten und womit sie sich beschäftigten.

Die Ehefrauen unserer Mitarbeiter machten wie wir in Anting die Erfahrung, dass die Chinesen sehr neugierig auf Informationen aus dem Ausland waren, alles Mögliche begierig aufsogen und ständig dazulernten. Die Haushaltshilfe, die so genannte „Ayi", die wir im zweiten Jahr hatten, kannte beispielsweise viele elektrische Geräte gar nicht, die für uns selbstverständlich waren, Staubsauger, Waschmaschine und so weiter. Innerhalb von nur zwei, drei Tagen hatte sie gelernt, alles perfekt zu bedienen, nicht zuletzt dank der sprachlichen Vermittlung meiner Sekretärin Chen Yunqin. Weil unsere Ayi weder Deutsch noch Englisch sprach, malte sie die eingekauften Dinge auf und schrieb ihren Preis in Ziffern daneben, damit man die Abrechnung der Einkäufe nachvollziehen konnte. Nach wenigen Wochen verabschiedete sie sich zu unser aller Überraschung mit einem fröhlichen, klar verständlichen „See you tomorrow!". Auf der rund einstündigen Busfahrt zu uns, die sie täglich zweimal zurücklegte, qualifizierte sie sich weiter und lernte eifrig Englisch.

Ein heikler Punkt war für uns Deutsche die Versorgung im Krankheitsfall. Zwar genossen wir als Ausländer gewisse Privilegien, aber im Ernstfall stellte sich die Frage: Wie weit trauen wir den chinesischen Ärzten? Wir lernten ein öffentliches chinesisches Krankenhaus kennen, das zwar in keiner Weise dem entsprach, was wir an Hygiene und medizinischer Apparatur gewöhnt waren, dennoch aber erstaunlich schnelle Heilung der aufgetretenen Beschwerden brachte.

Gerade für die Kinder bedeutete das chinesische Essen eine große Umstellung. Sie ekelten sich vor den berühmten so genannten „100 Jahre alten Eiern", empfanden angesichts toter Wachteln oder Spatzen eher Mitleid als Appetit und begnügten sich oft lieber mit Reis und Ketchup, wenn uns chinesische Delikatessen angeboten wurden. In unserer Hotelküche verstand man sich, ein Trost, auf Pfannkuchen mit Marmelade, mit denen wir die Kinder gelegentlich aufmunterten.

Gewiss litten Alexa und Jana anfangs – jede auf ihre Weise – unter Heimweh nach Ingolstadt. Aber es verflüchtigte sich in dem Maße, in dem sie ihre neue Umgebung eroberten und, kräftig unterstützt von ihrer Mutter, Shanghai erkundeten. Sicher hatten sie sich umzustellen, das Übliche gab es einfach nicht, keine Brötchen, keine Marmelade, keine Butter. Und chinesische Süßigkeiten wie Eis und Schokolade trafen nicht den gewohnten Geschmack. „Aber", erinnert sich Jana, „es gab jeden Tag etwas Spannendes zu entdecken."

Zug um Zug erkundeten unsere Töchter das Hotel, schlossen kleine Freundschaften mit den Chinesen, die dort arbeiteten, und fuhren mit ihren Fahrrädern, die wir aus Deutschland mitgebracht hatten, im Park zwischen den Zypressen herum. Wie die Kinder sich mit den chinesischen Mitarbeitern verständigten, ist uns bis heute ein Rätsel geblieben. Mit ein paar Brocken Englisch und viel Zeichensprache hat es offensichtlich funktioniert. Die Hotelangestellten kümmerten sich rührend um unsere Töchter und ertrugen mit viel Gelassenheit ihr gelegentlich wirklich wildes

Toben. Dem Fahrer des Mini-Busses, mit dem die Mädchen den Schulweg zurücklegten, und den sie kurzerhand auf den Namen „Willi" getauft hatten, brachten sie ein paar Worte Deutsch bei. Er verstand „vorwärts" und „rückwärts", „andere Seite" und „lauter" und „leiser" – Hinweise für den Kassettenrekorder, den „Willi" vorn bediente, während die Kinder ihren deutschen Geschichten lauschten.

Zu den von den Kindern geliebten Ausflugszielen in der Stadt gehörte der Internationale Club, ein Relikt aus den guten alten Shanghai-Tagen, in dem man sich in einem Schwimmbad vergnügen konnte, zu dem ausschließlich Ausländer Zutritt hatten. Ein weiterer, gern und regelmäßig aufgesuchter Ort war der Kleidermarkt, eine halbe Stunde Busfahrt vom Hotel entfernt, wo mit Sicherheit immer etwas los war. Unter freiem Himmel wurden an hunderten von Ständen überwiegend Textilien feilgeboten: Wäsche, Kleider, Hosen, auch Schuhe und Teppiche, vor allem viele T-Shirts oder Jeans, denen man ihre europäischen oder amerikanischen Vorbilder deutlich ansah. Viele westliche Markenaccessoires wurden damals schon in China produziert. Wenn mehr hergestellt worden war, als aufgrund der Importbeschränkungen der Zielländer ausgeführt werden konnte, landeten die originalen Markenprodukte auf dem Kleidermarkt, so dass man hier gelegentlich die schönsten Seidenschals zu Spottpreisen erstehen konnte. Vor den Ständen drängelten sich die Käufer, prüften die Ware und diskutierten ihren Preis.

Die Verhandlungen mit den chinesischen Verkäufern waren besonders spannend. Sobald wir auftauchten – Ausländer waren damals selbst in Shanghai eine Seltenheit –, sammelte sich schnell ein ganzer Tross von Chinesen um uns herum. „Man kam sich vor", erinnert sich Alexa, „als ob man in einem Theater auf der Bühne mit den Chinesen gefeilscht hätte. Das Publikum schaute neugierig zu und verfolgte gebannt, wie wir uns benahmen. Wie verhalten sich die Ausländer? Was passiert da gerade?" Womöglich sind es solche Erlebnisse in Shanghai gewesen, die ihren Teil dazu beigetragen haben, dass Alexa sich später entschied, Schauspielerin und Yoga-Lehrerin zu werden. Auch Jana hat wohl in Shanghai Erfahrungen gesammelt, die sie in ihrer Berufswahl später auf die Bühne trieben, als Ballett-Tänzerin. Schon in Ingolstadt, erst recht in Shanghai nahmen wir die Kinder gern mit, wenn wir ins Theater, in ein Konzert oder zu einem Ballettabend gingen. Meistens folgten diesen Besuchen szenische Aufführungen zu Hause, bei denen die Mädchen uns etwas unter eigener Regie Einstudiertes vorführten. Jana und Alexa hatten in Shanghai regelmäßig Ballettunterricht in einem Gebäude, durch das im Winter der kalt-feuchte Wind pfiff, während sich im Sommer die schwülwarme Luft staute.

Europäische Gesichter waren eine Seltenheit im China der 80er Jahre. Deshalb fragten Werbeagenturen oder Filmproduktionsfirmen gelegentlich bei unserer deutschen Schule an, ob der eine oder andere Schüler eine Statistenrolle übernehmen wolle. Auf diese Weise wurden Jana und Alexa nicht nur zu lächelnden Werbeträgerinnen für eine neue chinesische Schokolade, schließlich hatten sie noch das Glück, in einer Hollywood-Produktion mitzumachen.

1987 drehte eine amerikanische Firma in Shanghai einen Film über die japanische Invasion in China in den 30er Jahren, „Das Reich der Sonne". Im Mittelpunkt der Geschichte, die in Shanghai begann, stand ein kleiner englischer Junge. Der ganze Bund, Shanghais Prachtpromenade aus den 20er Jahren am Ufer des Huangpu, war für die Filmaufnahmen gesperrt worden. Chinesische Soldaten versuchten streng aufgereiht, ihre schaulustigen Landsleute davon abzuhalten, vor lauter Neugier die Kulisse der Filmaufnahmen zu stürmen.

Nur die Statisten durften auf dem Bund hin und her flanieren, was Alexa und Jana mit Vergnügen taten. Das nahe gelegene Huating Sheraton, das erste wirklich internationale Hotel Shanghais, das 1986 eröffnet hatte, war von der amerikanischen Filmproduktion kurzfristig quasi in Besitz genommen worden. Hier warteten unsere Töchter in der Maske auf ihren Auftritt, als der Regisseur des Films auf sie zukam, sie auf Englisch begrüßte und ihnen freundlich ein paar Hinweise gab, worauf sie in der nächsten Szene achten sollten. Als er gegangen war, flüsterte Jana ihrer Schwester aufgeregt zu: „Hey, weißt du, wer das war?" „Nö", antwortete Alexa, „keine Ahnung." „Das war Steven Spielberg!"

Die Statisten bekamen zur Belohnung für ihre Mitarbeit am Ende jeder eine Tüte mit zehn US-Dollar, die unsere Töchter stolz präsentierten, als wir sie abholten. Zu Hause angekommen, fehlte plötzlich Alexas Lohntüte. Sie brach sofort in Tränen aus, wir versuchten, sie zu beruhigen: „Wir fahren zurück ins Hotel. Du wirst sehen, wir finden die Tüte wieder!" Als wir an der Hotelrezeption fragten, überreichte uns eine Hotelangestellte das Fundstück lächelnd, das irgendjemand entdeckt und ordnungsgemäß bei ihr abgegeben hatte. Ich war um 30 Dollar ärmer, die uns das Taxi zurück in die Stadtmitte gekostet hatte, und um eine schöne Erfahrung reicher. Alexa hielt ihren Statistenlohn fest in ihrer Hand und strahlte wieder.

Wenn unsere heute fast 30-jährigen Töchter Jana und Alexa auf ihre Kinderzeit in China zurückblicken, haben diese zwei Jahre sie entscheidend und alles in allem mit Gewinn geprägt. Sie haben erlebt, dass vieles anders geht, womöglich sogar besser als hierzulande, wie Jana resümiert: „Die Chinesen sind unheimlich schnell. Wenn sie sich etwas vornehmen, dann machen sie es. Da geht man auch einmal Umwege, es geht nicht immer stur geradeaus, aber sie bleiben dran. Sie handeln ausgesprochen gezielt im Vergleich zu uns. Das hat schon uns Kindern imponiert. Da könnte sich mancher Europäer ruhig eine Scheibe abschneiden."

Das Fundament für eine neue Ordnung der Dinge

Die Gebäude für die Fahrzeug- und die Motorenmontage sowie einige Maschinen hatte die STAC als Sacheinlage („non cash contribution") in unser Gemeinschaftsunternehmen eingebracht. Außerdem stellte sie das von der Stadt gepachtete, 100 000 Quadratmeter große Fabrikgelände in Anting zur Verfügung und überließ dem neuen Joint Venture anfangs 1 800 ihrer Mitarbeiter, die sie später auf über 2 000 aufstockte. Unsere Aufgabe war, zwei alte, halb abbruch-, halb museumsreife Fabrikgebäude in hochmoderne, wettbewerbs- und weltmarktfähige Produktionsstätten zu verwandeln, eine Fabrik für den Santana und eine für die Motoren. Dabei hatten wir das „neue China" in die alten Gebäude einzupassen. Eine neue Lackiererei oder eine moderne Motorenfertigung in die alten Hallen einzubauen war unglaublich schwierig. Dabei war es mit der Renovierung allein bei weitem nicht getan. Bestimmte Erweiterungen, etwa um den Materialfluss zu verbessern, waren unerlässlich und leider nicht so einfach zu verwirklichen, wie wir es uns vorgestellt hatten. Beim Ausbau des Presswerks mussten 1 500 Pfähle in den sumpfigen Untergrund des Yiangtse-Deltas gerammt werden, damit unsere neue Halle nicht wegsackte – eine Schwierigkeit, die niemand im Vorfeld bedacht hatte, die dann jedoch die Kosten des Ausbaus weit über die ursprünglich angepeilten Grenzen hinaus wachsen ließ. Im Prinzip aber beschränkten wir uns auf die alten Gebäude, die leider recht marode waren. Renovierungs- und Restrukturierungsbedarf waren gewaltig.

Die STAC-Mitarbeiter, die den alten „Shanghai Sedan" weitgehend in Handarbeit fertigten, ließen sich bei ihrer Arbeit nicht weiter stören, als wir mit der Renovierung und den Umbauten begannen. In der Halle, in der unser Rohbau angesiedelt werden sollte, trieben sie weiter mit dem Hammer in der Hand das Blech für ihre Funktionärskarossen. Wer durch die Fabrik ging, sah ein bizarres unmittelbares Nebeneinander, ja Durcheinander zweier Industriewelten, zwischen denen mehr als ein halbes Jahrhundert lag. Es war ein Unterschied wie Tag und Nacht. Am einen Ende einer Halle wurden Teile des „Shanghai" nach handwerklicher Art der Großväter gepresst oder lackiert, während am anderen Ende großindustriell Santanas mit elektronisch gesteuerten Anlagen gebaut werden sollten.

Der Wirtschaftsjournalist Michael Jungblut beschrieb das Durcheinander im Oktober 1985 anschaulich: „Auf den Straßen im Werksgelände und auf Rasenflächen, aber auch auf Plätzen voller Pfützen und Schlaglöcher stehen fertig lackierte, aber noch nicht mit Rädern versehene Shanghai-Karosserien kreuz und quer auf dem nackten Boden. Bei manchen sind trotz des Nieselregens die Fenster nicht geschlossen, obwohl die Polstersitze schon drin sind. Ähnlich sieht es in einer düsteren Werkhalle aus, in der bereits mit einer Grundlackierung versehene Rohkarossen so herumstehen, als ob sie eher für die Verschrottung als für die weitere Arbeit vorgesehen seien." Manche Bleche waren schon von einer Rostschicht überzogen, wenn sie in die Lackiererei kamen – was übrigens nicht weiter tragisch war, denn die Bleche waren so dick, dass sie Motor und Getriebe allemal überlebten, bevor sie durchrosteten. „In diese, an Bilder aus der Frühzeit der Industrialisierung erinnernden, grauen Fabrikhallen wächst nun das moderne Santana-Werk hinein: nach den letzten Erkenntnissen eines optimalen Produktionsablaufs und Materialflusses im Automobilbau geplant, mit modernsten Maschinen ausgestattet, in frisch renovierte, helle Hallen. (…) Der Boden ist so sauber, dass man davon essen könnte. Material steht nur da herum, wo es wirklich gebraucht wird und ist exakt gestapelt. Die Fahrzeuge bewegen sich nach einem ausgetüftelten System von einer Produktionsstufe zur nächsten."[2]

Paul und ich beklagten uns bei den Chinesen: „Zwei Fabriken unter einem Dach? Das ist unmöglich. Die STAC muss mit ihren Mitarbeitern ausziehen, und zwar umgehend." Wieder und wieder erklärten wir, warum wir unter den gegebenen Bedingungen in der Fabrik keine Qualität produzieren konnten. Dann antworteten die Chinesen, die in der Stadtverwaltung oder bei der STAC für das Problem zuständig waren, stets mit beschwichtigenden Ankündigungen, denen aber keine nennenswerten Taten folgten. Je nach der Dramatik, mit der wir unsere Beschwerde vortrugen, hieß es: „Noch in diesem Jahr zieht die STAC aus" oder „Ich verspreche Ihnen, dass dieses Problem bis zum Ende des Monats gelöst ist." Einmal erhielten wir sogar die Zusage, „innerhalb der nächsten Tage" werde die STAC mit ihren Mitarbeitern unsere Fabrik endgültig verlassen. Tatsächlich dauerte es allerdings Jahre, bis das „alte China" aus unserer Fabrik wirklich ausgezogen war. In der Gründungsphase – und weit darüber hinaus – war das Thema nahezu täglich akut.

Unsere Produktion begann sehr bescheiden. Als wir im Mai 1985 mit unserer Aufbauarbeit in Anting anfingen, kündigte sich die ersehnte Modernisierung erst in einer Halle an. Dort wurde der Santana gebaut. Im Vorfeld des Joint-Venture-Vertrags hatten die Partner eine zweijährige Probemontage (1982 bis 1984) vereinbart, um in der Praxis zu testen: Kommen Deutsche und Chinesen bei der Arbeit überhaupt miteinander klar? Wie steht es um die technische Kompetenz der chinesischen Mitarbeiter? Die Ergebnisse dieses Kooperationsversuches ermunterten zu dem Wagnis, das das Joint Venture bedeutete. Die Chinesen hatten sich vergewissert, dass die Zusammenarbeit mit den Deutschen im Grundsatz funktionierte. Die deutschen Techniker und Meister, die in Anting den Chinesen seit 1982 zeigten, wie man den Santana zusammenbaut, bescheinigten ihnen Leistungswillen und ein auffälliges handwerkliches Geschick. Alles Handwerkliche verstanden die Chinesen in Windeseile. Innerhalb kürzester Zeit montierten sie die Autos besser und schneller als irgendwo anders auf der Welt – das ist bis heute so geblieben. Bei Volkswagen wusste man nun, dass die Chinesen im Prinzip Autos bauen können, die sich mit unseren Qualitätsansprüchen messen lassen – eine zentrale Voraussetzung für den Erfolg. Aber bis dahin sollte es noch ein langer, steiniger Weg sein.

Entgegen anders lautenden Medienberichten stand nie zur Debatte, die chinesischen Kunden mit einer niedrigeren Qualität abzuspeisen. Erstens hätte eine solche Billigstrategie nicht den Interessen des Volkswagen-Konzerns entsprochen, der schließlich weltweit für die Eins-a-Qualität aller seiner Fahrzeuge einstand. Und zweitens war es auch aus Sicht der Chinesen undenkbar, die doch den Anschluss an den neuesten technischen Stand suchten, die ihre rückständige Produktion mit Hilfe der Ausländer modernisieren wollten.

Zunächst kamen sämtliche Autoteile aus Deutschland, die Chinesen setzten sie zusammen. Rund 5 200 Teile wurden für jeden einzelnen Santana in Wolfsburg in Holzkisten verpackt, nach Hamburg verfrachtet und von dort nach Shanghai in Containern verschifft. Fachleute unterscheiden zwischen halb und gänzlich auseinander genommenen Autos: „semi knocked down" (SKD) oder „completely knocked down" (CKD). Bei der SKD-Variante, mit der wir in China begannen, werden nur die Achsen eingehängt und die Räder angeschraubt und dann ist das Auto fertig. Später gingen wir schrittweise zu CKD-Sätzen über. Das waren dann bis zu 5 200 einzelne Teile, die geschweißt, lackiert und zu einem Santana zusammengefügt wurden. Auf einem massiven Holzbock stand das Chassis, an dem die chinesischen Mitarbeiter schraubten, schweißten und montierten, bis alle Einzelteile des Santanas verbaut waren.

Zwei Santanas kamen täglich fertig aus dieser Montage, als wir in Shanghai unsere Arbeit aufnahmen. In Deutschland spuckte eine VW-Fabrik mindestens 1 000 Autos am Tag aus, die berühmte Wolfsburger Halle 54 bei voller Auslastung zu ihren besten Zeiten sogar über 3 000 Autos. Für unser erstes volles Geschäftsjahr, 1986, sollte unser Produktionsvolumen bei 6 000 bis 8 000 Santanas liegen. Das bekam man in Wolfsburg in zwei, drei Tagen. Kein Wunder, dass mich mancher Wolfsburger Kollege, wenn ich in der Zentrale war, auf dem Flur gelegentlich mit den Worten begrüßte: „Na, was machen Ihre chinesischen Mickymäuse?" Aus der Warte von Europas größtem Autobauer war SVW ein Winzling, ein Nichts, vielleicht der Anfang von etwas Großem. Ich grüßte freundlich lächelnd zurück, weil ich mir sicher war, dass die strategische Dimension unseres China-Projektes gigantisch war, auch wenn es vom Volumen her winzig anfing.

Als ich in Ingolstadt im März 1985 in einer Aufsichtsratssitzung verabschiedet wurde, wünschte mit Dr. Hahn im Namen des Aufsichtsrates eine glückliche Hand in China und brachte unsere Aufgabe auf die knappe Formel: „Es gilt mit null anzufangen und so etwas wie die Halle 55 zu errichten!" Eine Anspielung auf die legendäre Montagehalle 54, die 1983 in Wolfsburg in Betrieb gegangen war. Sie galt als Paradebeispiel moderner Fertigungstechnik, als Auftakt zu einer neuen Ära industrieller Produktion. Dr. Hahns Vision von der „Halle 55", die auf chinesischem Boden wachsen sollte, hatte mit einem Disneyland moderner Autoproduktion nichts zu tun. Er wollte nicht weniger als die modernste Autofabrik, die die Welt bislang gesehen hatte, und zwar in Anting.

Das war unsere Vorgabe. Allerdings fingen wir nicht, wie Dr. Hahn gesagt hatte, bei null an, sondern im Minusbereich. Im Sommer 1985 wateten wir auf dem Fabrikgelände geradezu durch Haufen von Schrott, umgeben von einer Vielzahl chinesischer Mitarbeiter, von denen wir nichts wussten und die wir nicht verstanden. Dazu die ersten 20 deutschen Kollegen, die aus ganz unterschiedlichen Gründen und Motiven bei SVW gelandet waren, 11 000 Kilometer von ihrem gewohnten Umfeld entfernt. Jeden Morgen erwartete sie eine Fabrik, in der nichts so klappte, wie man es sich vorgestellt hatte. Wir mussten uns mit den Gegebenheiten arrangieren und lernen, Schwierigkeiten als unvermeidliche Begleiterscheinung unserer Arbeit zu begreifen – gerade wenn sie haufenweise auftraten. Hans-Joachim Paul hielt nüchtern fest: „Wo du auch hineingreifst, holst du Dutzende Probleme heraus." Heute erinnert er sich, dass man das Werk anfangs ohne Gefahr für Leib und Leben nur mit Gummistiefeln betreten konnte. Tatsächlich entdeckten wir eines Tages lebensgefährliche Substanzen in der Lackiererei, die einigen Wirbel auslösten.

In einer modernen Lackiererei durchlaufen komplette Karossen die Tauchlackzone. Der gesamte Prozess findet in einem geschlossenen System statt. Ganz anders 1985 in Anting. Die Chinesen tauchten die kompletten Karossen mit Hilfe eines elektrischen Flaschenzuges in ein Lackbecken ein. Für die Tauchlackiererei von Einzelteilen benutzten sie spezielle Gitterkörbe. Bei der turnusmäßigen Reinigung fiel uns auf, dass dem Lack im Tauchbecken zur Verbesserung der elektrischen Leitfähigkeit Quecksilber beigemischt wurde, das die Gesundheit der Anlagenbetreiber durch die entweichenden giftigen Dämpfe gefährdete. Wir schlugen Alarm: „Leute, Quecksilber ist eine sehr giftige und gefährliche Sache. Wir müssen einen Experten aus Wolfsburg einfliegen, um das sachgerecht zu entsorgen. Denn die Beseitigung von Quecksilber ist nicht einfach. "

Zum ersten Mal fühlten wir uns verpflichtet, unnachgiebig zu bleiben. Allerdings würde ein Experte aus Deutschland wertvolle Devisen kosten. Jede Mark in Hartwährung, die wir hatten, mussten wir zehnmal umdrehen, bevor wir sie ausgaben. Das verlangte auch der Staat. Selbst wenn ich dienstlich nach Wolfsburg fahren musste, stellten sich die Chinesen oft erst einmal quer und bohrten nach, wieso ich reisen müsse. Jetzt kamen wir kurz vorm Wochenende an einem Freitag mit unserem Quecksilber-Experten. Als wir uns den Schlamassel am Montag noch einmal ansehen wollten, trauten wir unseren Augen nicht. Keine zwei Tage, nachdem wir Giftalarm geschlagen hatten, war kein Quecksilber mehr zu entdecken. Alles war weg und niemand wusste, wohin es verschwunden war. Wer genau dahinter steckte, fanden wir nie heraus, wo das Quecksilber gelandet war, allerdings schon. Diese giftige Suppe hatten Chinesen in den Fluss abgelassen. Ich vermute, dass auch unsere chinesischen Vorstandskollegen nichts von der klammheimlichen Entsorgungsaktion wussten, sondern dass da eine „dritte" Kraft mit Entschiedenheit am Werk war, um Devisen zu retten.

Unsere deutschen Techniker nahmen den Vorfall zum Anlass, ihren chinesischen Kollegen zu zeigen, wie man ohne Quecksilber auskommen konnte. Zusätzliche elektrische Kupfer-Leitschienen in den Becken erfüllten den gleichen Zweck wie die giftige Substanz. Sie wurden installiert und das Beimischen von Quecksilber hatte sich ein für allemal erledigt. Hans-Joachim Paul brachte die Geschichte rückblickend in einem deutsch-englischen Kauderwelsch, in dem sich viele ehemalige Auslandsmitarbeiter gelegentlich auszudrücken pflegen, auf den Punkt: „Das war ein typischer Fall von Know-how-Transfer im day-to-day Business. "

Unbekannte Dritte entsorgten nicht nur unseren Gift-
fund, sondern vergriffen sich auch an unserem Baumaterial,
das wir für die Modernisierung brauchten. Zement, Stahl,
alle möglichen Baustoffe verschwanden auf unerklärliche
Weise. Die Wolfsburger standen Kopf: Wie konnte die STAC
überhaupt noch parallel in unserer Fabrik produzieren? Wo
blieb das Baumaterial, das eigentlich uns zugeteilt war? Wir
sahen, wohin unser Material wanderte. Es landete auf einer
Baustelle, wo die Chinesen sich – parallel zu unserer Modernisierung – eine neue Fabrik bauten. Es war unrecht, das
lag auf der Hand, aber wir fanden keinen Weg, es zu ändern.
Alles, was unsere chinesischen Mitarbeiter bei SVW gelernt
hatten, trugen sie in ihre Staatsbetriebe. Später nutzten sie
die ersten in China produzierten Einzelteile des Santanas, die
in ihren „Shanghai Sedan" passten, um dem alten Modell
einen modernen Anstrich zu verleihen. Diese Praxis stand in
krassem Widerspruch zu dem, was vertraglich vereinbart
war, nämlich dass alle in China produzierten Teile ausschließlich für den Santana, für unser Produkt verwendet werden
durften.

Viele regten sich damals über dieses vertragswidrige Verhalten der Chinesen auf. Aber was den mit Santana-Teilen
aufgepeppten „Shanghai Sedan" anging, war ich mir sicher,
dass sich das Problem eines Tages von selbst erledigen würde, wenn es uns gelänge, SVW erfolgreich zu entwickeln. Wir
spekulierten darauf, dass sich niemand mehr für das ver-
altete Modell der STAC interessieren würde, wenn wir Eins-
a-Santanas auf den chinesischen Markt brächten. Genau so
ist es gekommen. Anfang der 90er Jahre wurde die Produktion des „Shanghai Sedan" eingestellt. Die mit Hilfe unseres
verschwundenen Materials gebaute neue Fabrik der STAC,
in der die stattliche Limousine zuletzt gefertigt worden war,
„durften" wir dann kaufen und für unsere Erweiterung
nutzen.

Doch zunächst war der „Shanghai Sedan" die noch kräftig sprudelnde Geldquelle der STAC und damit Voraussetzung für ihren finanziellen Beitrag zu unserem Joint Venture.
Dass die STAC – mangels eines anderen Produktionsortes –

ihren Pkw weiter unter unserem Dach fertigte, war aus chinesischer Warte unvermeidlich. Eine sofortige Einstellung der Produktion hätte nicht nur in der Montagefabrik, sondern in der gesamten, für unsere Verhältnisse gigantischen Zulieferindustrie Shanghais zu einem Stillstand und damit zu chaotischen Zuständen geführt, und zwar für viele tausend Mitarbeiter. Der Übergang vom „Shanghai" zum Santana musste also kontinuierlich in einem abgestimmten Prozess erfolgen. Dieser Abstimmungsprozess, dessen Notwendigkeit uns sofort eingeleuchtet hätte, wurde jedoch von unseren chinesischen Partnern kein einziges Mal angesprochen.

Mit Hochdruck arbeitete Pauls Mannschaft an der ersten Montagelinie für den Santana, die möglichst bald anlaufen sollte. Im Vorfeld der Anfang September anstehenden offiziellen Geschäftsaufnahme tauchten immer neue Probleme auf. Ein gewaltiges Hindernis waren unendliche Verzögerungen von Lieferungen, die wir dringend brauchten – seien es CKD-Kisten, Maschinen und Einrichtungen oder auch die Möbel für unsere kleine Schule. Deshalb konnten wir bestimmte Leistungen, die wir vertraglich zu festen Terminen zugesichert hatten, schlicht nicht erbringen. Die Ursachen waren vielfältiger Natur. Es kam durchaus vor, dass das, was wir brauchten, in Deutschland nicht rechtzeitig verschifft wurde. Unser größtes Problem aber war der Hafen von Shanghai. Seine gesamte logistische Struktur hinkte dem, was wir an Präzision und Zuverlässigkeit brauchten, hoffnungslos hinterher.

Im August beklagten wir uns bei den Chinesen, dass sich die Anlieferung wichtiger Einrichtungen und Anlagen, die wir dringend in der Fabrik brauchten, um zehn Wochen verspätet hatte, weil wir sie nicht aus dem Hafen herausbekamen. Dabei hatte Wolfgang Pust, unser Manager für Einkauf und Logistik, alles versucht, was in seinen Kräften stand. Pust war ein erfahrener Mann. Er kannte sich im Hafen von Shanghai aus und hatte schnell zu den wichtigen Leuten, die für den Zoll zuständig waren, gute Beziehungen entwickelt. Aber der Zoll war nur ein Problem. In diesem Fall ging es um das ganz simple Löschen der Ware, darum, dass unsere Container auf Lkws geladen werden konnten, damit wir unser Material endlich in die Fabrik bekamen.

Wenn ein Containerschiff nachts ankam und gleich entladen wurde, standen die Container am nächsten Morgen unsystematisch in der Gegend herum. Wie wollten wir unter diesen chaotischen Haufen unsere Container entdecken? Wenn wir sie gefunden hatten, steckten sie wahrscheinlich unter 20 anderen. Also suchten wir weiter, und zwar einen Kran, denn weit und breit war keiner in Sicht. Hatten wir endlich unsere Container, einen Kran und einen Lkw beisammen, tauchte bestimmt ein Zollbeamter auf, um irgendetwas zu beanstanden – eine unendliche Geschichte.

Das Durcheinander, das damals herrschte, kann man sich heute gar nicht mehr vorstellen. Ein exakter, treuer deutscher Buchhalter konnte angesichts dieses Chaos in größte Verzweiflung geraten. Es war abenteuerlich, aber es ging immer vorwärts. Paul und ich hatten uns früh mit eigenen Augen angesehen, was uns in Anting erwartete. Der schreckliche Zustand der Fabrik hatte uns beide nicht davon abgehalten, nach China zu gehen, sondern ermutigt. Die Fabrik war eine Katastrophe, gewiss, aber jeden Tag wurde es ein bisschen besser, ein wenig erträglicher, sauberer, ordentlicher, funktionstüchtiger. Und jedem, der in dieser Zeit halbwegs neugierig und mit offenen Augen durchs Land ging, war klar: Hier fängt es jetzt an, hier wächst ein Markt. Hier bewegt sich etwas – und zwar gewaltig. Die einzige offene Frage war: Wer macht's? Wer geht als Erster nach China? Wenn nicht wir, dann werden es andere tun.

Doch alles, was wir anfassten, klappte nicht so, wie es sollte. Auch der Einkauf vor Ort steckte voller Schwierigkeiten. „Ich werde mich jetzt selbst anstelle eines chinesischen Mitarbeiters um den Einkauf von Material kümmern", schlug Wolfgang Pust eines Tages vor. „Das ist vielleicht keine gute Idee", entgegnete ich, „denn wenn die Chinesen eine Langnase sehen, steigen bestimmt sofort die Preise." „Aber wenn man einen Chinesen schickt", erwiderte er, „steigen die Preise auch, nur ohne dass wir es merken."

Was auch immer wir erledigen wollten, musste neu ge-

ordnet werden – und zwar so, dass es auf Dauer funktionierte. Denn in Jahrzehnten eingeübte Verhaltensweisen und
Denkgewohnheiten setzten sich, auch bei bestem Willen zur
Veränderung, anfangs immer wieder durch. Manchmal dauerte es eine Woche, manchmal nur einen Tag, manchmal
ging es ruck, zuck, und schon waren die Chinesen wieder in
ihren alten planwirtschaftlichen Trott zurückgefallen, in dem
eine Zentrale alles vorgab, was nachgeordnete Unternehmen
fraglos auszuführen hatten. Deswegen brauchten wir nachhaltige Lösungen, die nicht nur im Einzelfall oder für einen
kurzen Zeitraum funktionieren. Vom Materialeinkauf über
die Managementmethoden bis zur Ausbildung der Mitarbeiter, alles, was wir vorfanden, gehörte auf den Prüfstand.
Können wir das für SVW brauchen oder nicht? Das war die
entscheidende Frage. Auch alles, was wir Deutschen mitbrachten, wurde auf die Praxisprobe und zur Disposition
gestellt: Funktioniert das überhaupt in China? Und wenn ja,
wie gewinnen wir die Chinesen für unsere Systeme, für unsere Methoden? Schließlich hatten unsere Partner ihre eigenen Gebräuche, Sitten und Gewohnheiten, teils von Konfuzi-
us, teils von Mao inspiriert, die sie verständlicherweise nicht
fraglos aufgeben wollten. Also verbrachten wir in unendli-
chen Diskussionen sehr viel Zeit damit, gemeinsam einen
chinesisch-deutschen Weg für Shanghai Volkswagen zu entwickeln und das Chaos langsam zu ordnen.

Auch die CKD-Lieferungen aus Deutschland bereiteten
uns Sorgen. Alle Einzelteile des Santanas mussten erst einmal
gesammelt, geordnet und verpackt werden. Das geschah in
Wolfsburg und klappte nicht immer so, wie es sollte. Oft waren von den 5 200 Teilen, die man brauchte, nur 5 000 da.
Die fehlenden 200 Teile wurden überall gesucht, aber meistens nirgendwo gefunden. Damit wir unsere Stückzahlen
halten konnten, wurden die fehlenden Einzelteile („missing
parts") oft per Luftfracht nachgeschickt, was hohe Kosten
verursachte, die aber von VW getragen wurden, wenn der
Fehler dort verursacht worden war.

An und für sich sind 5 200 Teile eine durchaus noch über-
schaubare Größenordnung, aber es gibt ein paar wichtige

Feinheiten in der Art und Weise, wie man packt. Deshalb sahen wir uns bei Nissan in Japan an, wie die fernöstlichen Wettbewerber ihre CKD-Sätze für den Transport vorbereiteten: Wo packten sie, wie packten sie? Woher nahmen sie das Material? Wie organisierten sie den Materialfluss? Lauter Aspekte der Logistik, bei der kleine Unterschiede große Folgen zeitigen können.

Die Japaner bauten wie wir Mitte der 80er Jahre überall in der Welt ihre Auslandsfabriken auf und arbeiteten auch mit CKD-Sätzen. Sie kannten allerdings das Wort „missing parts" überhaupt nicht. Bei ihnen kam es einfach nicht vor, dass Teile fehlten. Deswegen nahm es nicht wunder, dass wir bei Nissan einige bemerkenswerte Unterschiede zum Wolfsburger Verfahren entdeckten. Bei Volkswagen wurden alle Teile einzeln in Papier eingeschlagen und in eine einzige Holzkiste gepackt, die anschließend keine weitere Verwendung fand. Die Japaner hingegen benutzten wieder verwendbare Blechbehälter unterschiedlicher Größe, in die sie zuerst bestimmte Einzelteile gruppenweise einpackten, um anschließend die verschiedenen kleinen Blechkisten in eine große zu stecken. So wurde das Ganze schon einmal viel überschaubarer und preiswerter. Die wieder verwendbaren Blechbehälter kosteten 30 Prozent weniger als unsere Wegwerf-Holzkisten. Es hatte sich gelohnt, dass wir uns bei den Japanern umgesehen hatten. Allerdings sahen die Wolfsburger CKD-Verantwortlichen die Vorzüge des japanischen Verfahrens nicht gleich ein. Sie fanden in aller Regel ein paar Gründe, mit denen sich die Mehrkosten der gewohnten Holzkisten rechtfertigen ließen.

Vorstandsarbeit mit „wissenschaftlichem Management"

Wie alles andere hatte auch die Arbeit im Vorstand den Charakter einer Uraufführung. Wir arbeiteten im gemischten Doppel, Posth und Paul auf der deutschen, Zhang und Fei auf der chinesischen Seite. Außerdem war Wu Hui Hong, genannt „Shakespeare", immer mit dabei, unser Dolmetscher, der die Sitzungen protokollierte. Seinen Spitznamen hatte er seinen exquisiten Englisch-Kenntnissen zu verdanken.

Die Chinesen wollten Management westlichen Stils lernen, wissenschaftliches Management („scientific management") nannten sie es. Also fingen wir am besten gleich im Vorstand damit an. Da ich schon fünf Jahre Vorstandsarbeit bei Audi hinter mir hatte, wusste ich, wie ein Vorstand organisiert sein muss, damit er funktioniert. Wir fragten uns: Womit beschäftigt sich der Vorstand überhaupt? Besprechen wir nur strategische oder auch operative Fragen? Wie gehen wir mit den Hierarchien um? Wer berichtet dem Vorstand was? Wer erstellt Vorlagen? Wie sollen sie aussehen? Was müssen wir an unseren Aufsichtsrat, den „Board of Directors", herantragen? Aus unserer Sicht waren das zwar alles nur Formalitäten. Sie waren aber notwendig, damit die Vorstandsarbeit überhaupt funktionieren konnte. Unseren Kollegen, die beide aus planwirtschaftlich geführten Unternehmen kamen, waren diese Formalitäten noch fremd.

Einmal pro Woche war Vorstandssitzung, immer in meinem Büro. Rechtzeitig vorher musste die Tagesordnung besprochen und mussten die dazugehörigen Unterlagen eingegangen sein. In dieser Hinsicht waren wir von Anfang an hartnäckig. Fehlten für eine Entscheidung notwendige Begründungen und Anträge, verschwand der Punkt sofort von unserer Tagesordnung. Das war für die Chinesen völlig neu. Unser Kollege Zhang Changmou, der als Manager in einer staatlichen Dieselmotorenfabrik durch eine ganz andere Schule gegangen war, staunte nicht schlecht über unsere Konsequenz in dieser Hinsicht. Aber wenn wir vorwärts kommen wollten, mussten wir zielgerichtet arbeiten, zumal im Vorstand, der ja beispielgebend für den Rest der Mannschaft wirken sollte.

Unsere Büros befanden sich in einem vierstöckigen Bürogebäude, das zur Fabrik gehörte. Es verfügte weder über eine Klimaanlage noch eine Heizung. Im Sommer lief einem das Wasser den ganzen Tag am Körper herunter, so weit man die Fenster auch öffnete. Im ersten Winter, der sehr schnell kam, war es so lausig kalt, dass wir in Mänteln und mit Handschuhen arbeiteten. Im subtropischen Klima Shanghais sinkt die Temperatur zwar selten unter null Grad Celsius, aber die hohe Luftfeuchtigkeit kriecht einem so in die Knochen, dass die gefühlte Temperatur deutlich unter dem Nullpunkt liegt. Strom war ein knappes Gut. Es ging immer nur eines, entweder der Heizofen im Büro oder der Trockenofen in der Lackiererei. Wir entschieden uns zu frieren und Autos zu produzieren. Im zweiten Jahr spendierte Paul uns eine Klimaanlage, die allerdings nur manchmal funktionierte. Doch ob Sommer oder Winter, immer war die Luft so feucht, dass das Papier, auf dem man etwas notieren wollte, nass und unbrauchbar wurde. Wir waren in einem Entwicklungsland, vieles war höchst primitiv. Unser größter Luxus bestand aus einem Kühlschrank im Sommer und einem Wasserkocher für einen heißen Tee im Winter.

Direkt rechts von meinem Büro war die PR-Abteilung untergebracht, ein Zimmer weiter saß unser Kollege Zhang Changmou. Zwischen meinem Büro und dem von Paul, das sich links anschloss, saß unsere Sekretärin und Dolmetscherin Chen Yunqin mit ihrer Kollegin Yu Yifen. Gleich uns gegenüber war „Shakespeare" einquartiert. Unsere Möblierung war einfach, zweckmäßig und sehr kostengünstig. Nach dem Motto „Not macht erfinderisch" hatten wir unsere Büromöbel kurzerhand selbst gebaut. Aus den Holzkisten, in denen unsere CKD-Sets angeliefert wurden, zimmerte uns ein chinesischer Tischler Regale und Tische. Manchem Besucher blieb unsere pragmatische und preiswerte Möblierung in dauerhafter Erinnerung. Wie Klaus Wulf, der erste stellvertretende Vorstandssprecher von FAW-Volkswagen, sich heute erinnert, sparte man auch später in Changchun beim zweiten VW-Joint-Venture in China, wo es nur ging. Aus den Containern, in denen die Produktionsanlagen aus Amerika jahrelang am Straßenrand vor sich hin moderten, zauberten die Chinesen als Erstes Büromöbel und die Kantineneinrichtung hervor. Auch Wulfs Bürostuhl stammte aus den „Wundertüten von Westmoreland". Außer einem Loch im Bezug hatte er während der langen Lagerung keinen ernsten Schaden genommen, und über das sah man im armen China großzügig hinweg.

In einem Land, in dem viele Menschen nur mit gewaltigen Anstrengungen, die uns saturierten Westeuropäern völlig fremd waren, ihren kärglichen Lebensunterhalt verdienten, besann man sich notgedrungen auf das Wesentliche. Das galt in der Firma ebenso wie bei der Organisation des Familienlebens. Vieles, was für uns selbstverständlich war, gab es 1985 in Shanghai nicht. Wer sich von der modernen Stadtansicht nicht blenden lässt, kann bis heute bei einem Ausflug ins ländliche China die Symptome der Armut kaum übersehen, die für ein Entwicklungsland typisch sind – auch für eines, das mit imponierendem Elan in die Moderne aufgebrochen ist. 1985 allerdings, vor mehr als 20 Jahren, steckte die Entwicklung Shanghais noch in den Kinderschuhen. In Pudong, dem Stadtteil jenseits des Flusses Huangpu, wo sich heute ein Hochhaus ans nächste reiht, sah man nichts als Reisfelder. Inzwischen hat die Stadt sich eine Silhouette geschaffen, die an Manhattan erinnert. Allerdings hat Shanghai jetzt schon weit mehr Wolkenkratzer mit über 30 Stockwerken errichtet, als man in New York finden wird, 2010 sollen es doppelt so viele sein.

Unser Vorstandssprecher Zhang Changmou hatte zwei Assistenten. Was die eigentlich machten, wusste keiner so recht. Er selbst war oft nicht da, „bei Behörden unterwegs" hieß es lapidar. Misstrauisch fragten wir uns, ob unser chinesischer Kollege uns im Vorstand nicht erzählen müsste, wo er ist und was er treibt. Im ganzen Betrieb gab es zunächst nur ein einziges Telefon – und das war ständig von Chinesen okkupiert. Das war für uns eigentlich kein Problem, denn wozu brauchten wir anfangs ein Telefon? Mit wem hätten wir telefonieren sollen in Shanghai? Keiner von uns sprach chinesisch. Irritierend wirkte auf uns allerdings, dass wir keinen blassen Schimmer davon hatten, mit wem die Chinesen andauernd sprachen und worüber. Mit Wolfsburg verständigten wir uns anfangs, wenn es nötig war, zeitnah per Telex – eine heute vergessene Technologie aus dem letzten Jahrhundert. Ich erinnere mich noch gut, wie ich manches Mal am Fernschreiber saß, meine Fragen selbst eintippte und die Antwort aus Wolfsburg abwartete.

Modelldiskussion beim Dinner-Marathon: Santana oder Audi?

Um sie besser kennen zu lernen und weil wir jeden Tag tausend operative Probleme zu lösen hatten, trafen wir uns anfangs mit unseren chinesischen Partnern zwei, drei Mal wöchentlich zum Abendessen. Im ersten Sommer ging es von einem Dinner zum nächsten. Wir mussten uns miteinander verständigen, verhandeln, überzeugen, werben oder Druck ausüben. Zu unserer Dinner-Runde gehörte Jiang Tao, ein beeindruckender klein gewachsener Mann, aus meiner Warte der „Großvater" unseres Projektes, das er schon während der sechs Jahre andauernden Verhandlungen als Beauftragter der Stadt Shanghai stets engagiert begleitet hatte. Er war deshalb für VW von Beginn an ein bedeutender Gesprächspartner, von dessen reicher Erfahrung wir später oft profitierten. Sein überaus engagiertes Streben nach der Modernisierung der Automobilindustrie Shanghais sollte uns gerade in der Anfangsphase über viele Hindernisse hinweghelfen. Qiu Ke, unser Aufsichtsratsvorsitzender, und STAC-Chef Chen Xianglin waren in aller Regel ebenfalls mit von der Partie, wenn wir uns abends trafen. Nicht zu vergessen Shanghais Vizebürgermeister Li Zhao Ji, der rund 20 verschiedenen Ämtern und Behörden der Stadt vorstand, von denen wir ständig irgendwelche Genehmigungen oder sonstige Unterstützung brauchten.

Während unserer Diskussionen kamen verschiedene chinesische Delikatessen und immer wieder eine Frage auf den Tisch: Welches Auto passt besser zu China, der Santana oder der Audi 100? Zwar hatten die Chinesen im Joint-Venture-Vertrag für den Santana votiert – und wir produzierten ihn ja auch in Anting, dennoch liebäugelten die Shanghai-Chinesen mit dem Audi, der ihnen für Funktionäre besser geeignet schien. Vielen Chinesen kam der Santana wie die Spielzeugausgabe eines richtigen Autos vor. Ein Barkeeper, mit dem wir einmal ins Gespräch kamen, kommentierte unsere Auskunft, dass wir den Santana bauen, mit den aufklärenden Worten: „So ein kleines Auto!" Unter einem Auto stellten sie sich Schiffe vor, mit denen die chinesischen Funktionäre durchs Land schaukelten, schwere Limousinen wie der „Shanghai Sedan" oder die „Rote Fahne", eine in der FAW gebaute, dem damaligen Mercedes 600 nachempfundene Staatskarosse. Welches Auto wirklich zu China passte, schien in Shanghai noch nicht entschieden zu sein.

Weil wir den Eindruck gewannen, dass die Shanghai-Chinesen auch den Audi wollten, hatte Dr. Hahn den Vorstand in Ingolstadt alarmiert und Hermann Stübig, im Audi-Vorstand für den Bereich Produktion verantwortlich, aufgefordert, nach Shanghai zu fahren, sich unsere Fabrik in Anting anzusehen und zu prüfen, ob wir dort den Audi bauen könnten. Ende Mai 1985 traf die Audi-Delegation unter Leitung Stübigs in Anting ein. Eingehend inspizierten sie unsere Fabrik. Anschließend fällte Stübig ein vernichtendes Urteil. Die Lackiererei sähe er sehr kritisch. Die Motorenfabrik sei zu groß und die Sauberkeit eine einzige Katastrophe: „Ihr werdet hier nie qualitativ gute Autos bauen können." Diese Kritik wirkte auf unsere deutschen Mitarbeiter, die jeden Tag mit tausend Schwierigkeiten kämpften, von denen die Kollegen aus Ingolstadt keine einzige wirklich nachvollziehen konnten, nicht gerade motivierend. Die Chinesen empfanden Stübigs Resümee als Schlag ins Gesicht. Wir Deutschen konnten uns nur schwer vorstellen, was der Marsch in die sozialistische Marktwirtschaft, zu dem China aufgebrochen war, für jeden einzelnen Chinesen bedeutete. Alles war plötzlich anders, vieles, an das die Chinesen gewöhnt waren, gehörte von einem Tag auf den anderen auf den Müllplatz der Geschichte. Sie standen mindestens vor ähnlichen Herausforderungen wie unsere Landsleute 1989/90 in den Bundesländern der ehemaligen DDR.

Noch schrieben wir das Jahr 1985 und vielen Deutschen fehlte das Gespür für die Chinesen, für die Größe der Aufgabe, vor der sie standen, und für den Einsatz, mit dem sie an sie herangingen. Ich kannte Stübig gut aus unserer gemeinsamen Vorstandsarbeit in Ingolstadt. Wahrscheinlich hatte er sich gar nichts weiter gedacht bei seinem scharfen Urteil über die Unmöglichkeit der Audi-Produktion in Anting. Wie wir Deutschen eben so sind, ohne viel Sensibilität marschierte er einfach los. Und wenn er gefragt wurde, ob man bei SVW Audis bauen könne, gab er seinen Eindruck wieder: Das glaube er nicht, denn die Qualität sei „unterirdisch". Die Chinesen vergaßen dieses vernichtende Urteil nicht und warteten nur auf eine Gelegenheit, dem „Qualitätspapst" ihrerseits einen Schlag zu versetzen. Diese Gelegenheit kam nicht so schnell wie erwartet, aber sie kam.

Als ein Jahr später, im Sommer 1986, die ersten 500 Audis als SKD-Sätze aus Ingolstadt in China ankamen, damit wir sie in Shanghai im Rahmen einer Probemontage zusammenbauten, war kein einziges Fahrzeug ohne deutlich sichtbare Lackschäden dabei. Mit weißen Kringeln – und nicht ohne eine gewisse Genugtuung – markierten die chinesischen Mitarbeiter die Lackprobleme der Audis. Anschließend schickten sie Stübig ein Telex, in dem sie bedauerten, die Autos wegen mangelhafter Qualität nicht annehmen zu können. Viel später stellte man den Grund für die Lackschäden fest. Im schwäbischen Neckarsulm hatte eine Fabrik heiße Metallpartikel durch ihren Schornstein geblasen, die sich in dem Lack der Audis festfraßen, die auf dem benachbarten Audi-Werksgelände unter freiem Himmel alle auf ihren Abtransport nach Shanghai warteten. Hermann Stübig musste sein Urteil, dass SVW nie den Qualitätsanforderungen von Audi genügen könne, später revidieren. Aber die Chinesen haben es bis heute nicht vergessen.

Stübig unterrichtete uns auch vom Widerstand der „zweiten Wolfsburger Linie" gegen die Audi-Produktion in China. Die zweite Linie in Wolfsburg – das waren die Bereichsleiter, also die Führungsebene unmittelbar unterhalb des Vorstandes – fürchtete, Audi könne Volkswagen um das China-Geschäft bringen: „Wenn SVW den Audi nimmt, bleiben wir mit dem Santana auf der Strecke. Dann werden die Gewinne aus dem China-Geschäft nicht nach Wolfsburg gehen, sondern auf dem Ingolstädter Konto verbucht werden." Die VW-Leute wollten ihren Santana in Shanghai behalten und hohe Stückzahlen nicht durch den Audi gefährdet sehen. Das war der bekannte erbitterte Kampf zwischen Wolfsburg und Ingolstadt. Der Audi 100 und der Santana waren zwar zwei völlig verschiedene Produkte, aber es ging um das China-Geschäft und um die Frage, welche Marke sich letztlich durchsetzen würde.

Auch im Audi-Vorstand sei die Idee, den Audi 100 nach China zu bringen, eher verhalten aufgenommen worden, erklärte Stübig die Gefechtslage weiter. Was der Markt in China wirklich wollte und brauchte – diese Frage stellte sich allerdings kaum jemand, weder in Wolfsburg noch in Ingolstadt. In Shanghai beschäftigte sie uns durchgehend. Da die Chinesen den Audi immer wieder ins Spiel brachten, hatten wir ihnen schon früh empfohlen: „Testet den Audi doch einmal. 500 Autos sollten wir hier in China probehalber einführen, denn ihr braucht Autos für die Funktionäre. Der Santana ist eher etwas fürs Volk."

Beunruhigende Nachrichten kamen aus Changchun, wo Mercedes mit der FAW angeblich eine Probemontage von 1 000 Autos vereinbart hatte. Das hieß für uns: Wenn wir den Audi nicht bringen, würden die chinesischen Funktionäre ihren Mercedes aus der FAW kaufen. Und womöglich könnte dort ein zweites Joint Venture entstehen. „Wenn wir in Shanghai mit der Lokalisierung sichtbar vorankommen, ermutigte uns demgegenüber Jiang Tao, „wird es vorerst in China kein weiteres Joint Venture für die Pkw-Produktion geben." Als die Lokalisierung später in Schwung kam, das heißt, als mehr und mehr Teile und Komponenten für den

Santana in China produziert wurden, bewahrheitete sich diese Prognose Jiang Taos. In der Tat kam es erst 1992 zur Gründung des Citroën-Joint-Ventures mit der SAW in Wuhan, nachdem Volkswagen bereits 1991 ein zweites Joint Venture mit der FAW ins Leben gerufen hatte. Beijing Jeep, das mit der später in Chrysler – heute DaimlerChrysler – aufgegangenen American Motors Co. (AMC) 1984 gestartete Gemeinschaftsunternehmen, zielte mit seinen Jeeps vom Typ Cherokee auf eine andere Klientel und das Peugeot-Joint-Venture in Guangzhou an Chinas Südküste fertigte zwar auch eine Limousine, den „Sedan Peugeot 504", kam aber niemals so richtig in Gang.

Immer wieder votierten die Chinesen für den Audi. Qiu Ke warnte: „Wenn VW den Audi 100 nicht bringt, wird der Konzern den chinesischen Markt für dieses Segment verlieren." Jiang Tao, der schlaue Fuchs, untermauerte das Pro-Audi-Argument: „Japanische Autos sind einfach viel komfortabler als der Santana. Deshalb brauchen die Kunden den Audi 100, aber der Preis ist entscheidend." So begann die Geschichte der Audis in China, von denen wir in Anting 1986 rund 500 Stück bauten und die sich gut verkauften. Die Diskussion des passenden Modells begleitete uns zwei Jahre lang, bis im Oktober 1987 die Entscheidung fiel, den Audi zusammen mit der FAW im Rahmen eines Lizenzvertrages zu bauen.

Am Ende konnten sich die Shanghai-Chinesen aber doch nicht für den Audi entscheiden, was sie bis heute bedauern. Denn zwischen der Autoindustrie im Norden, der FAW in Changchun, und der Autoindustrie in Shanghai, der STAC, heute SAIC, herrschte ein erbitterter Wettbewerb – nicht zuletzt um die Unterstützung der Zentralregierung –, der dem zwischen Wolfsburg und Ingolstadt kaum nachstand.

Aber wir hatten mit der Modernisierung, mit unserer Erweiterung anfangs so viele finanzielle Probleme, dass die Shanghai-Chinesen vor weiteren Investitionen zurückschreckten, die für den Audi nötig gewesen wären. Die letzte Gelegenheit, den Audi zusätzlich zum Santana bei SVW herzustellen, bot sich im Herbst 1987, als VW mit der FAW

Verhandlungen über eine gemeinsame Audi-Produktion aufgenommen hatte, die die chinesische Zentralregierung zunächst zu unterbinden suchte. Denn dieses Vorhaben durch-
kreuzte ihren Plan, mit Hilfe verschiedener ausländischer
Partner Wettbewerb zwischen den Automobilzentren Chinas
zu forcieren. Als Zhu Rongji, damals Vizechef der Staatlichen Wirtschaftskommission, als Kompromiss vorschlug,
den Audi zusätzlich zum Santana auch bei SVW herzustellen, hätte die STAC zuschlagen müssen. Dann hätte Volkswagen in diesem chinesischen Machtpoker gar keine andere
Möglichkeit gehabt, als den Audi nach Shanghai zu geben.
So aber wanderte die Audi-Produktion in das spätere zweite VW-Gemeinschaftsunternehmen, zur FAW-VW nach
Nordchina. Und alle Oberbürgermeister Shanghais, die ich
erlebte, von Jiang Zemin bis Xu Kuangdi, bestätigten mir
später unisono: „Es war ein großer Fehler, dass wir uns
nicht für den Audi entscheiden konnten."

Jiang Zemin war zu unserer Zeit Oberbürgermeister und
wurde später Generalsekretär der Kommunistischen Partei
Chinas, schließlich Staatspräsident der Volksrepublik. Xu
Kuangdi lernte ich 1987 als Vizepräsidenten der Shanghai
University of Engineering kennen.

Vermeiden Sie unnötige Anlaufschwierigkeiten

- Erklären Sie China zur Chefsache und behalten Sie die strategische Begleitung Ihres Projektes auch dann in Ihrer Hand, wenn es derzeit einen noch verhältnismäßig geringen Anteil am Gesamtgeschehen Ihres Unternehmens darstellt.

- Für die Lösung von Problemen, die früher oder später unvermeidlich sind, brauchen Sie hochrangige Partner in Regierung und Verwaltung, die einander auf Augenhöhe begegnen können. Allenfalls die Verantwortung im operativen Tagesgeschäft sollten Sie an einen Kollegen des obersten Führungsgremiums delegieren.

- Besuchen Sie das Land der Mitte regelmäßig und demonstrieren Sie damit, dass Ihr China-Engagement in Ihrem Unternehmen höchste Priorität einnimmt. Sie helfen damit auch Ihrem Managementteam vor Ort.

- Hören Sie mehr auf Ihr lokales Management als auf Ihre Stabsleute im heimischen Headquarters.

- Glauben Sie aber auch nicht alles, nur weil es ein Chinese gesagt hat. Lassen Sie sich nicht täuschen: Niemand wird ein China-Experte, nur weil er einen Dreitagetrip ins Reich der Mitte hinter sich hat.

- Vermeiden Sie, frustriert zu sein, wenn etwas auf Anhieb nicht so klappt, wie Sie sich das vorstellen und wünschen. Helfen Sie Ihrem chinesischen Partner, die Bürokratie, das so genannte „red tape", vor Ort zu überwinden und arbeiten Sie nach der Devise „Lust durch Frust".

3
Gute Mitarbeiter – das A und O unseres Erfolges

Ende September 1985 besuchte uns eine Delegation der Technischen Universität Berlin. Die ersten handfesten Gemeinschaftsprojekte mit der Shanghaier wirtschaftswissenschaftlichen Jiaotong-Universität kamen unter Dach und Fach. Für 1986 wurde anlässlich des 750-jährigen Stadtjubiläums in Berlin ein Internationales Symposium über „Kooperationsprobleme in Joint Ventures" ins Auge gefasst. Als wir mit den Wissenschaftlern bei dieser Gelegenheit unsere Probleme in Sachen Qualifikation und Management erörterten, sagte Zhang Changmou etwas Bemerkenswertes: „Das Joint Venture ist ein neugeborenes Kind, das noch viel Unterstützung von außen braucht, um die notwendigen Qualifikationen zu erarbeiten. Das Hauptproblem für die Zukunft sind Management und qualifiziertes Personal." Zhang Changmou drückte sich typisch chinesisch aus, und traf dabei – eher deutsch – den Nagel auf den Kopf.

Die Chinesen waren entweder noch nicht hinreichend qualifiziert – wie sollte es auch anders sein, deshalb waren wir ja als Know-how-Geber gekommen – oder irritierten uns in ihrem Verhalten nachhaltig, indem sie sich zu weigern schienen, den Anordnungen ihrer Vorgesetzten zu folgen. Hans-Joachim Paul schilderte die Lage damals wie folgt: „Aufgrund der Vorherrschaft des Egalitarismus sind die Mitarbeiter die ‚Könige' in China. Deshalb fehlt den chinesischen Managern naturgemäß und konsequenterweise Autorität – und das ist ein großes Problem. Sie sind weder in der Lage, die Mitarbeiter anzuhalten, ihre alltäglichen Aufgaben zu erledigen, noch können sie ihnen Anweisungen erteilen. Ein typisches Beispiel: Nachdem ich in einer Halle gewesen war, um nach dem Rechten zu sehen, sagte ich dem

Abteilungsleiter, dass der Fußboden schmutzig sei und forderte ihn auf, sich einen Mitarbeiter zu nehmen, der das sauber machen könne. Aber anstatt die entsprechende Anweisung zu erteilen, griff er selbst zum Besen, um den Fußboden zu fegen." Mehr oder weniger beschäftigt saßen die chinesischen Mitarbeiter in der Fabrik oder in unseren Verwaltungsbüros herum und warteten darauf, dass etwas passierte. Wer das nicht mit eigenen Augen gesehen hatte, konnte sich kein Bild davon machen. Die chinesischen Zustände lagen außerhalb unseres Vorstellungsvermögens. Von Halle zu Halle waren Wäscheleinen gespannt, auf denen Hemden, Hosen, Unterwäsche trockneten. Eines Tages fiel in der Fabrik die Wasserversorgung aus, weil die Frauen aus der Nachbarschaft es umgeleitet hatten, um ihre Haushaltswäsche zu erledigen. Es war selbstverständlich, dass die chinesischen Mitarbeiterinnen ihre kranken Kinder mit zur Arbeit brachten, die sie nicht in den Kindergarten schicken wollten.

Nicht nur die alte Produktionswelt der STAC, die unsere Fabrik nicht wie vereinbart räumte, stand uns dauernd im Weg, sondern auch ihre Mitarbeiter, die wir anfangs von unseren ja kaum unterscheiden konnten, und deren Haltung wir unbedingt verändern mussten. Von Sauberkeit am Arbeitsplatz schienen die Chinesen in ihrem Leben noch nichts gehört zu haben. Nur wenn sich hoher Besuch aus Deutschland, aus Beijing oder aus der Stadtverwaltung von Shanghai angekündigt hatte, wurde eifrig geputzt und gewienert. Kaum hatte sich der Besuch verabschiedet, zog der alte Schlendrian wieder ein.

Wer nicht aufpasste, stolperte leicht über rostige Bleche, Drahtseile, ausrangierte Geräte oder sonstiges Gerümpel, das überall verstreut herumlag. So etwas wie Materialfluss oder Arbeitsorganisation war kaum zu erkennen. Eine ausgeprägte Gelassenheit der chinesischen Mitarbeiter dagegen war nicht zu übersehen. Wer morgens durch die Büros schlenderte, fand mit Sicherheit den einen oder anderen Chinesen bei einem Nickerchen mit dem müden Kopf auf dem Schreibtisch. Das war kein Wunder, wie wir bald lernten, denn mit einer Wohnfläche von vier Quadratmetern, die einem Bewohner Shanghais 1985 im Schnitt zur Verfügung standen, war es oft unmöglich, sich so auszuruhen, wie der Körper es braucht. Hinzu kam die Anfahrt zur Arbeit, die die meisten Mitarbeiter morgens und abends jeweils zwei bis drei Stunden kostete, die sie stehend eingepfercht in einem altertümlichen Fahrzeug verbrachten, das so kleine Fenster hatte, dass es eher für Viehtransporte als zur Menschenbeförderung gemacht schien.

Wir hatten ein paar hundert Mitarbeiter zu viel, konnten aber keinen einzigen entlassen. Und wir lernten, dass es so gut wie unmöglich war, neue Mitarbeiter zu bekommen. Es blieb – daran hat sich bis heute in den Staatsbetrieben kaum etwas geändert – keine andere Möglichkeit, als die Mitarbeiter, die wir hatten, zu beschäftigen und zu qualifizieren.

Wenn wir einen bestimmten chinesischen Mitarbeiter für eine Aufgabe einsetzen wollten, weil er seinen Job bisher gut gemacht hatte, entschied die STAC des Öfteren, dass er nun doch im eigenen Haus noch gebraucht wurde. So musste sich Paul von dem Werksleiter, den er sich schon ausgeguckt hatte, wieder verabschieden. Paul sagte: „Der Jiang Zhiwei, das ist ein guter Mann, den brauche ich." Darauf überlegten sich die Chinesen, dass sie ihn dringender bräuchten: „Wenn Jiang Zhiwei so gut ist, wie Paul sagt, dann nehmen wir ihn lieber mit zu uns herüber." Auf diese Weise wanderten viele gute Leute aus unserem Joint Venture zurück in die direkte Obhut ihrer chinesischen Muttergesellschaft. Klar, wir hätten uns kaum anders verhalten. Also hatten wir unsere Aufgabe, auszubilden und zu qualifizieren, verstärkt wahrzunehmen, um auf ein größeres Reservoir entwickelter Mitarbeiter zurückgreifen zu können.

Der vergessene Mensch

Das gestaltete sich schwieriger, als wir gedacht hatten. Im Frühsommer 1985 wurde uns langsam klar, was die Verhandlungspartner unseres Gemeinschaftsunternehmens bei all ihren Plänen sträflich vernachlässigt hatten. Sie hatten nicht an die Menschen gedacht, die SVW zum Erfolg führen sollten. Das mehrere Ordner dicke Vertragswerk, das im Oktober 1984 unterzeichnet worden war, regelte alles Mögliche bis ins kleinste Detail: Technik, Planung, Investitionen, Geld, Lokalisierung, Vertrieb – die Menschen kamen darin lediglich als Zahlenwerk vor.

Zusammenfassend hielt ich in meinen Notizen fest: „Es gibt keine Analysen, wie in China Arbeitsorganisation praktiziert wird. Es gibt keine Aussage, wie Management funktioniert beziehungsweise ob überhaupt und wenn ja, wie westliche Managementmethoden übertragen werden können. Es gibt keine Analyse über den Qualifikationsstand der Chinesen, die uns übergeben wurden, obgleich die Chinesen gern versichern: ‚Ihr kriegt nur die Besten!‘ Alles, was wir haben, sind 800 000 D-Mark und fünf Planstellen, die der Investitionsplan für die Ausbildung vorsieht." Fazit: Dass der Mensch, dass – besonders in China – die Qualifikation über den Fortschritt in der Fabrik entscheiden wird, daran hatte im Vorfeld entweder keiner gedacht oder man hatte gehofft, Qualifizierung könne sich auch anders einstellen.

Schon in den ersten Wochen suchte ich immer das Ausbildungszentrum, wo unsere Belegschaft fachlich geschult werden sollte. Schließlich hatten wir die Aufgabe, den Chinesen beizubringen, wie man Autos auf moderne Weise baut. Ich war entsetzt, zu erfahren, dass überhaupt kein Ausbildungszentrum geplant worden war. Bei meinem nächsten Besuch in Wolfsburg sprach ich das Thema an: „Es kann doch wohl nicht wahr sein, dass wir kein Ausbildungszentrum haben." „Wir machen es wie die Japaner, alles mit Training on the Job", wurde mir geantwortet. „Das funktioniert ganz wunderbar." Ich entgegnete: „Wir sind aber nicht in Japan, sondern in China. Und die Mitarbeiter sind überhaupt nicht entwickelt, da müssen wir bei null anfangen. Machen Sie hier in Deutschland etwa Training on the Job?" Natürlich machten sie es nicht, Volkswagen arbeitete überall in der Welt mit der dualen Ausbildung.

Aus den Erfahrungen, die wir in Brasilien und Mexiko gesammelt hatten, wussten wir nämlich damals schon:

Wenn wir in der ganzen Welt die gleiche Qualität produzieren wollen, brauchen wir auch die gleiche Qualifikation, und das hieß: Facharbeiterausbildung nach deutschem dualem System, das die praktisch-fachliche Unterweisung mit theoretischem Lernen verknüpft. Mit „Training on the Job", wie es unser Joint-Venture-Vertrag vorsah, konnten wir uns bestenfalls anfangs behelfen. Perspektivisch brauchten wir die duale Ausbildung in China. Wir mussten sie aufbauen. Über dieses Thema war in dem umfangreichen Vertragswerk kein Wort verloren worden.

Wolfgang Haaf, der damalige Wolfsburger Ausbildungsleiter, klärte uns auf Nachfrage über unseren tatsächlichen Investitionsbedarf in Sachen Ausbildung auf: „Ihr braucht nicht fünf Planstellen und Training on the Job, sondern eine vernünftige Ausbildung mit 38 Planstellen und 7,5 Mio. D-Mark." Das war unser Dilemma. Dabei war Paul und mir klar, dass wir in Shanghai nur Autos bauen könnten, wenn wir ein tragfähiges Fundament legten. Unsere Spekulationen über die Pkw-Massenfertigung, die in Beijinger Regierungskreisen als industrielles Großprojekt, als so genanntes „Big Project" gehandelt wurde, waren schön und gut, aber wie wollten wir das erreichen? Ohne die richtigen Leute und ohne ordentliche Ausbildung?

Auch über die soziale Situation war im Zuge der Vertragsverhandlungen offensichtlich nicht ausreichend gesprochen worden. In den ersten Wochen gab es keine einzige Toilette in unserem Bürohaus, sondern nur primitive, kalte und feuchte Latrinen in einem anderen Gebäude, die wir nur aufsuchten, wenn es gar nicht anders ging. Diese und ähnliche Missstände führten zu vielen zähen Diskussionen mit den zuständigen Wolfsburger Stellen wie mit den Behörden in Shanghai, die jede Mark, die auf das bisher veranschlagte Investitionsvolumen jetzt obendrauf kam, nur nach langen Verhandlungen genehmigten. „Das können wir nicht machen", hieß es anfangs immer. „Wir haben kein Geld. Das Projekt muss sich erst tragen."

Gewiss, die 7,5 Mio. Mark, die Haaf veranschlagte, waren eine Menge Geld. Im Verhältnis zu unserem Gesamtin-

vestitionsvolumen von über 500 Mio. Mark nahmen sie
sich allerdings eher bescheiden aus. Glücklicherweise bekamen wir Unterstützung von der Deutschen Gesellschaft für
Technische Zusammenarbeit (GTZ), die dem Bundesminis-
terium für wirtschaftliche Zusammenarbeit und Entwicklung (BMZ) unterstellt war. Mit ihrer Hilfe holten wir das
anfangs Versäumte nach und bauten die duale Ausbildung
nach deutschem Muster in Shanghai auf, mit einem Ausbildungsleiter aus Wolfsburg, Siegmar Schulz, der eine tolle
Art hatte, mit den Chinesen umzugehen. Unsere Lehrlings-
ausbildung machte in China Schule. Die chinesische Regierung nahm sie zum Vorbild für die Ausbildung in der gesamten Maschinenbauindustrie Chinas.

Allein dieses Beispiel, dem noch weitere folgen sollten,
zeigt, dass es sich empfiehlt, diejenigen, die vor Ort die Verantwortung tragen sollen, frühzeitig in die Vertragsverhandlungen einzubeziehen. Wenn die später Verantwortlichen
mit am Tisch sitzen, werden sie nur solche Kompromisse zulassen, die sie auch bewältigen können und die das gemeinsame Ziel nicht in Frage stellen.

Gott sei Dank verstand Dr. Hahn auch in diesem Fall
unsere Sorgen sofort und schaltete sich ein. Als ich Anfang
September 1985 in Wolfsburg vortrug, warum wir in Anting
ohne vernünftige Ausbildung nicht weiterkämen, hörte ich
zunächst wieder die Gegenargumente, die ich schon hinläng-
lich kannte, diesmal vorgebracht von Prof. Dr. Peter Meyer-
Dohm, dem obersten Bildungspolitiker des VW-Konzerns,
und Heinz Bauer, einem der Wolfsburger Betreuer und Geld-
wächter für unser Projekt. Meyer-Dohm und Bauer kannten
das Thema aus den Vertragsverhandlungen und plädierten
wieder für die kurzfristig kostengünstigere Lösung des An-
lernens bei der Arbeit. Schließlich sprach Dr. Hahn ein
Machtwort: „Das Bildungswesen Wolfsburg, Herr Prof.
Meyer-Dohm, ist ein Dienstleistungsbetrieb für den Konzern. Er hat sicherzustellen, dass überall in der Welt Ausbildung in dem Umfang und in der Qualität betrieben werden kann, wie es notwendig ist. Dr. Posth ist verantwortlich
für die Bildungsinvestitionen in Anting. Und er ist verant-

wortlich für das Unternehmen. Helfen Sie ihm bitte im notwendigen Umfang." Damit war die Sache endlich geklärt. Wir brauchen ein Ausbildungszentrum, Ende der Diskussion. Ende März 1986 erhielten wir die Zusage der GTZ über einen Zuschuss für unser Ausbildungszentrum in Höhe von 3,5 Mio. D-Mark. Anfang September 1986 nahmen die ersten 60 chinesischen Jugendlichen im neuen Ausbildungszentrum der SVW eine am dualen Prinzip orientierte Berufsausbildung auf. Übrigens: Als wir die Ausbildung eins zu eins nach deutschem Muster in China umgesetzt hatten, konnten wir die Ergebnisse weltweit vergleichen. Die chinesische Gruppe eroberte sich mit herausragenden Ergebnissen sofort die Spitze in diesem weltweiten Wettbewerb. Die Besten waren die chinesischen Mädchen – ein gutes Drittel unserer Auszubildenden –, viel besser als überall sonst auf der Welt.

Die schwierige Lage der Expatriates

Die deutschen Mitarbeiter mit langfristigen, in der Regel dreijährigen Verträgen wurden „Expatriates", kurz „Expats" genannt. Neben Paul und mir nahmen im März 1985 zehn weitere Deutsche mit Dreijahresverträgen ihre Arbeit in Anting auf. Weitere 20 stießen in den kommenden Monaten hinzu, so dass gegen Ende des Jahres insgesamt über 30 Expats den Aufbau von SVW vorantrieben. Unter ihnen fanden sich gestandene Leute, die schon im Ausland gearbeitet hatten, in Nigeria oder in Südafrika. Es gab aber auch welche, die zum ersten Mal im Ausland waren und die womöglich nicht ganz freiwillig in China gelandet waren.

Die Männer, die Ehefrau und Familie an ihrer Seite hatten, waren zuweilen doppelt belastet. Tagsüber die nervenaufreibende Aufbauarbeit in der Fabrik und abends womöglich die frustrierte Ehefrau, die empört fragte: „Was soll ich hier denn den ganzen Tag machen?" Selbst beim täglichen Einkauf – bei dem man ohnehin mit einem in unseren Augen recht beschränkten Angebot zurechtkommen musste – stieß man auf unüberwindlich erscheinende Hindernisse. So weigerten sich beispielsweise viele Chinesen einfach, von den deutschen Frauen, die einkaufen wollten, chinesisches Geld anzunehmen. Sie rückten ihre Waren nur gegen Devisen heraus. Es war absurd: Wir hatten chinesisches Geld, nur die Verkäufer wollten es nicht haben.

Paul und ich kämpften um jede Geldnote in der „Währung des Volkes" (RMB), um jeden Yuan, in der Fabrik wie bei den privaten Ausgaben. Deshalb weigerten wir uns, klagenden Expat-Ehefrauen für die ihnen in der Landeswährung zustehenden Zahlungen so genannte „Foreign Exchange Certificates" (FEC) zukommen zu lassen, die wie Devisen behandelt wurden. Stattdessen ermunterten wir sie, darauf zu bestehen, in der Landeswährung einkaufen zu können. Aber nicht jede brachte das nötige Stehvermögen gegenüber den chinesischen Verkäufern auf, die lieber in Devisen bezahlt werden wollten, weil der Staat es so von ihnen verlangte. Auch hier musste Überzeugungsarbeit geleistet werden, die nicht jeder wollte und die nicht jedem gelang.

Heute ist Shanghai eine offene Weltstadt, in der man in jeder Währung alles bekommt, was das Herz begehrt. Deshalb frage ich mich manchmal, warum für deutsche Mitarbeiter immer noch die gleiche Erschwerniszulage gezahlt wird wie in den 80er Jahren. Eigentlich müssten die deutschen Mitarbeiter Geld mitbringen, damit sie nach Shanghai dürfen. Heute ist Shanghai von der Lebensqualität her ohne Abstriche mit Hongkong oder Singapur vergleichbar. Man muss sich den Alltag im Shanghai von 1985 vergegenwärtigen, um die Leistung der Pioniermannschaft von Shanghai Volkswagen halbwegs angemessen beurteilen zu können. Im Rückblick habe ich vor jedem einzelnen Mitarbeiter, der sich auf das Wagnis China eingelassen hatte, tiefen Respekt. Jeder Expat, der 1985 in Shanghai landete, musste erst einmal realisieren: Du bist hier in einer völlig fremden Welt. Hältst du das aus? Stehst du das durch?

Als wir nach ungefähr einem halben Jahr bei 35 deutschen Vertragsangestellten angelangt waren, merkten wir, dass sie sich gegenseitig blockierten. „Ich fürchte", sagte ich zu Paul, „wenn noch mehr Expats kommen, läuft hier überhaupt nichts mehr." Statt die Chinesen anzulernen, beschäftigten sich die Deutschen mehr und mehr mit sich selbst und delegierten ihre Aufgaben nun untereinander. Und das brachte unsere Fabrik nicht vorwärts. Wir beschlossen, vom ursprünglichen Plan abzuweichen, der 65 deutsche Mitarbeiter mit Dreijahresverträgen für das Ende der ersten Phase vorgesehen hatte, Schluss mit den Expats. Mehr als 35 brauchen wir nicht. Paul knirschte erst mit den Zähnen, schließlich benötigte er für die Modernisierung und die Montage jede Menge fachliches Know-how, das in China nur schwer zu bekommen war, aber dann stimmte er doch zu.

Die Personalkosten der Deutschen waren im Verhältnis zu denen der Chinesen so astronomisch hoch, dass deren Arbeit von den Chinesen sehr kritisch beobachtet wurde. Jeder deutsche Mitarbeiter kostete ungefähr genauso viel wie der Einsatz von 200 Chinesen. Diese Kosten gegenüber unseren Partnern zu vertreten war nicht einfach. Da musste jeder deutsche Experte wirklich dringend gebraucht werden und seinen aus Sicht der Chinesen fürstlichen Lohn wirklich wert sein. Unsere Partner nahmen unseren Einstellungsstopp für Expats gern an. Weniger Deutsche, das hieß niedrigere Personalkosten und ein bisschen mehr Spielraum für den Devisenausgleich. Denn den überwiegenden Teil ihres Gehalts bekamen die deutschen Mitarbeiter in D-Mark oder US-Dollar – von den zeitweise anfallenden zusätzlichen Nebenkosten für Pension und so weiter gar nicht zu reden. Und gerade dieses Geld konnten wir gut brauchen, um es in die Fabrik zu stecken.

Die Erfahrungen unserer chinesischen Partner mit den deutschen Expatriates waren durchaus gemischter Natur. Mancher Deutsche konnte die Chinesen überzeugen, andere hatten hier eine weniger glückliche Hand. Die chinesische Sicht auf den schwierigen Prozess des Know-how-Transfers mag die folgende Schilderung eines einheimischen SVW-Managers illustrieren, die wir der in dieser Hinsicht reichen Stoffsammlung der Arbeit von Sing Keow Hoon-Hallbauer entnommen und übersetzt haben. Einer unserer chinesischen Kollegen gab der chinesischen Doktorandin, als sie bei uns vor Ort recherchierte, zu Protokoll: „Die Mehrheit der deutschen Führungskräfte versteht etwas von Management, aber es sind auch ein paar darunter, die davon überhaupt keine Ahnung haben. Trotz der Tatsache, dass diese deutschen Führungskräfte weder die Fähigkeit noch die Qualifikation oder die nötige Erfahrung haben, bestehen sie immer wieder darauf, das letzte Wort zu haben, das wir respektieren müssen. Sie ignorieren die Vorschläge oder Ratschläge der älteren chinesischen Mitarbeiter einfach. Einige der deutschen Führungskräfte sind so jung, dass sie Söhne oder Töchter ihrer chinesischen Kollegen sein könnten, die auf sie hören sollen. Unsere älteren Mitarbeiter haben gewisse Erfahrungen und Fähigkeiten, und jetzt sollen sie sich einfach den Deutschen unterordnen, die nicht nur erheblich jünger (also unerfahrener), sondern oft auch noch unqualifiziert sind."[3]

Wir hatten leider nicht auf jedem Posten die erste Wahl. Unter Umständen war ein Chinese bald besser als der Deutsche, dem er als Stellvertreter zugeordnet war. Und dann dieser Einkommensunterschied! Kaum verwunderlich, dass hier schnell kräftige Spannungen entstanden.

Wir lernten einmal mehr, dass Auslandserfahrung nicht unbedingt „China-Tauglichkeit" bedeutet. Wer aus Nigeria kam, wo man die Menschen mit autoritärem Druck zum Arbeiten gebracht hatte, war nicht unbedingt der Richtige, um in China eine Führungsaufgabe wahrzunehmen, die Einfühlungsvermögen voraussetzte. Einer unserer chinesischen Kollegen bemerkte zu dem Vergleich mit Erfahrungen, die man in Nigeria gesammelt hatte, einmal in außerordentlich scharfem Ton: „Wir sind hier nicht in Nigeria. Wir Chinesen sind anders. Wir sind es nicht gewöhnt, von einer Kolonialmacht unterjocht zu werden und wir haben eine sehr lange Kulturgeschichte." Auch in Mexiko oder Brasilien herrscht eine ganz andere Mentalität – und deshalb taugte ein Fachmann, der in Südamerika Erfahrungen gesammelt hatte, nicht automatisch für den China-Einsatz. Am besten geeignet waren nach unserer Erfahrung Mitarbeiter, die – ganz gleich, wo sie bisher gearbeitet hatten – gut mit Menschen in fremder Kultur umgehen konnten. Nur dieser Per-

sonenkreis konnte Führungsaufgaben in China wirklich
wahrnehmen.

Aber bis heute werden immer wieder Fehler begangen,
wenn es um den Auslandseinsatz von Mitarbeitern geht. Leider wird diese Gelegenheit manchmal gern ergriffen, um sich
von ungeliebten Kollegen zu trennen, frei nach dem Motto:
„Für irgendeine Aufgabe draußen, etwa in China, wird er
schon taugen." Unbequeme Leute schickt man gern möglichst weit weg. Ich erinnere mich gut, wie ich einmal zu
VW-Vorstand Dr. Günther Hartwich sagte: „Das dürfen Sie
doch gar nicht zulassen, Herr Kollege. Sie müssen doch die
Besten nach China schicken." Er antwortete: „Die Besten?
Die brauche ich doch hier. Wir müssen hier 700 000 Golf
pro Jahr fertigen. Und Sie wollen für 10 000, vielleicht
15 000 Santanas meinen besten Mann?" Ein weiteres Spannungsfeld, in dem wir unsere Position finden mussten.

Aus Sorge, das Ganze könne aus dem Ruder laufen,
hatte Volkswagen im Joint-Venture-Vertrag alles Mögliche
bis ins letzte Detail geregelt. Selbst für Führungsfragen war
der Rahmen vertraglich vorgegeben. Die Expatriate-Positio-
nen wurden autonom von Volkswagen besetzt. Nach unserem Dafürhalten war das ein fragwürdiges Verfahren, denn
die Chinesen sollten schließlich in Shanghai mit den Deutschen zusammenarbeiten. Es lag auf der Hand, dass der
Vorstand vor Ort – Vertrag hin oder her – zumindest ein Veto-
recht brauchte. In der Praxis verzichteten wir deshalb irgendwann auf diese Festlegungen im Vertrag, zumal wir Deutschen uns umgehend selbstverständlich die Freiheit nahmen,
bestimmte Chinesen für konkrete Aufgaben abzulehnen. Als
die chinesischen Vorstandskollegen – unserer Ansicht nach
völlig zu Recht – ein Mitspracherecht bei der Auswahl der
deutschen Mitarbeiter forderten, räumten wir es ihnen faktisch ein. Fortan befand das SVW-Top-Management gemeinsam darüber, wer eingestellt wurde, ganz gleich, ob
Deutscher oder Chinese. Der Vorstand hatte die Möglichkeit, einen Expatriate, der sich vorgestellt hatte, abzulehnen, wenn er glaubte, dass dieser neue Mitarbeiter sich in
unserem Unternehmen nicht zurechtfinden würde.

„Unser größtes Problem", erinnert sich Paul heute, „waren nicht die Chinesen, sondern die frustrierten Deutschen." Mancher betrat unser Büro mit einem so langen Gesicht, dass Paul ihn gleich wieder vor die Tür schickte. „Setzen Sie zuerst einmal eine freundliche Miene auf – und dann dürfen Sie wieder bei mir eintreten." Ein anderer Kollege jammerte, dass sein Postkörbchen nicht geleert worden sei. Postkörbchen sind schubladenähnliche Plastikkästen, die nahezu jede deutsche Amtsstube und jedes Büro zieren, um in ihnen eingehende beziehungsweise ausgehende Post zu sammeln – für uns eine Selbstverständlichkeit, für die Chinesen allerdings etwas völlig Neues. Paul erkundigte sich, ob der Kollege die Leerung seines Postkörbchens organisiert habe. „Wieso organisiert?", fragte er irritiert zurück. „Ich bin doch schließlich in einem Volkswagen-Werk!" Aber woher sollte ein Chinese wissen, dass das Postkörbchen „Ausgang" geleert werden soll, wenn es ihm niemand sagt? „Das müssen Sie erst einmal organisieren", klärte Paul den verwirrten Kollegen auf.

Insgesamt gesehen war es für die Expatriates in der Anfangsphase nicht einfach. Ihre namentliche Heimatlosigkeit spürten viele schmerzhafter, als sie es sich vorgestellt hatten. Das Leben in Shanghai 1985 ließ sich mit den Erfahrungen, die man etwa in Südafrika oder Mexiko gesammelt hatte, nicht vergleichen. Diese Standorte hatten sich zu dieser Zeit schon ganz ansehnlich entwickelt. Davon konnte in Shanghai keine Rede sein. Die Rückständigkeit als Entwicklungsland und die Folgen jahrzehntelanger Isolation von der westlichen Welt machten den Deutschen schwer zu schaffen. China ließ sich mit keinem anderen Land der Welt vergleichen. Von dem internationalen Publikum, das heute Shanghai bevölkert, war noch nichts zu sehen. Jeder Europäer war in den Augen der Chinesen eine Sensation, der man sich neugierig, aber vorsichtig näherte. Enttäuschung in Shanghai war manchmal geradezu vorprogrammiert. Dazu kam der operative Druck in der Fabrik. Auf der einen Seite die ausgetüftelten Zeitpläne für den Aufbau der Montagelinie, die Modernisierung der Fabrik und die Errichtung einer funktionierenden Verwaltung – und auf der anderen Seite die Chinesen, die sich oft nicht so verhielten, wie es sich die Deutschen wünschten. Wir konnten nicht einfach auf einen Knopf drücken – und dann marschierten die chinesischen Mitarbeiter in die richtige Richtung. Jeder einzelne musste an jedem Punkt immer wieder neu überzeugt werden.

Von interkultureller Zusammenarbeit hatten unsere Expats bisher nur wenig gehört und nicht jedes Motiv, das einen Deutschen nach China gelockt hatte, konnte auf Dauer mit den fremden und mitunter kargen Lebensumständen versöhnen, auf die man sich als Westeuropäer vor 20 Jahren in Shanghai noch einstellen musste. Und schließlich verfügte nicht jeder über das pädagogische Talent, ein guter Coach zu sein, das der Kollege Paul mitbrachte. Hans-Joachim Paul war ein Glücksfall für SVW, fachlich absolut kompetent und menschlich ein außergewöhnlicher Kollege. Er wusste sofort, wie man mit den Chinesen am besten umgeht. Ihnen gegenüber legte er eine unendliche Geduld an den Tag. Paul war das Herzstück des Joint Ventures auf der operativen Seite. Er bevorzugte „management by walking around", schlenderte durch die Fabrik, unterhielt sich mit den chinesischen Mitarbeitern und baute die Fertigung Schritt für Schritt auf. Ich organisierte neben meiner fachlichen Verantwortung eher die Kommunikation nach außen und kümmerte mich um die Politik. Von Anfang an arbeiteten wir hervorragend zusammen und ergänzten einander ideal. Er erledigte die operative Arbeit und ich hielt ihm den Rücken frei. Immer wenn Paul irgendein Problem hatte, das wir nicht ohne Hilfe der chinesischen Verwaltung lösen konnten, marschierte ich zu den Stadtoberen in Shanghai oder zur Zentralregierung nach Beijing und versuchte in Zusammenarbeit mit unserem dortigen Repräsentanten Dr. Wenpo Lee, der die Fäden im politischen Netzwerk für uns wirksam zusammenhielt, für Abhilfe zu sorgen.

Wenn Paul und ich in Anting abends aus dem Werk kamen und zusammen nach Hause fuhren, besprachen wir die Probleme, vor denen wir in der Fabrik standen. Manchmal stritten wir miteinander, gelegentlich ging es dabei heftig zu –

aber immer waren wir uns am Ende einig. Dann freuten wir uns am Abend bei einem Glas „Great Wall"-Wein gemeinsam darüber, dass wir wieder ein kleines Stück vorwärts gekommen waren, yibu yibu, Schritt für Schritt.

Know-how-Transfer im Management

Mit unserem Ausbildungszentrum und dem Muster des dualen Systems waren wir bei der Qualifikation unserer Mitarbeiter ein gutes Stück vorangekommen. Aber wie sah es im Management aus? Was uns in Deutschland schon in Fleisch und Blut übergegangen war und selbstverständlich schien, war den Chinesen völlig neu. Was erzähle ich meinem Führungsteam von unseren Beschlüssen? Und wie machen es die Chinesen? Nach bewährtem Rezept trommelten wir unmittelbar im Anschluss an jede Vorstandssitzung unsere Expats zusammen und berichteten ihnen von der Sitzung: Der Vorstand hat sich heute mit den und den Dingen befasst, dabei wurde Folgendes beschlossen. Alles schien klar. Doch keine Stunde später stand der erste Expat wieder vor unserer Tür, um sich irritiert zu erkundigen, ob er unsere Ausführungen richtig verstanden habe. Sein chinesischer Fachkollege, der von unseren chinesischen Vorstandsmitgliedern instruiert worden war, hatte nämlich ein ganz anderes Ergebnis aus der Sitzung mitgebracht. Beispielsweise hatten wir eines Tages beschlossen, ein neues Lohnsystem einzuführen. Natürlich wussten wir, dass es ein langer Weg sein wird, aber zumindest die Grundsatzentscheidung war endlich gefallen. Dies teilten wir Deutschen unseren Führungskräften mit, während unsere chinesischen Kollegen in diesem Punkt schwiegen, weil sie wussten, was auf sie zukommen würde, nämlich enorme Unsicherheit und Widerstand. Wir lernten, dass unsere chinesischen Kollegen vieles, was wir im Vorstand durchgesetzt hatten, dann doch nicht so tragen konnten oder wollten, wie wir es gemeinsam beschlossen hatten. Um zu vermeiden, dass deutsche und chinesische Führungskräfte unterschiedlich instruiert würden, gingen wir später dazu über, im Anschluss an jede Vorstandssitzung gemeinsam vor dem gemischten Management zu berichten und über unsere Beschlüsse zu diskutieren.

Um im Management arbeitsfähig zu werden und um sicherzustellen, dass die chinesischen Kollegen sich von uns wie erwartet wirklich Know-how aneigneten, führten wir das so genannte „Deputy System" ein. Jede wichtige Führungsposition wurde doppelt besetzt, mit einem Deutschen und einem Chinesen. Der deutsche Mitarbeiter hatte die Aufgabe, seinen chinesischen Kollegen in die Lage zu versetzen, seine Arbeit nach modernen Methoden zu organisieren und zu erledigen. Wissenschaftliches Management nannten das die Chinesen. Nach meiner Auffassung hatte der deutsche Mitarbeiter sein Ziel genau dann erreicht, wenn er sich selbst überflüssig gemacht hatte, wenn also der Chinese seinen Job ohne deutsche Hilfe erledigen konnte. Nur in diesem Fall war der Transferprozess gelungen. Da unsere Expats alle einen Vertrag für drei Jahre in der Tasche hatten, fehlte ihnen allerdings ein Anreiz, den Know-how-Transfer zu beschleunigen, weil dann die Gefahr bestand, früher als geplant zurückkehren zu müssen.

Das Deputy System stellte einerseits den Know-how-Transfer sicher, andererseits bot es einen Hebel, um chinesische Mitarbeiter schneller in Führungsverantwortung zu bringen. Bei jeder Stelle, die unser Organigramm auswies, fragten wir: Gibt es einen Chinesen, der den Job schon zu 80 Prozent kann? Wenn wir den gefunden hatten, bekam er den Job und der Deutsche stand daneben als sein Stellvertreter und Coach. Gab es keinen Chinesen, der die Anforderungen schon weitgehend erfüllte, setzten wir den Deutschen an die Stelle und sagten ihm: „Alles, was Sie machen, und alles, was Sie entscheiden, muss auch Ihr chinesischer Stellvertreter unterschreiben. Sie erklären ihm, warum Sie es so machen."

Bald entdeckten wir unter den Chinesen manche Mitarbeiter mit einer erstaunlichen Auffassungsgabe. Sie lernten so schnell, entwickelten sich so rasant, dass sie sogar an den Deutschen vorbeizogen. Um ja nicht den Verdacht aufkommen zu lassen, wir hielten die Chinesen von Leitungsfunktionen ab, achteten wir peinlich genau darauf, dass das Verhältnis zu den Stellvertretern immer wieder überprüft wurde.

Allerdings kam jetzt das allzu Menschliche hinzu: Denn wenn ein Deutscher vom Chef zum Stellvertreter wurde, beklagte er sich bei uns, dass er nach China gekommen sei, um einen bestimmten Bereich zu managen, und nicht, um hinter einem Chinesen zu stehen. Außerdem hatten viele nie gelernt, zu führen, geschweige denn als Coach zu agieren. Die Coaching-Fähigkeit war anfangs kein Auswahlkriterium bei der Personalsuche für China. Daran hatte niemand gedacht. Vielmehr bestimmten zu Beginn vorwiegend finanzielle Überlegungen die Wolfsburger Expat-Politik. Man fragte sich nicht in erster Linie: Wen brauche ich? Sondern zunächst und vor allem: Wen kann ich mir leisten? Viele unserer Expats standen deshalb nahezu komplett vor völlig neuen Aufgaben bei ihrer alltäglichen Arbeit, an denen wenige scheiterten, die die meisten aber mit Bravour bewältigten.

Mit der Fähigkeit unserer deutschen Mitarbeiter, zu führen und zu coachen, stand es keineswegs immer zum Besten. Wolfsburg schickte uns mitunter Leute für Führungsfunktionen, die über keinerlei Erfahrung auf diesem Sektor verfügten. Und jetzt sollten sie plötzlich chinesische Mitarbeiter führen und ihr Wissen noch an ihren jeweiligen chinesischen Stellvertreter weitergeben. Für manche war das eine schlichte Überforderung. Andere Expats aber wie beispielsweise der Leiter unserer Motorenfertigung, Karl Hübser, der wie ich aus Ingolstadt kam, haben es vom ersten Tag an fantastisch verstanden, die Chinesen mitzureißen und ihre eigene Führungsfunktion auf natürliche Art zu rechtfertigen.

Für manchen Deutschen, der nach Anting kam, schien es dagegen das Wichtigste zu sein, in heimatlichen Gefilden mit vor Stolz geschwellter Brust verkünden zu können: „Ich bin Abteilungsleiter in Anting!" Die konzerntypische hierarchische Denkweise – Abteilungsleiter, Hauptabteilungsleiter, Bereichsleiter – wirkte eher kontraproduktiv. Wie sollten diese Leute die Chinesen für uns gewinnen und führen? Sie waren dazu oft gar nicht in der Lage. Und wenn sie es konnten, wollten sie nicht auf dem Beifahrersitz oder dem Rücksitz Platz nehmen, sondern selbst fahren. Insofern war unser Deputy System gut, aber schwer in die Praxis umzusetzen.

Unser früherer Partner von der STAC, Chen Xianglin, bemerkte dazu rückblickend: „Das moderne Management muss durch den Menschen bestimmt und durchgeführt werden. Als die erste Joint-Venture-Gesellschaft nach Beginn der Reform- und Öffnungspolitik Chinas gegründet wurde, hat ihr chinesischer Kooperationspartner im Rahmen der Zusammenarbeit sehr viel über moderne Managementtechnik von den Deutschen gelernt. Die Volkswagen AG hat in der Zeit viele leitende Mitarbeiter und Fachkräfte nach Shanghai entsandt. Aber die Fähigkeiten der entsandten Kräfte waren sehr unterschiedlich, manchmal hatte man das Gefühl, dass die Erfahrungen und die Technik des Managements nachgelassen hatten. Andererseits bemerkten wir, dass viele deutsche Spitzenkräfte, die für SVW tätig gewesen waren und zu ihrer Entwicklung beigetragen hatten, nach der Rückkehr nach Deutschland nicht an dem entsprechenden Platz in der Deutschen Volkswagen AG eingesetzt wurden. Dies führte dazu, dass deren Nachfolger in Shanghai einseitig nach den Anweisungen aus Deutschland ihre Tätigkeit ausgeübt haben, um ihre eigene Karriere im Mutterkonzern abzusichern. So ist eine ‚nach oben'-Tendenz bei den deutschen leitenden Mitarbeitern entstanden."

Als Volkswagen 1984 mit der Suche nach Mitarbeitern für China begann, fanden sie zunächst kaum jemanden. Die meisten winkten ab: „Was soll ich denn in China?" Auch heute stehen die Leute, die nach China wollen, nicht gerade scharenweise vor der Tür. Nicht zuletzt wegen der Rückkehrproblematik ist die Rekrutierung deutscher Mitarbeiter für einen China-Einsatz bis heute ein gravierendes Problem – das wird jede Firma bestätigen. Denn wenn die Expats ihren Auslandseinsatz hinter sich gebracht haben und nach Hause zurückkehren, landen sie erneut in einer fremden Welt, in der sie oft gar nicht willkommen sind. Ihre Erfahrungen aus dem Ausland werden gering geschätzt, durch die lange Abwesenheit sind die Beziehungen zu Arbeitskollegen, Freunden, ja selbst zur eigenen Familie brüchig, manchmal sogar zerstört. Die Wiedereingliederung in das alte berufliche Umfeld gelingt nur in seltenen Fällen. In der Folge dieser oft äußerst ernüchternden Erfahrungen wird mancher zum „Berufsausländer", der von einem Land ins nächste zieht, nur um der Entfremdung von der deutschen Umgebung, von seinem ursprünglichen Zuhause zu entfliehen. Bleibt der Rückkehrer in Deutschland, ist ihm oft ein Leben als „ewiger Exot" vorgezeichnet. Nicht zuletzt aus Furcht, in diese Lage zu geraten, lehnen viele Mitarbeiter einen längeren Auslandseinsatz von vornherein ab.

Deshalb gilt es, die Problematik der Rückkehrer rechtzeitig in die eigenen Überlegungen einzubeziehen. Mit jeder Entsendung eines Expats beginnt das Problem seiner Rückkehr. Denn ein Mitarbeiter, der sich während seines China-Aufenthaltes vor allem um seine weitere berufliche Laufbahn in Deutschland sorgen muss, wird ein fernöstliches Projekt nicht mit dem geforderten Einsatz und Nachdruck vertreten können. Seine Perspektive ist auf wenige Jahre beschränkt, ein China-Projekt aber ist langfristig angelegt.

Es gab ein paar Expats, die nicht gerade Feingefühl im Umgang mit den Chinesen unter Beweis stellten. Andererseits hatten die Deutschen jeden Tag gute Gründe, an der Zusammenarbeit zu verzweifeln, zu der sie quasi verurteilt waren. Dank unseres Stellvertretersystems war jeder auf seiner jeweiligen Position zu chinesisch-deutscher Einigkeit verpflichtet. Die zu schaffen erwies sich als ein anhaltendes, gelegentlich schier unlösbares Problem, das manchen Expat an den Rand seiner Möglichkeiten brachte.

Tage-, oft wochenlang war es immer wieder der gleiche Ablauf. Abends verließ man die Fabrik in der festen Überzeugung, den chinesischen Kollegen nach langen Diskussionen für einen bestimmten Vorschlag gewonnen zu haben. Am nächsten Morgen aber fing er gleich wieder an, die Angelegenheit noch einmal zu erörtern. Dabei wusste man nie: Begreift der Chinese es nicht, darf er nicht oder will er nicht? Warum nimmt er unsere Argumente nicht an? „Ich habe verstanden", signalisierten die Chinesen zwar, aber die Umsetzung war eine ganz andere Frage.

Immer wieder, aus jeder Situation heraus ergab sich etwas Neues, das wir lernen mussten. Ständig besprachen wir, wie man dies oder das verbessern könnte. Eines war jedenfalls klar: Wenn die Zusammenarbeit zwischen Chinesen und Deutschen nicht funktioniert, wenn unser Stellvertretersystem nicht greift, wenn kein Vertrauen entsteht, gegenseitiges Verständnis wächst und Respekt und Achtung voreinander, werden wir nicht erfolgreich sein. Wir mussten zusammenfinden.

Langsam sprach sich herum, dass bei anderen Joint Ventures wie Beijing Jeep, dem automobilen Gemeinschaftsunternehmen mit American Motors, manches nicht so lief wie erhofft. Deshalb witterten wir eine Riesenchance. Wenn es uns gelänge, die Probleme zu lösen, einen gemeinsamen Weg zu finden, hätten wir alle Möglichkeiten. Entscheidend aber war: Wie arbeiten wir zusammen? Das forderte unsere Geduld, unser Einfühlungsvermögen, manchmal aber auch unseren harten Widerstand. Es blieb eine Gratwanderung. Angesichts der nicht enden wollenden Probleme erfand und propagierte ich unermüdlich die Devise „Lust durch Frust". Denn wenn alle nur frustriert wären, könnten wir doch nichts bewegen. Und wir wollten schließlich vorankommen.

Vergessen Sie China, wenn Sie keine China-tauglichen Mitarbeiter haben

- Auch in China gilt: Menschen sind die treibende Kraft für unternehmerischen Erfolg und nicht allein Technologie und Kapital. Ohne China-taugliche Mitarbeiter, die gelernt haben, trotz unterschiedlicher Kulturkreise ein gemeinschaftliches Optimum zu erzielen, werden Sie nicht auskommen. Wenn Sie solche Mitarbeiter nicht zur Verfügung haben, sollten Sie besser von Ihrem geplanten China-Engagement ablassen.

- Rechnen Sie mit der Knappheit qualifizierter chinesischer Führungskräfte und bauen Sie nicht auf die Zusicherung Ihres chinesischen Partners, er werde Ihnen schon geeignete Mitarbeiter zur Verfügung stellen.

- Suchen Sie stets nach den „idealen Expatriates", auch wenn Sie sie nicht finden. Seien Sie sich bei der Auswahl des Führungspersonals, das Sie nach China entsenden wollen, bewusst darüber, dass diese womöglich mit chinesischen Managern kooperieren, die auf den führenden Universitäten Amerikas ausgebildet wurden. Nur die Besten aus Ihrem Hause können den Erfolg vor Ort gemeinsam sicherstellen.

- Zeigen Sie Ihr Interesse den chinesischen Mitarbeitern gegenüber und investieren Sie in sie.

- Erarbeiten Sie eine langfristige Personalstrategie für alle Ihre Mitarbeiter vor Ort, um sicherzustellen, dass Sie bei Ausweitung Ihres Engagements jeweils auf eine entsprechend entwickelte Belegschaft zurückgreifen können.

- Jede Entsendung deutschen Personals nach China markiert den Beginn der planmäßigen Rückführung. Achten Sie darauf, dass Ihre Expatriates nicht von Bildungsaktivitäten Ihres Unternehmens während der Dauer des China-Aufenthaltes abgeschnitten sind.

- Vor allen Dingen stellen Sie sicher, dass diejenigen, die draußen einen guten Job gemacht haben, bei der Wiedereingliederung mit entsprechenden Aufgabenstellungen belohnt werden. Das wird Ihnen helfen, auch zukünftig auf die besten Mitarbeiter in Ihren globalen Aktivitäten zurückgreifen zu können.

4

Knappe Kassen und gewagte Finanzmanöver

Von Beginn an wurde unser Unternehmen von zahlreichen Finanzierungsschwierigkeiten begleitet, deren Ursachen vielfältiger Natur waren. Hauptproblem war der chronische Devisenmangel Chinas, der umso hinderlicher wirkte, je mehr harte Währung wir für den Aufbau von SVW benötigten. China war ein armes Land, Devisen waren ein ebenso knappes wie begehrtes Gut. Aber woher sollte die chinesische Regierung die harte Währung nehmen? Industrielle Exporte waren noch unbedeutend und der Aufbau von Fabrikationen mit ausländischen Partnern kostete zunächst mehr „hartes Geld", als er einbrachte.

Illegale Importe via Hainan bedrohten unsere Liquidität

Unser Anteilseigner, die Bank of China, hatte vertraglich eine so genannte Höchstquote von 800 Mio. D-Mark für Investitionen und für die laufenden Ausgaben, wie etwa den Kauf der CKD-Sätze, garantiert. Damit hatte die BoC zugesichert, den entsprechenden Gegenwert in Yuan bis zu diesem D-Mark-Betrag in harte Währung zu tauschen. Doch schon zu unserer Geschäftsaufnahme Anfang September 1985 ließ die Bank of China uns wissen, dass sie sich unter Umständen außer Stande sähe, unserem Unternehmen genügend finanzielle Mittel zur Verfügung zu stellen. Als Ursache führte sie den „Skandal von Hainan" an, eine illegale Importaktion, bei der Japaner und Chinesen in großem Stil Hand in Hand die Volksrepublik China um Milliarden von Devisen brachten.

Einige japanische Hersteller hatten es fertig gebracht, auf der Insel Hainan mit riesigen Containerschiffen jede Menge begehrte Waren anzulanden und, selbstverständlich gegen harte Währung, auf dem Festland zu verkaufen. Die Provinz Hainan ist die südlichste chinesische Insel und nur einen Steinwurf von Hongkong entfernt. Die Rede war von rund 90 000 Autos, mindestens 2,5 Millionen Fernsehern und allem möglichen weiteren modernen Gerät. Die Autos wurden mit chinesischen Militärkennzeichen versehen, an Land gebracht und – ausgezeichnet getarnt – quer durch ganz China gefahren und verkauft. Kein Mensch traute sich damals, ein Militärfahrzeug anzuhalten. So etwas hatten wir nicht einmal geahnt, jetzt sickerte es langsam durch. Daher der Devisenmangel. Diese massenhaften illegalen Importe hatten Milliarden von Devisen abgezogen. Den schlauen Japanern war es damals noch zu kompliziert, in China zu produzieren. Mit einem entwickelten Gespür für ihren Nachbarn China wussten sie, wie man in Zusammenarbeit mit Zoll und Einfuhrbehörden gute Geschäfte machen konnte. Und die Hersteller machten davon eifrig Gebrauch. Mit diesen Methoden haben die Japaner damals gut verdient. Zwischenzeitlich sind alle bekannten japanischen Unternehmen als Investoren und Produzenten in China tätig.

Wir aber mussten nun von Beginn an mit einer schwierigen Währungslage zurechtkommen. Ob die BoC ihre Tauschgarantie bis zur vollen Höhe erfüllen könnte, war fraglich. Und umgekehrt: Wenn wir keine Yuan verdienten, weil die chinesische Regierung als Reaktion auf die illegalen Importe eine sehr restriktive Geld- und Kreditpolitik verfolgte, die unserem Absatz schadete, hätten wir auch gar nichts zum Tauschen.

Mitte Oktober 1985 erläuterte ich – wie es für die Auslandstöchter üblich war – dem Wolfsburger VW-Vorstand die aktuelle Situation bei Shanghai Volkswagen. Es herrschte keine besonders gute Stimmung, nicht zuletzt aufgrund des folgenden Umstands: Seit sich das China-Engagement von VW im Konzern herumgesprochen hatte, reisten viele Besuchergruppen aller Art nach China, sahen sich unsere Fabrik an und kehrten mit oft negativen Eindrücken zurück. Verglichen mit Deutschland, hieß es, sei in Shanghai alles doch stark unterentwickelt, die Fabrik sei in einem trostlosen Zustand und man sähe das China-Engagement von VW äußerst skeptisch. Solche Urteile gingen unserer Meinung nach an der Sache völlig vorbei. Was erwartete man denn? Von der Übernahme eines funktionierenden Produktionsbetriebes, den sich manche vielleicht vorstellten, konnte im Fall von Shanghai Volkswagen keine Rede sein. Wir fingen bei null an, mit einem Bleistift und einem oft von der feuchten Luft aufgeweichten Stück Papier in der Hand. Außerdem wirkten solche oft ausschließlich von Stippvisiten geprägten Schnellurteile absolut demotivierend auf unsere Mannschaft, die unter sehr schwierigen Bedingungen ihr Bestes gab.

Im Vorfeld der zweiten Sitzung des SVW-Aufsichtsrates zurrten wir zusammen mit der STAC das Produktionsvolumen für 1986 fest. Wegen des monatelangen Vorlaufs, den die CKD-Lieferungen brauchten, wurde es Zeit. Wir wollten jetzt Nägel mit Köpfen machen. Außerdem musste das Volumen zum Staatsplan passen und entsprechend mit Beijing abgestimmt werden. Da die Chinesen vom Plan und nicht vom Markt aus operierten, hatte uns die CNAIC aufgefordert: „Sagen Sie uns, was Sie produzieren können. Wir klären dann mit den zuständigen Behörden der Zentralregierung in Beijing, ob das in den Plan passt."

Gao Ming Pong, Vertriebschef der STAC, die laut Vertrag für den Verkauf zuständig war, schlug ein bescheidenes Volumen vor. Er könne 1986 nur 5 000 bis 6 000 Santanas abnehmen. Zhang Changmou warf ein, dass 1985 schätzungsweise 80 000 Pkws importiert worden seien, der Bedarf also höher sei, und schlug 10 000 für 1986 vor. Schließlich einigten wir uns auf ein Volumen von 10 000 bis 12 000 Santanas plus einer noch unbestimmten Menge der Modelle Audi 100 und der Variant-Version des Santanas (Passat Variant), wobei der Audi als SKD-Satz eingekauft werden sollte. Zur Erinnerung: Von SKD zum fertigen Auto war es nur ein kleiner Schritt – die Achsen wieder eingehängt, die Räder angeschraubt und fertig war das Auto. Nach obligatorischer Diskussion einigten wir uns bei dieser Gelegenheit auch über die Preise für 1986, am Ende waren alle mit dem vereinbarten Handelspreis zufrieden, vorerst zumindest. Damit hatten wir den Rahmen für das Geschäftsjahr 1986 festgelegt.

Ende Oktober war die zweite Board-Sitzung von SVW angesetzt. Vormittags führten wir unsere Aufsichtsratsmitglieder durch die Fabrik. Dr. Hahn zeigte sich beeindruckt von dem Fortschritt und gab Paul und mir volle Rückendeckung für das Projekt, auch gegenüber Wolfsburg. Anschließend zogen wir zusammen eine erste Zwischenbilanz, bei der wir alle zentralen Probleme Punkt für Punkt durchgingen, die uns in den nächsten Monaten, wenn nicht Jahren, weiterhin Kopfzerbrechen bereiten sollten.

Preisexplosion beim Investmentprogramm

Zum Jahreswechsel 1985/86 wurde immer klarer, dass Wechselkursänderungen und Inflation in China wie in Deutschland das 1984 in der Machbarkeitsstudie veranschlagte Gesamtinvestitionsvolumen von anfangs 500 Mio. D-Mark zwischenzeitlich kräftig in die Höhe getrieben hatten. Außerdem konnten wir bestimmte Maschinen und Anlagen, die eigentlich aus China geliefert werden sollten, dort dann doch nicht in der Qualität erwerben, die wir brauchten. 60 Prozent der Produktionsanlagen mussten importiert werden. Auch dieser Umstand ließ die Kosten steigen. Die Lage war verzwickt. Wir brauchten mehr Geld als ursprünglich kalkuliert, aber die Chinesen hatten weniger als erwartet.

Zudem bremste uns das Planungsverhalten der Chinesen aus. An die autoritär-staatliche Planwirtschaft gewöhnt, kalkulierten sie nicht nur alles bis ins letzte Detail, sondern hielten an ihren Plänen auch fest. Die Machbarkeitsstudie von 1984 galt in der chinesischen Regierung als unumstößlich. Spätere Abweichungen, ganz gleich ob in technischer oder finanzieller Hinsicht, waren nur schwer durchzusetzen. Wir liefen uns von Behörde zu Behörde zwischen Shanghai und Beijing die Schuhsohlen ab, um unsere Partner für ein den veränderten Bedingungen angepasstes Investitionsprogramm zu gewinnen.

Anfang Juni 1986 diskutierten wir mit Chen Zutao, dem Nachfolger Rao Bins im Amt des CNAIC-Präsidenten, die notwendigen Konsequenzen, die wir aus dem Anstieg unseres Investmentprogramms zu ziehen hätten. Chen Zutao klärte uns auf, dass der Siebte Fünfjahresplan bereits mehr oder weniger ausgearbeitet sei. Die großen Summen, um die es bei SVW ginge, wären nicht in diesem Plan enthalten. Über diese große Erhöhung des Investments könne nicht allein im SVW-Aufsichtsrat entschieden werden, sondern sie sei Sache der Regierung. Chen: „Sie müssen alle Formalitäten beachten. Die Behörden in Beijing sind schon sehr besorgt über das Investment und die Preisexplosion."

Klipp und klar sagte ich zu Chen Zutao: „Wir können weder den Wechselkurs noch die Inflation beeinflussen. Wir haben keine andere Möglichkeit, als das Investment zu erhöhen. Aber je länger wir warten, umso teurer wird es werden", fügte ich hinzu, „denn die Inflation geht weiter. Jeder Tag kostet uns mehr Geld." Chen Zutao antwortete unbeeindruckt von meiner Warnung: „Die Lösung braucht Zeit, ob die Preise steigen oder nicht." Auch das war Planwirtschaft. „Ich habe gestern den Oberbürgermeister von Shanghai, Jiang Zemin, angerufen", fuhr Chen Zutao fort. „Aber auch er kann in der jetzigen Lage nichts tun. Außerdem habe ich Vizepremier Li Peng ausführlich über das Investmentproblem informiert. Die Regierung arbeitet daran, das abgeänderte Investmentprogramm von Shanghai Volkswagen zu genehmigen."

Manche Chinesen stellten sich vor, dass die Hersteller automatisch mit ihren Preisen heruntergehen müssten, um die Wirkung der Inflation aufzufangen. Wenn wir in Deutschland Maschinen bestellten, sollten wir die Lieferanten mit dem Argument, dass in China Inflation herrsche, davon überzeugen, dass sie ihre Preise senken müssten. In der Planwirtschaft werden die Preise von oben festgelegt. Immer wieder forderten die Chinesen daher: „Wenn die Kosten steigen, müsst ihr die CKD-Preise senken." Als Chen Zutao versuchte, dieses Argument geltend zu machen, antwortete ich: „Es ist völlig absurd, jetzt die Preise zu senken: sei es für die CKD-Kisten, sei es für die Anlagen." Schließlich verstand Chen Zutao unser Problem und versprach Unterstützung: „We promise to you full support." Das war eine der immer wiederkehrenden Redewendungen, die nichts anderes bedeutet als den Befund eines Problems, an dessen Lösung gearbeitet wurde. Diese Formel hörten wir bei bestimmten Vorhaben jahrelang, ohne dass sich wirklich etwas bewegte.

Vor allem ein Problem beschäftigte uns im Zusammenhang mit den gestiegenen Kosten, die Lackiererei würde erheblich teurer werden als anfangs kalkuliert. Um den Terminplan für die Modernisierung der Fabrik einhalten zu können, mussten wir die Lackiererei so schnell wie möglich in Deutschland in Auftrag geben. Dazu mochte sich guten Gewissens jedoch niemand entschließen, solange die Finanzierung nicht geklärt war. Einen Tag nach dem Gespräch mit Chen Zutao suchte ich Rat bei seinem Amtsvorgänger Rao Bin, der mir empfahl: „Behandeln Sie die Bestellung der Lackiererei als Ausnahmefall." Er sah durchaus die Finanzierungsprobleme, auf der anderen Seite wollte er sein automobiles Programm weiter voranbringen und sich nicht durch Schwierigkeiten davon abbringen lassen, die unvermeidlich waren in einem Land, das zum langen Marsch in die „Sozialistische Marktwirtschaft mit chinesischen Besonderheiten" aufgebrochen war. Ihm war klar, dass auf diesem Weg Hindernisse und Probleme wie die Inflation oder Wechselkursänderungen aufkommen würden. Außerdem waren die Behörden doch noch gar nicht geübt im Umgang mit industriellen Großprojekten wie unserem. Dass man da von den ursprünglichen Plänen abweichen würde, war vorhersehbar. Jetzt mussten beide Seiten – Volkswagen vielleicht ein bisschen weniger als die Chinesen – lernen: Wie gehen wir damit um, dass es Planabweichungen gibt? Da waren sich die politischen Institutionen in Beijing nicht unbedingt gleich einig. Die Staatliche Wirtschaftskommission (SEC) verfolgte andere Interessen als etwa das Außenhandelsministerium (MOFERT), die CNAIC, der „automobile Ratgeber" der

Zentralregierung, oder die Staatliche Planungskommission (SPC). Wieder anders orientierte sich das Maschinenbauministerium, das damals noch als selbständiges Organ administrativ für den Automobilbereich verantwortlich war.

Weil Rao Bin endlich die Autoindustrie voranbringen wollte, riet er mir: „Bringen Sie die Lackiererei als Ausnahme. Stellen Sie einen formalen Antrag für das Anwachsen des Investmentprogramms und begründen Sie das einfach mit dem veränderten Wechselkurs, also mit der Abwertung des Renminbi und mit der steigenden Inflation. Und drittens prüfen Sie noch einmal Ihren Investmentplan, und zwar Passus für Passus: Lässt sich möglicherweise irgendwo noch etwas einsparen?"

Leider fanden wir immer weniger Sparmöglichkeiten, im Gegenteil. Ein Posten nach dem anderen, von dem wir geglaubt hatten, wir könnten ihn in China einkaufen, verteuerte sich, weil wir nach eingehender Prüfung doch auf ausländische Lieferanten zurückgreifen mussten. Beim Erstellen der Machbarkeitsstudie war man – auch geschoben von den Chinesen – an manchen Punkten mehr vom Wunsch als von der Wirklichkeit ausgegangen. Prinzipiell war es richtig, Investitionsgüter in China zu kaufen. Aber ob wir in China tatsächlich das bekamen, was wir brauchten, war eine ganz andere Frage. Die Chinesen hatten Hoffnungen genährt und Zusagen gemacht, die sie am Ende nicht halten konnten, nach dem Motto: „Klar könnt ihr diese Maschine bei uns kaufen." Aber dann stimmte doch irgendetwas nicht mit der Technik, Qualität oder Zuverlässigkeit.

Wolfgang Pust, der bei SVW für den Einkauf zuständig war, überblickte das Angebot in China im Großen und Ganzen recht gut. Wir wussten zwar, was es gab, aber wir wussten nicht genau, ob es funktionierte. So brauchte zum Beispiel die Presse, die wir bei einem der drei großen Presselieferanten in Deutschland – Schuler, Erfurt oder Weingarten – kauften, eine elektronische Steuerung. Die Chinesen schlugen vor, die Presse aus Deutschland, die Steuerung aber aus China zu beziehen. Also bestellten wir eine deutsche Presse im festen Glauben an die Zusicherung unserer chinesischen

Partner, dass sie mit einer chinesischen Steuerung funktionieren werde. Die erforderliche Abstimmung zwischen Presse und Steuerung zog sich von Tag zu Tag hin und es dauerte Wochen, bis die Presse endlich ordnungsgemäß arbeitete. Am Ende funktionierte dieses technische chinesisch-deutsche Gemeinschaftswerk, aber wir hatten so viel Zeit und Energie verbraucht, dass wir uns schworen: Wenn wir noch einmal eine Presse brauchen, kommen Steuerung und Anlage vom gleichen Unternehmen, aus einer Hand.

Schrittweise akzeptierten die Chinesen die gestiegenen Kosten

Die Anpassung des Investitionsprogramms an die aktuellen Erfordernisse erfolgte – wie vieles bei unserem gesamten Projekt – schrittweise, yibu yibu. Im Juli 1986 meldete STAC-Chef Chen Xianglin: „Der Staatsrat hat entschieden, dass erhöhte Investitionen akzeptiert werden, sofern sie aus Wechselkursänderungen resultieren." Damit war ein Problem gelöst. Für Inflation und zusätzliche Erhöhungen könnten wir mit Hilfe aus Beijing rechnen, aber vor der nächsten SVW-Aufsichtsratssitzung im Oktober werde wohl keine Entscheidung gefällt werden.

Die Regierung hatte erkannt, dass die veränderten Wechselkurse in allen Joint Ventures zusätzliche Kosten verursachten, die diese nicht zu verantworten hatten. Sie gestand zu: „Wechselkursänderungen kommen von außen, die fangen wir auf." Um die Entscheidung über die noch offenen Punkte zu beschleunigen, schlugen die Shanghai-Chinesen vor, dass eine Gruppe nach Beijing reisen sollte, um sich bei den dortigen Behörden für unsere Belange einzusetzen. Wir fragten nach: „Was ist das für eine Gruppe? Eine Gruppe von Chinesen?" Wer da wohin reiste und mit wem sprach, das war für uns nie kontrollierbar. Deswegen lief vieles in der politischen Begleitung unseres Projektes parallel, weil wir uns nicht darauf verlassen wollten, dass „eine Gruppe von Chinesen" tätig würde. Wir waren schließlich auch unserer VW-Mutter ge-

genüber verantwortlich. Da machten wir uns besser selbst
schlau, was die verschiedenen Beteiligten auf chinesischer Seite wollten und dachten.

Als ich Anfang September 1986 von einem dreiwöchigen
Familienurlaub nach Shanghai zurückkehrte, erwartete mich
eine wichtige Nachricht. Die chinesische Regierung hatte inzwischen beschlossen, nicht nur die Folgen der Wechselkurs-
änderung, sondern auch die der Inflation zu übernehmen,
jedenfalls soweit sie nachvollziehbar, „reasonable" sei. Diese Einschränkung sollte sicherstellen, dass die vorgesehene
Regelung nicht als Freibrief für beliebige Preiserhöhungen
ausgenutzt wurde.

Mit diesen Nachrichten aus Beijing waren die beiden
Hauptbrocken der Verteuerung aus dem Weg geräumt. Für
die weiteren Positionen, Maschinen und Investitionen, die
aus sonstigen Gründen teurer wurden als vorhergesagt, wollte man eine Toleranzschwelle von zehn Prozent einbauen.
Jetzt kam das „Aber". Die Bank of China, die nicht nur unser Partner war, sondern damals auch die Funktion einer
Zentralbank hatte, musste das alles noch genehmigen. Das
fiel der BoC nicht leicht, denn um das Ganze von chinesischer Seite finanzieren zu können, musste die BoC selbst
neue Kredite aufnehmen.

Für uns bedeutete das: Erstens hatten wir einen erhöhten
Kreditbedarf, weil wir bei den Investitionen der vertraglich
festgelegten Regel folgten, dass 40 Prozent der Investitionen
mit Eigenkapital, 60 Prozent mit Fremdkapital finanziert
werden sollten. Das Fremdkapital bekamen wir normalerweise von der BoC. Durch das erhöhte Investment brauchten wir außerdem mehr Devisen als ursprünglich geplant,
also auch eine Erhöhung unserer garantierten Tauschquote.
Die schlichte Frage, die blieb, lautete: Woher sollten die zusätzlich erforderlichen finanziellen Mittel wirklich kommen?

Um die Angelegenheit endgültig vom Tisch zu bekommen, hieß es jetzt, der Staatsrat müsse entscheiden. Die Regierung wiederum fragte bei der CNAIC an: Was sagt ihr dazu? Dann gab es die Staatliche Wirtschaftskommission, und
jeder sollte seine Anmerkungen zu dem Thema vorbringen.

Die CNAIC hatte im Prinzip zugestimmt und Vorschläge zur
Finanzierung entwickelt, „we agree in principle" gehört bis
heute zu den gern benutzten Wendungen. CNAIC-Chef Chen
Zutao und STAC-Direktor Chen Xianglin hatten sich darauf
geeinigt, dass der Anstieg des SVW-Investmentprogramms
insgesamt nachvollziehbar sei und hatten sich einverstanden erklärt, das Grundkapital von SVW entsprechend um
95 Mio. auf insgesamt 350 Mio. RMB zu erhöhen. Endlich
waren jetzt alle Partner mit dem überarbeiteten Investmentprogramm einverstanden.

Als Dr. Peter Frerk, im VW-Vorstand für Recht und Revision zuständig, Anfang September nach Beijing kam, waren die Probleme praktisch vom Tisch. Einstimmig versicher-
ten uns die Partner in der politischen Administration, sei es
in der Bank of China, der CNAIC oder der Staatlichen Planungskommission, dass alle chinesischen Politiker das Joint
Venture sehr ernst nähmen und das Projekt nach Kräften unterstützten.

In Anbetracht der angespannten finanziellen Lage in der
Volksrepublik China drängte man uns allerdings, im kommenden Jahr eher weniger zu produzieren, als die Machbarkeitsstudie vorsähe. Frerk gab zur Zufriedenheit der chinesischen Regierung bekannt, dass VW das überarbeitete
Investitionsprogramm und die zusätzliche Eigenkapitalauf-
stockung genehmigt hätte und darüber hinaus daran däch-
te, die Gewinne, die sich für das Geschäftsjahr 1986 abzeich-
neten, in China zu belassen und zu reinvestieren. Auf die
Lokalisierung der Kaufteile für den Santana angesprochen,
vermittelte Frerk allerdings eine klare Botschaft: „Dafür ist
laut Vertrag die chinesische Seite zuständig."

Der Aufsichtsrat von SVW trug bei seinem vierten Zusam-
mentreffen Mitte Oktober 1986 schließlich unserem gewachsenen Finanzbedarf Rechnung und beschloss, unser Grundkapital von ursprünglich 255 Mio. auf insgesamt 350 Mio.
RMB zu erhöhen. Noch im gleichen Monat erklärte sich das
Außenhandelsministerium (MOFERT) mit dem Board-Be-
schluss einverstanden. Damit waren die Probleme um unser
erhöhtes Investment vorläufig gelöst. Doch das Ende unse-

res Liquiditätsengpasses ließ noch auf sich warten. Einen weiterer Höhepunkt erreichte er im Mai 1988, wenige Monate vor Ende meiner Amtszeit als Stellvertretender Vorstandssprecher von SVW.

Die ersten Bonds

Am 17. Mai 1988 meldete das *Handelsblatt*: „Als erstes Joint-Venture-Unternehmen in China wird die Shanghai Volkswagen Automotive Co. Ltd. Bonds in China auflegen." Um im damals noch völlig geschlossenen chinesischen Kapitalmarkt als Unternehmen zu überleben, mussten wir manchmal auch zu unkonventionellen Mitteln greifen, von denen Wolfsburg nicht immer auf Anhieb begeistert war. Anfang Mai 1988 sah sich die chinesische Regierung aufgrund verschiedener binnenwirtschaftlicher Probleme, wie zum Beispiel Inflation, zu einer restriktiveren Kreditvergabe und Geldpolitik gezwungen.

Der Direktor der Niederlassung der Bank of China in Shanghai, der als Anteilseigner bei uns im Aufsichtsrat saß, rief mich an und wir trafen uns in seinem Büro. „Hören Sie, Herr Dr. Posth", empfing er mich, „wir werden ein Problem mit der Verfügbarkeit von Renminbi bekommen. Die Regierung wird den Geldhahn zudrehen und dann fehlen uns die finanziellen Mittel, die wir brauchen. Wenn wir die Liquidität bei SVW sicherstellen wollen, kann ich nur empfehlen, Bonds auszugeben." Bonds sind öffentliche Anleihen oder Schuldverschreibungen, die als festverzinsliche Wertpapiere an der Börse gehandelt werden. Die Ausgabe von Bonds ist ein üblicher Weg, auf dem sich Unternehmen oder auch ganze Volkswirtschaften Investitionskapital besorgen. In China war ein solches Finanzierungsinstrument bisher praktisch nicht erprobt und eine Börse war noch nicht institutionalisiert. Allein deshalb schien die Bonds-Idee des Direktors gelinde gesagt gewagt. Außerdem durften wir nach meinem Verständnis von Gesetzes wegen als Joint Venture mit ausländischer Kapitalbeteiligung in China gar keine Bonds auflegen. Als ich diesen Einwand vorbrachte, beschwichtigte der Bankdirektor mich zu meinem Erstaunen und versprach: „Das werde ich schon regeln. Lassen Sie das nur meine Sorge sein."

Da die neuen Restriktionen der chinesischen Regierung für die Kreditvergabe wenige Tage später Gesetz werden sollten, mussten wir uns schnell entscheiden. Was tun? Nahezu zeitgleich war eine Board-Sitzung angesetzt. Unter dem Tagesordnungspunkt „Verschiedenes" informierte ich das Gremium in meiner Funktion als Finanzchef, dass wir in der Größenordnung von 100 Mio. RMB Bonds in China aufzulegen gedächten. Einen Teil würden wir unserer Belegschaft anbieten und den größten Teil institutionellen Anlegern. Vielleicht gerade weil ich diese Information unter dem Punkt „Verschiedenes" einbrachte, wurde unser Protokollant plötzlich hellhörig. VW-Syndikus Dr. Stefan Messmann, der all unsere Verträge juristisch wasserdicht gestaltet hatte, stutzte und bohrte nach: „Ist das überhaupt erlaubt? Das dürfen Sie doch von Rechts wegen gar nicht. Wie soll das funktionieren?" Claus Borgward, im VW-Vorstand für Qualitätssicherung und nach Dr. Werner P. Schmidt nun für das China-Geschäft verantwortlich, entschied schließlich: „Bonds kommen überhaupt nicht in Frage."

Ich umriss kurz das Liquiditätsproblem, vor dem wir standen, stellte meine Finanzverantwortung für unser Unternehmen heraus und spielte die Rechtsklärung als eine Routineangelegenheit herunter, was der Direktor der BoC vollauf bestätigte. Aber die Wolfsburger blieben dabei: „Das müssen wir erst prüfen." Im Protokoll ließ ich festhalten, dass sich VW vorerst weigere, der geplanten Ausgabe von Bonds zuzustimmen, während alle drei chinesischen Partner mit dem vorgeschlagenen Finanzierungsweg einverstanden seien. Unser Liquiditätsproblem rückte näher, Tag für Tag. Wir hatten keine Zeit, um Gesetzestexte zu wälzen und zu erforschen, ob wir etwas durften oder nicht. Außerdem waren die Bonds ja nicht unsere Idee, sondern die unseres chinesischen Partners und Anteilseigners, der Bank of China. Ich war überzeugt davon, dass deren Direktor schon wüsste, was er tat.

Nochmals versuchte ich, die Dringlichkeit der Lage zu erklären. „In wenigen Tagen dreht uns die chinesische Regierung den Geldhahn zu. Sollen wir dabei tatenlos zusehen? Wenn wir keine Bonds ausgeben, rutschen wir in eine ausweglose Situation, in der wir weder CKDs in Wolfsburg, noch dringend benötigte Maschinen im Ausland bestellen können. Ich gebe zu, dass die Angelegenheit recht kompliziert ist, aber wie soll ich meiner Verantwortung gerecht werden, wenn Sie mir die dafür notwendige Handlungsfreiheit verweigern?"

Die Wolfsburger reisten wieder ab. Uns saß die Zeit im Nacken, und die Wolfsburger Juristen und Finanzexperten wollten erst einmal die Rechtslage erforschen. Nach ein, zwei Tagen fand ich ein drei Meter langes Fernschreiben von Volkswagen auf meinem Schreibtisch, in dem alles zusammengetragen war, was die Muttergesellschaft über die Ausgabe von Bonds wissen wollte und was sonst noch geklärt werden müsste. Mit den drei Metern in der Hand schlenderte ich in Pauls Büro, zeigte ihm das Konvolut und sagte: „Sehen Sie sich das einmal an. Das darf doch wohl nicht wahr sein. Glauben die wirklich, dass ich das alles im Einzelnen studiere?" Am liebsten hätte ich die ganze Litanei dem Papierkorb überantwortet. Doch nur wenige Stunden später rief mich der Repräsentant der Commerzbank aus Beijing an, die uns bei der Abwicklung unseres laufenden Geschäfts unterstützte. Wolffhart E. Auer von Herrenkirchen fragte mich, ob wir uns kurzfristig treffen könnten, er müsse mit mir über das Thema Bonds sprechen. Als er am nächsten Tag kam, brachte er ein drei Meter langes Fernschreiben unter dem Arm mit, das ihn am Vortag erreicht hatte. Es war das gleiche, das ich schon erhalten hatte, nur mit einer anderen Adresse versehen.

Weil die Wolfsburger Finanzstäbe mit dem Thema Bonds in China nichts Rechtes anzufangen wussten, hatten sie die Commerzbank-Zentrale in Frankfurt um Hilfe gebeten. Diese wiederum leitete die Anfrage an ihren Vertreter in Beijing weiter, an Herrn Auer von Herrenkirchen, einen kompetenten und überaus liebenswürdigen Mann, der mir jetzt in Anting gegenübersaß. „Wissen Sie, Herr Posth, es ist mir ein bisschen peinlich, aber der Einzige, der etwas von Bonds in China versteht, könnten Sie sein. Denn ich habe gehört, dass die SVW Bonds in Yuan ausgeben will."

Ich erklärte Herrn Auer von Herrenkirchen die Ausgangslage, wie sie sich aus meiner Sicht darstellte. Wir saßen den ganzen Tag zusammen und beantworteten die Fragen der Wolfsburger gemeinsam, nach bestem Wissen und Gewissen. Herr Auer von Herrenkirchen leitete seine Stellungnahme von der Commerzbank Beijing an seine Frankfurter Zentrale weiter, von dort aus ging es nach Wolfsburg. Einige Tage später bekamen wir endlich grünes Licht aus Wolfsburg für unsere geplante Ausgabe der Bonds. Die Wolfsburger ahnten nicht, bei wem Herr Auer von Herrenkirchen sich Rat zur Beantwortung der kniffligen Fragen zu den Bonds geholt hatte. Eines war jedoch gewiss. Hätte ich die Fragen aus dem Telex selbst direkt beantwortet, hätte die VW-Zentrale die Bonds-Ausgabe nicht so einfach genehmigt.

Wenige Tage, bevor in China die neuen Regelungen in Kraft traten, gaben wir unsere Bonds aus und hatten damit unsere Liquidität vorerst gesichert. Es war das erste Mal in der Geschichte der Volksrepublik China, dass ein Gemeinschaftsunternehmen mit ausländischer Kapitalbeteiligung Bonds in chinesischer Währung ausgab. Die Originale der ersten Bondzertifikate habe ich aufgehoben. Sie waren nummeriert und sind heute begehrte Sammlerstücke.

Stellen Sie sicher, dass Ihr Unternehmen in China profitabel ist

- Der strategische Ausgangspunkt Ihrer Unternehmung muss darauf angelegt sein, angemessene Gewinne zu erwirtschaften. Wenn Sie in China kein Geld verdienen können, sollten Sie von Ihrem Engagement Abstand nehmen. Statements, wie: „Wir machen zwar in China keinen Profit, wir müssen aber aus strategischen Gründen im Reich der Mitte vertreten sein", sind oft nur Erklärungsversuche für schon zuvor begangene Fehler.
- Lassen Sie sich, wenn es um profitable Geschäfte geht, von chinesischen Regierungsstellen nicht auf eine notwendige langfristige Sicht Ihrer Unternehmung und den großen potentiellen Markt in der Zukunft vertrösten. Die beste Garantie für Ihre langfristige Unternehmenssicherung ist, auf angemessenem kurzfristigem Gewinn zu bestehen. Im Übrigen – Ihre chinesischen Partner wollen ebenfalls profitable Unternehmen.
- Seien Sie flexibel, wenn es um die Besetzung von Managementpositionen in Ihrer Unternehmung vor Ort geht. Verzichten Sie aber niemals auf die finanzielle Kontrolle Ihres Engagements durch eine Person Ihres Vertrauens.
- Lassen Sie sich niemals durch Anfangserfolge blenden. Auch in China ist ein dauerhafter Erfolg im Wettbewerb nur möglich, wenn Sie kontinuierlich den Markt und Ihre Konkurrenten beobachten und analysieren sowie die Kosten- und Produktivitätsführerschaft Ihres Unternehmens zur Daueraufgabe erklären.

5
Poker um das „Big Project"

Weil man in der Automobilindustrie für den Aufbau von Produktionskapazität Jahre Vorlauf braucht, begannen wir schon im Sommer 1985 über die zweite und weitere Phasen unserer Unternehmung zu diskutieren, die Pkw-Massenfertigung, das so genannte „Big Project". In der Fabrik herrschte noch ein großes Durcheinander, das zu ordnen unsere ganze Aufmerksamkeit forderte. Aber wir spürten, dass wir über kurz oder lang auf die Massenfertigung zusteuerten. Das „Big Project" lag in der Luft. Dr. Hahn hatte bei unserem Treffen in São Paulo bereits von 300 000 Autos pro Jahr gesprochen, in der langfristigen Perspektive sogar eine Million ins Auge gefasst. Und in China war die Zuversicht mit Händen zu greifen – da passierte etwas, da bewegte sich etwas, da entwickelte sich Kaufkraft. Es war nur eine Frage der Zeit, wann die Nachfrage nach Autos wachsen, womöglich sogar sprunghaft ansteigen würde. Für diesen Tag X wollten wir gerüstet sein. Mit unseren 30 000 Santanas pro Jahr, die wir für die erste Produktionsphase angepeilt hatten, kämen wir dann nicht weit.

Nicht zuletzt halfen uns die gedanklichen Ausflüge in eine prosperierende unternehmerische Zukunft dabei, die Anforderungen der Gegenwart zu bewältigen, vor denen wir Tag für Tag in Anting standen. Wir wussten, dass wir das unvermeidliche Anfangschaos irgendwann hinter uns gebracht haben würden und dann eine moderne Autofabrik hätten, auf die wir alle stolz sein könnten. Zwar mussten wir uns erst einmal durch den ganzen Kleinkram vor Ort durchkämpfen, aber wenn wir das geschafft hätten, stünde uns die ganze Welt offen. Vom ersten Tag an waren Paul und ich fest davon überzeugt, dass wir in Anting die größte Automobilfabrik Chinas bauten. Wir würden die Nummer eins im chi-

nesischen Markt werden. Niemand konnte uns von dieser
Idee abbringen. Viele Besucher bestärkten uns darin, auch
Journalisten, die sich unsere „Bruchbude" ansahen, ermunterten Paul und mich: „Ihr macht das gut hier, ihr werdet
das schon hinbekommen."

Ende Mai 1985 eröffnete uns Zhang Changmou, dass wir
auf einen Wettbewerb um die Massenproduktion zusteuern:
„Die Zentrale Wirtschaftskommission ist in Bezug auf unsere Erweiterung derzeit sehr zurückhaltend, da Überlegungen bestehen, in der FAW zusammen mit Daimler-Benz einen
Mercedes oder mit Toyota einen ‚Crown' oder ‚Corolla' zu
montieren, und zwar auf Joint-Venture-Basis." Die Zentralregierung setzte offensichtlich nicht nur auf die Karte SVW.
An vielen verschiedenen Stellen wurden erste Erfahrungen in
der Zusammenarbeit mit Ausländern gesammelt, nicht nur in
der Automobilbranche. Wir mussten wachsam sein, damit
wir die Nase nach vorn bekämen. „Entscheidend ist", überlegte Zhang Changmou, „ein wettbewerbsfähiges Produkt.
Können wir ein Auto zu wettbewerbsfähigen Preisen anbieten? Wie entwickeln sich die gesamtwirtschaftlichen Rahmenbedingungen weiter, die Devisensituation und die Kaufkraft?" An diese klugen Fragen knüpfte Zhang Changmou
genau die richtigen Überlegungen. „Von dieser Gesamtsitua-
tion", fuhr er fort, „hängt ab, wie sich SVW weiterentwickeln kann. Diese drei Faktoren muss unsere Inlandsmarkt-
analyse berücksichtigen. Und wir sollten einen weiteren Punkt
in Betracht ziehen. Wie hoch kann unsere Exportquote sein?
Wie viel Devisen könnte der Export einspielen?"

„Außerdem, liebe deutsche Freunde", warnte Qiu Ke,
„haben wir Konkurrenz. Toyota und Daimler wollen mit der
FAW zusammen in Changchun Pkws bauen. Deshalb hängt
der Erfolg von SVW daran, dass der Anteil der in China gefertigten Teile schnell wächst." Denn mit mehr Santana-
Teilen „made in China" sparten wir kostbare Devisen – und
nur dann könnten wir expandieren. Auf diese Weise wurde
sehr geschickt eine Wettbewerbssituation geschaffen und
hochgehalten, die jede Sicherheit verbot, man könnte der
Gewinner eines großen Projektes sein.

Dr. Hahns Ideen zur Festigung der Partnerschaft

Im Sommer 1985 diskutierten wir bei unseren Besuchen in Wolfsburg mit Dr. Hahn und dem China-Team, wie wir in Anting vorankommen könnten. Alle möglichen Wege, die Chinesen für uns zu gewinnen und langfristig an uns zu binden, wurden erfunden, diskutiert, verworfen oder ausprobiert. Dr. Hahn insistierte darauf, die Chinesen durch Vorleistungen unsererseits zur exklusiven Partnerschaft mit uns zu verpflichten, und entwickelte zu diesem Zweck ununterbrochen neue Ideen. Wir prüften anschließend ihre Realisierbarkeit oder probierten sie aus. Oft wurde nichts daraus, aber mancher Anstoß des einfallsreichen Strategen brachte uns einen gewaltigen Schritt nach vorn. Deshalb hörten wir immer gut zu, was Dr. Hahn vorschlug.

In jedem Auslandsengagement von VW sah Dr. Hahn – in der „Volkswagen Chronik 2004" als maßgeblicher Motor der Globalisierung des Konzerns treffend porträtiert – immer auch eine gesellschaftliche Herausforderung. Vor allem galt dies für Entwicklungsländer, in denen soziale Einrichtungen wie die Werkskantine oder ein Werksarzt, wie Dr. Hahn in seinen Erinnerungen anschaulich am Beispiel Brasiliens schildert, für die Mitarbeiter einen besonders hohen Wert hatten. „Viele unserer brasilianischen Mitarbeiter hatten sich bei uns in ihrem Leben zum ersten Mal satt essen können oder sahen in ihrem Leben zum ersten Mal einen Arzt."[4]

So stießen wir auch in China Initiativen auf allen Gebieten an, auf denen wir etwas Vernünftiges tun und uns als ordentliche Bürger („good corporate citizens") erweisen konnten. Vor allem die vom Unternehmen Volkswagen AG unabhängige VW-Stiftung könnte diesem Zweck dienen, Brücken zu den Chinesen zu bauen. Wir fragten die in Hannover ansässige Stiftung, die über ansehnliche Mittel aus VW-Dividenden verfügte, ob sie etwas für die chinesischen Universitäten tun könne, die für uns relevant waren. Könnte die Stiftung dort Projekte vergeben oder fördern? Mit Vertretern des niedersächsischen Ministeriums für Wissenschaft und Kunst diskutierten wir Kooperationsmöglichkeiten zwischen der TU Braunschweig und der Tongji-Universität in Shanghai im Kraftfahrzeugbau. Das war 1985. Ich frage mich, warum es zwei Jahrzehnte gebraucht hat, um diese Idee Wirklichkeit werden zu lassen. Heute steht der Neubau der Kfz-Fakultät der Tongji-Universität mit über 30 000 Studenten direkt neben unserem Fabrikgelände in Anting.

Wir erwogen, mit einem von SVW gesponserten chinesisch-deutschen Sprachkurs im chinesischen Fernsehen für SVW zu werben. Immer ging es darum, den Chinesen zu zeigen, dass wir mehr wollten, als Autos zu bauen und Geld zu kassieren. Auf allen Gebieten, auf denen wir tätig werden konnten, auch außerhalb der Fabrik, zettelten wir Initiativen an.

Die Chinesen verstanden sehr schnell, dass sich das neue, marktwirtschaftliche Prinzip des Wettbewerbs im eigenen Interesse nutzen ließ. Die Haltung, die sie uns gegenüber in Sachen Erweiterung unserer Produktionskapazität an den Tag legten, war gelegentlich auffällig zurückhaltend. Mehr oder weniger deutlich gaben sie uns zu verstehen: „Ihr habt zwar jetzt das kleine Modernisierungsprojekt in Shanghai, wo wir uns zur Zusammenarbeit verpflichtet haben. Aber wer das Großprojekt bekommt, prüfen wir noch. Wenn ihr beim Devisenausgleich und bei der Lokalisierung nicht mehr leistet, suchen wir uns einen anderen Partner."

Andere Autobauer, die uns noch für zu wagemutig gehalten hatten, als wir nach China gingen, sahen langsam auch, dass in China etwas in Bewegung kam. Deswegen war Chrysler da, Ford kam und fragte: Wie können wir VW Teile des Marktes abjagen? Die Japaner sahen sich in China um, auch Citroën war wieder auf Partnersuche in China. Und die Chinesen nutzten das wachsende Interesse unserer Wettbewerber an einem Kuchenstück des chinesischen Automarktes, um uns unter Druck zu setzen.

Dr. Hahn strebte deshalb ständig danach, die Bindungen zu den Chinesen zu stärken. Dabei baute er immer auch auf weiche Faktoren. Im Sommer 1985, noch vor unserer formalen Geschäftsaufnahme, beschwor er uns: „Wir müssen unsere moralische Verpflichtung zur Einsparung von Devisen klar und deutlich machen und die Chinesen dazu bewegen, sich mit dem Projekt Massenfertigung an uns zu binden." Bei jedem Treffen kamen neue Möglichkeiten ins Spiel, um von unserer Seite aus unter Beweis zu stellen, dass wir uns mit aller Kraft um den Devisenausgleich bemühten. Könnten wir die Kohle für das Kraftwerk in Wolfsburg aus China importieren? Überhaupt arbeiteten in Deutschland Mitte der 80er Jahre noch viele Kraftwerke mit Kohle. Konnte man hier vielleicht etwas zum Devisenausgleich beitragen? Anfang November 1985 schlug Dr. Hahn vor, zwei Containerschiffe von einer Shanghaier Werft bauen zu lassen. Schon drei Wochen später kamen Abgesandte der Hamburger Reederei Ahrenkiel nach Shanghai, um wegen des Schiffsbauauftrags zu verhandeln. Tatsächlich gab die V.A.G. Transport, das konzerneigene Logistikunternehmen von VW, zwei Containerschiffe in Auftrag, auf die sich jeweils rund 3 000 Autos verladen ließen. Offen geblieben war allerdings die Frage, wie wir den Devisenüberschuss, den man aus dem Schiffsgeschäft erwartete und der sich zuerst bei der chinesischen Werft einstellte, in die Kasse von Shanghai Volkswagen bekämen. Da ging die Rangelei mit den Behörden los. Die Werft stellte sich auf den Standpunkt: „Schön, dass wir Schiffe bauen, die wir gegen harte Devisen ins Ausland verkaufen können. Der daraus erwachsende Überschuss gehört uns."

Die Schiffe wurden in Shanghai gefertigt. Marisa Hahn, die Ehefrau von Dr. Hahn, taufte sie mit einer Flasche Champagner und sie wurden mit einer Riesen-Party vom Stapel gelassen. Die Schiffe waren qualitativ hervorragend, dabei deutlich billiger als bei uns, und die Chinesen hatten beim Bauen viel gelernt. Allerdings vermasselte uns eine Veränderung des Wechselkurses von Dollar und Renminbi das Geschäft. Am Ende blieb der erhoffte Devisenüberschuss aus. Doch hatten wir es wenigstens versucht und unseren guten Willen gezeigt.

Die Finanzierung blieb schwierig. Im Herbst 1985 schätzte Dr. Hahn deshalb unsere Chancen für die Massenfertigung zurückhaltend – und wie sich zeigte, durchaus realistisch –

ein, als er bei einem Treffen in Shanghai prognostizierte: „Wir
werden eher 1995 als 1990 eine 300 000er-Fabrik in China
haben." Zum Abschied schloss er unsere Sitzung mit den
Worten: „Die letzte Verantwortung liegt bei Ihnen." Mein
Fazit lautete: „Recht zufrieden stellender Besuch von Dr.
Hahn. Wir können unsere Arbeit mit Zuversicht fortsetzen."

Zu Beginn des Jahres 1986 reiste eine chinesische Delegation nach Wolfsburg, um gemeinsam mit Volkswagen auszu-
loten, wie sich die Produktionskapazität von SVW schrittweise, aber zügig erhöhen ließe. Dabei wurde die Möglichkeit
erörtert, ein komplettes Getriebewerk mit Werkzeugen nach
China zu transferieren. Als die Delegation nach Beijing zurückgekehrt war, stand die Erweiterung von SVW in großer
ministerieller Runde zur Debatte: Der neue CNAIC-Chef
Chen Zutao, sein Amtsvorgänger Rao Bin und Vizepremier
Li Peng suchten gemeinsam nach einem Weg zur Pkw-Massenfertigung in Anting. SVW-Aufsichtsratschef Qiu Ke empfahl uns in Shanghai, in Beijing kein großes Aufheben um die
Erweiterung zu machen, sondern sie einfach zu betreiben,
getreu der Devise: „Nicht lange überlegen, sondern Fakten
schaffen." Wir nahmen die Anregung auf – und hielten uns
später noch öfter an diese Empfehlung unseres Board-Vor-
sitzenden.

Zumal die Chinesen in Shanghai uns gelegentlich ausdrücklich davon abrieten, die Zentralregierung zu involvie-
ren. „Reisen Sie nicht so viel nach Beijing", hieß es. „Wohin
gehen Sie da eigentlich immer?" Wenn wir die Abstimmung
mit Vertretern der Zentralregierung oder mit unseren An-
teilseignern CNAIC oder BoC allerdings als unerlässlich ansahen, führte kein Weg an einer Reise nach Beijing vorbei.

Dass sich hochrangige Regierungsbeamte, die so genannten „High Officials", unseres Erweiterungsproblems annahmen, empfanden wir als viel versprechenden Hinweis darauf,
dass die Zentralregierung als Standort für die Pkw-Massenfertigung Shanghai bevorzugte. Die Entwicklungsperspekti-
ven von SVW, die unsere Diskussionen prägten, hatten mit
dem, was vertraglich für die ersten sieben Jahre der Zusammenarbeit festgeschrieben worden war, längst nichts mehr zu

tun. Unser Vertrag sah lediglich eine Kapazität von 30 000 Autos pro Jahr vor. Aber wir wollten mehr, von Anfang an. Nicht nur die Chinesen, sondern beide Seiten waren beseelt davon, gemeinsam zu vernünftigen ökonomischen Lösungen zu kommen, sprich: 300 000 Autos pro Jahr.

SVW galt aus der Warte der chinesischen Regierung als Vorstufe für das größere Projekt. Es liefe jedoch noch nicht zur vollen Zufriedenheit beider Seiten, ließ man uns in der Hauptstadt wissen. Aber alle Shanghaier und Beijinger Stellen würden uns unterstützen. Wolfsburg müsse auch aktiver werden, ermahnte man uns. Der nächste Schritt müsste aus unserer Sicht eine neue Machbarkeitsstudie sein.

Bei einer gemeinsamen Sitzung mit dem VW-China-Team besprachen wir, dass wir beim Großprojekt mitmischen, aber realistisch bleiben sollten: vor 1995 keine 100 000er-Fabrik. Wir vermuteten, dass die Inlandsnachfrage größer sein wird als die Exportverpflichtung. Langsam kam im VW-China-Team Bewegung auf. Man merkte, dass wir mit SVW in die Gänge kamen und sich weitere Perspektiven eröffneten. Die vier – Heinz Bauer, Klaus Wulf, Rüdiger Gessner und Werner Neubauer – gehörten schon zum Verhandlungsteam, kannten die Chinesen also sehr gut und gaben uns mit auf den Weg, dass wir am Ball bleiben und Wolfsburg auf dem Laufenden halten sollten, sobald sich Konkretes in Sachen Kapazitätserweiterung abzeichnen würde. Unter ihnen machte sich eine offensive Bereitschaft breit, unser China-Geschäft vorwärts zu bringen.

Expedition zur SAW nach Shiyan

Zusammen mit Paul, Zhang Changmou und einem Vertreter der STAC flogen wir Anfang März 1986 nach Wuhan, anschließend ging es per Zug im Schlafwagen weiter nach Shiyan, über zehn Stunden auf eingleisiger Strecke. Es war Anfang März und lausig kalt. Die Fahrt war nur mit einer Flasche Maotei zu überstehen.

Als wir endlich beim Werk der SAW, der Second Automobile Works, angekommen waren, erkundeten wir neugierig die „modernste Autofabrik Chinas", von der uns ein hoher Regierungsvertreter geradezu vorgeschwärmt hatte, weil in ihr bereits Computer im Einsatz sein sollten. Tatsächlich war die SAW mit neuen Computern ausgestattet, aber sie standen allesamt funktionslos herum, weil niemand sie bedienen konnte. Es gab in den Bergen von Shiyan gar keine Lehrer, die den Mitarbeitern hätten zeigen können, wie man die Computer benutzte. Auch die Gießerei, die uns für eine eventuelle Zulieferung zu unserer Motorenproduktion von den Chinesen ans Herz gelegt worden war, genügte unseren Ansprüchen leider in keiner Weise.

Paul erinnert sich besonders gut an die Rückreise. Das Wasser in Shiyan war so schlecht, dass man sich leicht eine Durchfallerkrankung holte, von der auch wir nicht verschont blieben. Angekommen am Flughafen von Wuhan warteten wir eine ganze Nacht lang auf unser Flugzeug nach Shanghai, das sich Stunde um Stunde verspätete und uns schließlich erst am nächsten Morgen zurückflog. Dabei war das Flughafengebäude nach üblicher chinesischer Sitte selbstverständlich unbeheizt, wärmende Getränke, wäre es auch nur ein Tässchen Tee, waren nirgends zu bekommen. Wir verbrachten eine unruhige Nacht mit Grimmen im Bauch und den jüngsten Bildern vom zurückgebliebenen Zustand der chinesischen Automobilindustrie im Kopf. In solchen Situationen kostete es Kraft, zuversichtlich zu bleiben.

Andere Autohersteller, die sich bei der SAW umsahen, warnten wir vor den Personalschwierigkeiten, die allein aufgrund der geografischen Lage für eine gemeinsame Unternehmung absehbar waren. Anlässlich unserer ersten Automobilausstellung im Juli 1985 in Shanghai lud uns Stefan Scharf, der stellvertretende Vorstandsvorsitzende von Chrysler, zum Cocktail ein. Der US-amerikanische Autobauer Chrysler lotete gerade die Möglichkeiten einer Zusammenarbeit mit den Chinesen aus und erörterte mit der SAW ein Gemeinschaftswerk in Wuhan. Scharf erfragte alle möglichen Details über unsere Arbeit in China und erkundigte sich nach unseren Erfahrungen. Als wir die Lage der Gemeinschaftsunternehmen mit ausländischer Beteiligung diskutierten, gab ich das Gewicht des Personalproblems zu bedenken: „Wir erleben in Shanghai täglich" – und Shanghai galt damals als die weltoffenste Stadt Chinas – „große Probleme mit unseren deutschen Mitarbeitern und deren Ansprüchen. Die Amerikaner werden wahrscheinlich noch größere Schwierigkeiten als unsere deutschen Expatriates haben, sich halbwegs an chinesische Wohn- und Lebensverhältnisse anzupassen oder wenigstens mit ihnen zurechtzukommen. Wenn man die dann noch in eine Fabrik in der zentralchinesischen, weltabgeschiedenen Provinz nach Wuhan oder, noch schlimmer, nach Shiyan setzt, muss man darauf gefasst sein, dass kein Mitarbeiter freiwillig dahin gehen wird."

Immer wieder kamen Kollegen anderer Autohersteller zu uns nach Anting, um sich über die Zusammenarbeit mit den Chinesen zu erkundigen. Im Juli 1986, ein paar Monate nach unserer Expedition zur SAW, besuchten uns drei Direktoren von Ford, unter ihnen Patrick Simpson, der Einkaufs- und Logistikchef für das China-Geschäft, um sich bei uns umzusehen und unsere Joint-Venture-Erfahrungen zu nutzen. Auch Ford spielte mit dem Gedanken, mit der SAW zu kooperieren. Wir warnten eindringlich: „Sie bekommen keine Expatriates dorthin."

In Anting gaben sich unterdessen Zulieferer aus China und Europa, Wirtschaftsdelegationen aus aller Herren Länder sowie Vertreter unserer Wettbewerber die Klinke in die Hand. Kaum ein Tag verging ohne Besuch: Daimler-Benz, die Firma Freudenberg, eine russische und eine südaustralische Regierungsdelegation, ministerialer Besuch aus Südafrika, der Wirtschaftsminister von Schleswig-Holstein, eine Delegation der deutschen Maschinenbauindustrie aus Baden-Württemberg und so weiter und so fort. Alle wollten wissen: Wie läuft die Zusammenarbeit mit den Chinesen?

Im Anschluss an das dritte Board Meeting von SVW Ende April 1986 reiste ich mit Claus Borgward nach Beijing, um zusammen mit Dr. Lee Probleme und Chancen unseres Projektes mit den einschlägigen Behörden zu klären, das hieß Außenhandelsministerium (MOFERT), CNAIC und Staatliche Planungskommission (SPC). Allgemeiner Tenor unserer Gespräche: „SVW ist ein wichtiges Projekt. Aber die Lokalisierung muss schneller vorangehen." Wir erkundigten uns nach den Plänen der Regierung: „Ist SVW im Siebten Fünfjahresplan enthalten?" Statt einer klaren Antwort erhielten wir einen nochmaligen Hinweis darauf, dass unsere Devisenbilanz ausgeglichen sein müsse.

Chinas Automobil-Agenda 2000

Im September 1986 hörten wir zum ersten Mal, dass die Zentralregierung an einem langfristigen Plan für die Entwicklung der Automobilindustrie arbeitete, „Automotive Industry 2000", Chinas Automobil-Agenda zur Jahrtausendwende. Die Eckpunkte dieses Plans leiteten sich aus dem generellen wirtschaftspolitischen Kurs Chinas ab, der in den Fünfjahresplänen der Regierung festgehalten wurde. Der Siebte Fünfjahresplan, gültig von 1985 bis 1990, war unter Dach und Fach. Er sah von staatlicher Seite insgesamt 7 Mrd. RMB für die gesamte Automobilindustrie der Volksrepublik China vor und enthielt keinerlei Mittel für ein Großprojekt. Dieses sollte im Achten Fünfjahresplan, 1991 bis 1995, berücksichtigt werden, an dem jetzt gearbeitet wurde.

Auf Beschluss der Regierung sollte er bereits im kommenden Frühjahr, 1987, in seinen Grundzügen stehen, um ihn auf dem 13. Kongress der Kommunistischen Partei Chinas diskutieren zu können. Dabei sollte ein für uns wesentlicher Tagesordnungspunkt zur Debatte stehen: die Automobilindustrie als Schlüsselindustrie („pillar industry"), als eine tragende Säule der industriellen Entwicklung der Volksrepublik China. Auch aus unserer Sicht machte es durchaus Sinn, die Zukunft der Automobilindustrie in einem weiteren zeitlichen Horizont zu betrachten. Denn in der Automobilbranche sind die Vorlaufzeiten sehr lang, weil es schon Jahre dauert, bis ein Modell komplett entwickelt ist. Und auch die sich daran orientierenden Werkzeuge und Fabrikanlagen können nicht über Nacht aus dem Boden gestampft werden.

Aufgrund der weitreichenden Pläne ihrer Regierung pro-
phezeiten unsere Partner, dass die nächsten Monate, September bis Dezember 1986, entscheidend für unsere gemeinsame
Zukunft wären. Die STAC werde alle Papiere vorbereiten
für einen Plan der Pkw-Massenfertigung in Shanghai, den
man dann bei der Zentralregierung einzureichen gedenke.
Die CNAIC hatte sich schon regierungsseitige Kritik einge-
handelt, weil außer ihr alle anderen regierungsnahen Ins-
titute bereits einen Plan für ihre jeweiligen Sektoren für das
Jahr 2000 vorgelegt hätten. Deshalb hatte sie ihrerseits jetzt
eine Arbeitsgruppe ins Leben gerufen, die Vorschläge für die
„Automotive Industry 2000" erarbeiten sollte, und verschiedene Automobilunternehmen zu einem Arbeitstreffen eingeladen. Wir Deutschen waren wie üblich nicht eingeladen.
Statt das Know-how der Ausländer in vollem Umfang zu nutzen, blieben die Chinesen erst einmal lieber unter sich. Sie
fürchteten wohl, dass die Ausländer zu viel Einfluss nehmen
könnten. Jedenfalls war es anfangs einfach nicht möglich,
dass wir Deutschen unser Wissen, unsere Erfahrung und unsere Ideen einbrachten.

Im September 1986 feierten wir die Produktion des
10 000sten in China gebauten Santana. Um auf dieses Ge-
samtvolumen zu kommen, hatte es seit Vertragsabschluss
zwei Jahre gebraucht. Ab jetzt schien mehr Bewegung in die
gesamte Autoindustrie Chinas zu kommen. Alle Automobilzentren wollten sich für die Pkw-Massenfertigung empfehlen, Changchun (FAW), Shiyan (SAW) und Shanghai, womöglich auch die östlich von Beijing gelegene Hafenstadt
Tianjin, wo Daihatsu, ein Tochterunternehmen von Toyota,
mit einer Lizenzfertigung ins China-Geschäft eingestiegen
war.

SVW war wie das Peugeot-Joint-Venture in Guangzhou
oder Beijing Jeep ein lokales Projekt und mit Rücksicht auf
den von der Regierung ins Auge gefassten Weg Richtung
Pkw-Massenfertigung zunächst eine Art Versuchsballon. Dabei genossen wir einen gewichtigen Vorteil gegenüber den
andern lokalen Projekten: die Aufmerksamkeit der Zentralregierung. Sie war uns nicht zuletzt deshalb so gut wie ge-

wiss, weil bei uns mit der CNAIC und der BoC nationale Institutionen als Anteilseigner mit im Boot waren.

Auf der „Agenda 2000" standen neben Pkws auch Nutzfahrzeuge, leichte und schwere Lkws. Da die chinesische Automobilindustrie sich bislang auf derartige Fahrzeuge konzentriert hatte, war die Projektion für diese Segmente kein weiterer Streitpunkt. Umworben und von allen begehrt war die Produktion von Pkws, Jeeps und Minibussen. Der jährliche Pkw-Bedarf wurde für 1995 auf rund 500 000 Pkws geschätzt, für das Jahr 2000 rechnete die Regierung mit einem Gesamtbedarf von 800 000 bis 1,2 Mio. Pkws. Im Nachhinein zeigte sich, dass die Chinesen die Entwicklung kräftig überschätzt hatten. Denn im Jahr 2000 wurden erstmals 680 000 Pkws in der Volksrepublik China hergestellt. Die Schätzung für 1995 entsprach am Ende dem, was fünf Jahre später erst erreicht wurde, beziehungsweise die Tatsachen des Jahres 2000 lagen 50 Prozent unter den Erwartungen von 1986. Kein Wunder, denn die Chinesen planten nicht vom Markt her, sondern leiteten den Bedarf an Automobilen von der installierten Kapazität ab.

Die neuen Planvorgaben der Regierung brachten gehörige Bewegung in die Standortdiskussion. Unsere chinesischen Partner warnten: „Bei diesen Zahlen wird es einen enormen Wettbewerb um die Pkw-Massenproduktion geben. Alle Automobilhersteller Chinas sind hinter diesem Projekt her." Diese Prognose war uns unverständlich. Aus unserer Warte konnte von Wettbewerb noch keine Rede sein. Die Chinesen verwiesen auf die Japaner, die bei ihrem Einstieg in Tianjin, der Beijing vorgelagerten Hafenstadt, angekündigt hatten, innerhalb von zwei Jahren 50 Prozent des Daihatsu lokalisieren zu wollen. Ein ganzes Panorama potentieller Wettbewerber wurde vor uns ausgebreitet. Die FAW habe Nissan und Citroën kontaktiert, Nanjing spreche mit Fiat-Iveco und dann sei da ja schließlich auch noch das Peugeot-Joint-Venture in Guangzhou. General Motors zeige sich interessiert, Beijing Jeep wolle eine Pick-up-Version des Cherokee auf den Markt bringen und die SAW führe Verhandlungen mit Ford. So versuchten die Chinesen, uns gegenüber Druck auszuüben, damit wir unsere Anstrengungen auf den wichtigen Feldern Lokalisierung und Devisenausgleich verstärkten.

Jetzt, so meinten die Shanghai-Chinesen, hätten wir noch Zeit, uns das Großprojekt zu sichern, denn schließlich sei es erst für den Achten Fünfjahresplan projektiert, der erst 1991 begann. Bis dahin wäre Shanghai der einzige Ort, der für eine Pkw-Massenfertigung in Frage käme. Außerdem hätten Vertreter der Zentralregierung wiederholt versprochen, dass das Pkw-Projekt nach Shanghai kommen solle. Folgerichtig hatte Shanghai der Zentralregierung angekündigt, eine Studie zu erstellen und einen detaillierten Plan zu entwerfen, wie Shanghai in den nächsten 25 Jahren die Automobilbranche Chinas insgesamt weiterentwickeln könne.

Von Jiang Tao erfuhren wir, dass die Autofabriken FAW und SAW sich lediglich auf leichte Lkws konzentrieren wollten. Er hatte sie aber im Verdacht, der sich später bestätigte, in Wirklichkeit auch nach dem Pkw-Projekt zu streben. Die GM-Leute, fuhr er fort, spielten ein besonders trickreiches Spiel. Sie wollten mit einer Komponentenproduktion in China beginnen, also Einzelteile in China produzieren, um diese anschließend zu exportieren und damit die für den Aufbau einer Produktion nötigen Devisen zu verdienen. Außerdem brächte GM 50 Prozent Eigenkapital mit und wollte den Technologietransfer wie den Aufbau der Zulieferindustrie übernehmen. Dieser Dreiklang aus schönen Versprechen tönte verlockend in den Ohren der Chinesen: Wir bringen Kapital und Know-how, wir lokalisieren, wir exportieren.

Jiang Tao forderte deshalb energisch Vorschläge gegen dieses Konzept von General Motors. Zhang Changmou ergänzte: „Wichtig ist, dass wir jetzt eine Gruppe von STAC und SVW zusammenstellen, die einen ordentlichen Plan für die Pkw-Massenfertigung in Shanghai erarbeitet. Außerdem sollten wir Volkswagen, unsere deutsche Mutter, voll in dieses Thema einbeziehen. Bevor wir irgendetwas in Beijing präsentieren, müssen wir klären, welches Modell tatsächlich in China erfolgreich sein kann und für eine Massenfertigung geeignet ist. Erst wenn wir das alles abgearbeitet haben, können wir einen umfassenden Entwurf vorlegen."

Ein halbes Jahr später, Ende Februar 1987, entschied sich die Stadt Shanghai, die Pkw-Massenfertigung konkret anzugehen. STAC und Stadtverwaltung wollten sich mit einem umfassenden Plan der Regierung noch einmal nachdrücklich als Standort für das „Big Project" empfehlen. Die Stadt hatte ein wissenschaftliches Forschungsinstitut, die „Shanghai Association for Science and Technology", beauftragt, einen entsprechenden Vorschlag auszuarbeiten. Ein paar Vertreter dieses Unternehmens suchten uns in Anting auf, um uns ihre ersten Überlegungen zu präsentieren und um unseren Rat einzuholen. Wir stellten befriedigt fest, dass wir dabei waren, das Vertrauen der Chinesen in dieser wichtigen Projektphase langsam zu gewinnen. Der stellvertretende Leiter des Planungsprojektes bestätigte uns, dass Shanghai die erste große Automobilfabrik bekommen solle: „Das ‚Big Project' ist im Grundsatz von der Staatlichen Wirtschaftskommission für Shanghai genehmigt. Die Autoindustrie ist eine Schlüsselindustrie."

Im Sommer 1987 wollte die Wirtschaftskommission von Shanghai einen ersten Report über die künftige Entwicklung der Autoindustrie vorlegen. Sechs verschiedene Arbeitsgruppen sollten sich des Themas annehmen und den Bericht vorbereiten. Als Erstes – eine typisch chinesische Denkweise – wurde ein so genanntes „Umfassendes Team" („comprehensive team") eingesetzt, das über allem schwebte, die Arbeit der anderen Gruppen koordinierte und die generellen Vor- beziehungsweise Nachteile des geplanten Projektes auflisten sollte. Welche Vorteile birgt ein Pkw-Großprojekt für Shanghai? Wie kann man unser 30 000er-Projekt schrittweise auf eine Kapazität von 300 000 ausbauen? Ein zweites Team kümmerte sich um den Standort, Anting City, einschließlich Infrastruktur und Entwicklung des gesamten Bezirkes. Ein drittes Team setzte sich mit dem Produkt auseinander, das in großen Stückzahlen (300.000 pro Jahr) gefertigt werden sollte. Welches Auto sollte es nun wirklich sein? Welchen Anforderungen müsste das Modell gerecht werden? Dann gab es – so weit dachten die Chinesen schon – eine Personalplanungsgruppe, die sich an den personalpolitischen Erfah-

rungen orientieren sollte, die im Stahlwerk von Baoshan gesammelt worden waren. Dort wurde an einem der modernsten Stahlwerke der Welt gebaut. Der erste Hochofen des Werkes war im September 1985 in Betrieb gegangen. Die technisch modernsten Anlagen, die überwiegend von japanischen
und deutschen Firmen errichtet worden waren, erstreckten
sich – eine gute Autostunde nördlich vom Stadtkern Shanghais entfernt – über insgesamt 13 Quadratkilometer am Yi-
angtse-Ufer entlang kurz vor dem Zufluss des Huangpu.
Fünftens stellte sich ein Investitionsteam die entscheidende
Frage: Wie kann man das Ganze finanzieren? Wie kann man
Devisen bereitstellen? „Last, but not least" gab es noch ein
Arbeitsteam, das sich um die Zulieferindustrie kümmern sollte. Diese insgesamt sechs Gruppen begannen mehr oder weniger sofort mit ihrer Arbeit. Schon einen Monat später, im
März 1987, sollten alle ihre vorläufigen Pläne präsentieren.

Gegenwärtig stand in Anting nur unsere kleine Fabrik,
die wir im Begriff waren, ein wenig zu modernisieren. Jetzt
ging es um den Entwurf eines großen Planes, der Wachstum
versprach. Wir beantworteten viele Fragen des Projektleiters,
der uns ausdrücklich um Informationen, Material und Unterstützung bat. Hatte sich die Zentralregierung jetzt entschieden? Käme das Großprojekt wirklich nach Shanghai?
Jedenfalls sollte Shanghai Vorschläge entwickeln und machte sich mit Eifer an die Aufgabe.

Im Nachhinein erscheint mir die Entscheidung der Stadt
Shanghai, die Pkw-Massenfertigung planmäßig und konzep-
tionell in Angriff zu nehmen, ein wichtiger politischer Durchbruch gewesen zu sein. Man war dabei, Fakten zu schaffen.
Aber genügte das, um den erhofften Zuschlag zu bekommen? Immer wieder wurde irgendetwas behauptet, was dann
doch wieder verworfen wurde: „Shanghai hat entschieden,
…" hieß es, dann wieder „Beijing hat entschieden, …", hin
und her. Jetzt aber legte Shanghai los und tausend Fragen waren zu beantworten. Wo platzierte man eine solche Großpro-
duktion am besten? Wir reklamierten, dass man eine Zug-
verbindung, am besten auch eine Schiffsverbindung bräuchte. Neue und vernünftige Straßen müssten angelegt werden,

ein neues Kraftwerk wäre nötig. Leider mussten wir wenig später realisieren, dass die Zentralregierung sich immer noch nicht entschieden hatte. Die Bewegung und die Zuversicht, die aufgekommen waren, verebbten erst einmal wieder. Die Chance, unsere Produktionskapazität rasch zu erhöhen, rückte wieder in weite Ferne. Wir kamen nicht so voran, wie wir wollten. Im Herbst 1987 verlautete aus Beijing, dass die Massenfertigung von Pkws den beiden Staatsunternehmen FAW und SAW obliegen sollte, Shanghai Volkswagen sollte sich dagegen auf den Aufbau der lokalen Zulieferindustrie konzentrieren.

Ein „inoffizieller Abstecher" nach Changchun

Zur gleichen Zeit kündigten sich namhafte Wettbewerber in China an. Die FAW stand wegen einer gemeinsamen Pkw- und Motorenproduktion mit Chrysler in Verhandlungen, Ford wollte mit der SAW zusammen in Wuhan ein Gemeinschaftsunternehmen gründen. Wir mussten wachsam bleiben, um unseren Vorsprung an Erfahrungen in China nicht an Wettbewerber zu verlieren. Beim Projekt Massenproduktion wollten wir auf jeden Fall die Nase vorn behalten.

Ich räume ein, dass ich mich damals voll auf Shanghai konzentrierte und weniger damit beschäftigte, ob der Volkswagen-Konzern noch an anderer Stelle in China Fuß fassen könnte und sollte. Als Dr. Lee Ende 1986, Anfang 1987 in Shanghai mit der Idee auftauchte, mit der FAW auf verschiedenen Feldern zu kooperieren, stieß er auf strikten Widerstand, auch von uns. Wir alle in Shanghai wollten einen potentiellen Wettbewerber um das Großprojekt wirklich nicht durch eine Zusammenarbeit unterstützen. Es war dem Besuch des damaligen Mitglieds des VW-Aufsichtsrates, Walther Leisler Kiep, in Beijing 1987 zu verdanken, dass über ihn direkt an Dr. Hahn die Information gelangte, Chrysler wolle in Changchun mit der FAW Pkw und Motoren bauen. Dr. Hahn handelte schnell und entschlossen. Auf sein Geheiß trafen sich im September Dr. Lee, Kollege Paul und Audi-

Produktionsvorstand Hermann Stübig in Changchun, um zu erkunden, ob man dort Audis produzieren könnte. Sie waren überwältigt vom technischen Stand und der Qualifikation der Mitarbeiter der FAW. „Wenn Chrysler dort mit einem Pkw, zum Beispiel mit einem Dodge, startet", fassten sie ihre Eindrücke zusammen, „haben wir in Shanghai keine Chance mehr."

Dr. Hahn verabredete daraufhin mit dem Präsidenten der FAW bereits für Ende Oktober ein Treffen in Changchun, von dem die Zentralbehörden in Beijing erst im Nachhinein informiert werden sollten. Zwei, drei Tage vor unserem Abstecher in die Provinz Jilin trafen wir Dr. Hahn in Beijing, um zunächst bei einer Reihe von Empfängen, Arbeitsessen und Gesprächen die Beziehungen zu den führenden politischen Köpfen zu pflegen und um die Zentralregierung für ein größeres Produktionsvolumen in Shanghai zu gewinnen.

Schließlich brachen wir zur First Automobile Works auf, in die Mandschurei, Dr. Hahn, die Herren Borgward und Weber, Dr. Lee und ich. Die Stadt Changchun im Nordosten Chinas, deren Name „ewiger Frühling" bedeutet, empfing uns mit beißender Kälte, die uns während des ganzen Besuches nicht mehr verlassen sollte. Die monumentale Fabrik, die wir zunächst besichtigten, beeindruckte uns schwer. Die FAW war von der Fläche her die größte Automobilfabrik der Welt, die über eine nahezu 100-prozentige Fertigungstiefe verfügte, also nahezu alle Komponenten und Teile für ihre Produkte, Lkws, Busse und die Staatskarosse „Rote Fahne", selbst herstellte. Als wir uns die Fertigung ansahen, stellten wir zu unserem Erstaunen fest, auf welchem hohen fertigungstechnischen Niveau die FAW bereits angelangt war. Die bis dato landläufige Meinung, die Chinesen könnten keine Autos entwickeln oder produzieren, galt es in dieser Allgemeinheit über Bord zu werfen.

„Es gibt zwei Felder der Zusammenarbeit", eröffnete Dr. Hahn unsere erste konzeptionelle Besprechung mit dem Präsidenten der FAW, Geng Zhaojie, und seinen leitenden Mitarbeitern, zu der wir uns im Anschluss an die Besichtigung der Fabrik zusammengesetzt hatten. Diese Sitzung, die wir

wegen der Kälte in Mänteln abhielten, zog sich den ganzen
Abend hin. Es war eisig. Ob in China geheizt wurde, richtete sich nicht nach der Außentemperatur, sondern nach dem
Kalender und der geografischen Lage. Südlich des Yiangtse,
wie in Shanghai, wurde praktisch gar nicht geheizt und nördlich des großen Flusses erst ab dem 1. November. Wir hatten
Pech. Es war Ende Oktober und mit minus elf Grad ungewöhnlich kalt für diese Jahreszeit. Aufgereiht saßen wir einander gegenüber, wir fünf Deutschen in Mänteln auf der
einen und zwölf offensichtlich abgehärtete Chinesen im Blau-
mann auf der anderen Seite eines langen Tisches.

Dr. Hahn erläuterte die Möglichkeiten der Zusammenarbeit zwischen FAW und VW: „Erstens Kooperation mit
SWV bei der Lokalisierung der Fertigung von Teilen und
Komponenten, zweitens die Fertigung des Audi 100. VW ist
bereit, Werkzeugsätze zur Verfügung zu stellen, um den Audi
100 oder auch den Audi 200 in der FAW zu produzieren."
Anschließend philosophierte Dr. Hahn über den Allradantrieb des Audi Quattro und das Automatikgetriebe von Audi
sowie generell über den Know-how-Transfer und die Bedeutung Chinas für die langfristige Asien-Strategie von Volkswagen. Er versuchte mit nicht nachlassender Überzeugungs-
kraft, die Changchun-Chinesen für den Audi 100 zu gewinnen. Weil er wusste, dass die FAW mit Chrysler zusammen
Motoren produzieren wollte, sicherte Dr. Hahn zu, diesen
Motor in den Audi einzubauen: „Der Einbau eines Chrysler-
Motors in den Audi wäre für eine gewisse Zeit kein Kapital-
verbrechen, eher ein Schönheitsfehler." Der Motor, um dessen gemeinschaftliche Fertigung es Chrysler und der FAW
ging, stammte im Übrigen ursprünglich aus dem Hause Volkswagen, Chrysler hatte ihn VW abgekauft und anschließend
nur ein wenig modifiziert. Deshalb wäre es in der Tat nur
ein „Schönheitsfehler", wenn unter einer Audi-Haube ein
Chrysler-Motor stecken würde.

An diesem Abend, an dem wir in Changchun saßen,
wussten wir nicht, dass sich zeitgleich eine Delegation der
FAW in Detroit in der Chrysler-Zentrale aufhielt, um mit
dem Vertrag über die gemeinsame Motorenfertigung gleich-

zeitig eine gemeinsame Fahrzeugproduktion in Changchun zu vereinbaren.

Die Entscheidung Gengs, das Angebot Dr. Hahns vorläufig anzunehmen, fiel erst nach stundenlangen Erörterungen im allerletzten Augenblick. Alle Beteiligten wussten, dass die chinesische Regierung einen anderen Kurs verfolgte. Der Vizechef der Staatlichen Wirtschaftskommission (SEC), Zhu Rongji, wollte Chrysler als Partner in der FAW haben, also als Konkurrenten zu Shanghai Volkswagen. Er wollte Wettbewerb. Aber Dr. Hahn trug sein Konzept vom Audi 100 so überzeugend vor, dass die FAW sich schließlich für VW und Audi entschied.

FAW-Chef Geng nahm das Angebot an: „Um unsere Pkw-Entwicklung zu beschleunigen, brauchen wir ausländische Partner. Wir machen den Chrysler-Motor. Alle weiteren Entscheidungen mit ausländischen Partnern werden von anderen Bedingungen abhängen. Wir haben großes Interesse an VW und Audi. Eine Kooperation sollten wir mit langfristiger Perspektive eingehen. Die Zusammenarbeit mit VW im Rahmen der Nationalisierung des Santanas könnte auch für uns von Vorteil sein." Damit war die Zusammenarbeit zwischen Volkswagen und der First Automobile Works beschlossene Sache. Die nächsten konkreten Schritte wurden noch im Detail gemeinsam festgelegt, bis es ein Uhr nachts war. Präsident Geng führte nach Ende unserer langen Sitzung am frühen Morgen des nächsten Tages noch ein Telefongespräch in die USA, um seiner Delegation in Detroit anzuweisen, lediglich den Vertrag für die Motorenproduktion mit Chrysler zu unterschreiben, nicht aber den Vertrag über die Fahrzeugfertigung. Die Telefondrähte zwischen Changchun und Detroit liefen nach Mitternacht noch einmal heiß, wir dagegen froren weiter. Als wir endlich zu Bett gingen, behielten wir unsere Mäntel an.

So begann die Zusammenarbeit zwischen dem Volkswagen-Konzern und der FAW, im Rahmen einer Lizenzvereinbarung den Audi 100 als Nachfolger der „Roten Fahne" zu fertigen. Später ist daraus das zweite Joint Venture, die FAW-VW, hervorgegangen, das neben dem Audi 100 auch den

VW Jetta produzierte. Am nächsten Tag fuhren wir zurück nach Beijing, wo uns der Vizepräsident der SEC erwartete, Zhu Rongji. Wir durften davon ausgehen, dass die Nachricht von der neuen Partnerwahl der FAW schon bis in Chinas Hauptstadt vorgedrungen war. Tatsächlich hielt uns Zhu Rongji schnell vor: „Bevor ich hierher kam, erhielt ich von unserem Bonner Botschafter ein Fax, in dem er mir mitteilt, dass Sie zurzeit in drei Richtungen aktiv sind: erstens bei SVW, zweitens, dass Sie den Audi mit der FAW produzieren wollen, und drittens, dass Sie darüber nachdenken, auch mit der SAW zu kooperieren. Ich hoffe, dass Sie Ihre Bemühungen auf Shanghai Volkswagen konzentrieren werden. Ich weiß nicht, ob Sie Ihre Zuversicht in Shanghai Volkswagen verlassen hat. Im Gegensatz zu Ihnen traue ich SVW sehr viel zu."

Zhu vermutete offensichtlich, wir sähen uns in Changchun um, weil wir in Shanghai nicht so vorwärts kämen, wie wir es uns gewünscht hätten. „Die Kooperation der FAW mit Chrysler ist aus Sicht der Zentralregierung äußerst wichtig. Wir hoffen, dass zwei Projekte miteinander in Wettbewerb treten. Ich bin für diesen Fall zuversichtlich, dass SVW gewinnen wird. Dasselbe habe ich Herrn Geng, dem Direktor der FAW gesagt." Eines wurde klar und deutlich: Zhu Rongji wollte unbedingt Wettbewerb zwischen Shanghai und Changchun.

Der SEC-Vizechef fuhr fort: „Ich konzentriere meine Fähigkeiten und Anstrengungen auf Shanghai Volkswagen. Ich glaube, dass SVW die FAW überholen kann, Kernpunkt ist die Nationalisierung. Wenn Shanghai Volkswagen wirklich die Schlüsselfunktion in der Lokalisierung übernommen haben wird, kann die SVW an der FAW vorbeieilen. Und dann kann man bei SVW auch 150 000 oder 300 000 Einheiten fertigen. Ich habe heute Morgen Vizepremier Li Peng getroffen und ihm den Eindruck vermittelt, dass nur FAW und SAW auf 150 000 Einheiten kommen könnten. Li Peng aber antwortete mir: ‚Wenn Shanghai den angestrebten lokalen Fertigungsanteil realisiert hat, können sie auch 300 000 Autos produzieren.' Oberbürgermeister Jiang Zemin, CNAIC-

Präsident Chen Zutao und ich persönlich – wir werden die Probleme der Lokalisierung, soweit es unsere Seite angeht, innerhalb kurzer Zeit lösen. Aber wir brauchen Ihre Unterstützung. Für die Lokalisierung sind wir zu 65 Prozent verantwortlich wegen der Kaufteile. Sie sind für die restlichen 35 Prozent in der Fabrik verantwortlich. Aber wir brauchen Ihre Unterstützung auch für die lokale Entwicklung der Zulieferindustrie."

Gegen Ende unseres Gespräches bekräftigte Zhu: „Die Massenproduktion von Pkws wird in Shanghai entstehen, nicht in der FAW." An Dr. Hahn gewandt fügte er hinzu: „Es sieht so aus, als traue ich Shanghai Volkswagen mehr zu als Sie, Herr Vorstandsvorsitzender." Daran erinnerte Zhu Rongji mich später oft: „Ich habe früh sehr klar gesehen, dass das Großprojekt nach Shanghai kommen wird, aber Sie von VW hatten ja schon die FAW im Auge." Dr. Hahn versuchte Zhu Rongji ein VW-Engagement in Changchun mit verschiedenen Argumenten schmackhaft zu machen und ihn für den Audi bei der FAW zu gewinnen. Doch Zhu beharrte auf seinem Standpunkt: „Die Produktion des Audi 100 in der FAW ist unmöglich. Die Zentralregierung wird nur Shanghai unterstützen." Im Klartext hieß das, dass er nicht dabei gestört werden wollte, eine klassische Wettbewerbssituation zwischen Chrysler und Volkswagen zu konstruieren.

Ich schließe auch einen anderen Beweggrund für Zhu Rongjis Argumentation nicht ganz aus. 1987 war Zhu zum Sekretär der KPC in Shanghai bestellt worden. Er ahnte oder wusste auch bereits, dass er ein Jahr später Oberbürgermeister in Shanghai werden sollte. Insofern hätte er den Audi wohl selbst gern in Shanghai als Ergänzung zum Santana gesehen, wie es ja vielfach bereits diskutiert worden war, und die von Zhu angestrebte Wettbewerbssituation zwischen der FAW und Shanghai hätte unter günstigerem Vorzeichen beginnen können.

Verstehen Sie, wie in Ihrer Branche Wettbewerb in China funktioniert

- Analysieren Sie für Ihre Produkte das Wettbewerbsumfeld detailliert, bevor Sie auf den „Markt" gehen. In vielen Sektoren beeinflussen aber die überkommenen Strukturen das Wettbewerbsgeschehen stärker, als es von Ihnen kurzfristig beeinflusst werden kann.

- Wägen Sie sehr sorgfältig alle Momente ab, was dies für Ihre Freiheit, am Markt zu operieren, bedeutet. Wenn Sie in Bereichen antreten, die von der chinesischen Regierung als strategisch bedeutsam eingestuft sind, wie zum Beispiel die Automobil- und Stahlindustrie oder die Telekommunikationsindustrie, werden Sie in Ihrer Partnerwahl, in Ihrer Standortentscheidung, in der rechtlichen Ausgestaltung Ihres Engagements und Ihrer Kapital- und Managementhoheit von vornherein eingeschränkt sein.

- Stellen Sie sich darauf ein, dass Ihr Partner mit einem Konkurrenten, mit dem Sie sich anderswo in der Welt harte Schlachten um Marktanteile liefern, bereits ebenfalls paktiert hat oder es doch plant. Sorgen Sie rechtzeitig dafür, dass Ihr Vorsprung in Forschung und Entwicklung sowie im Produkt nicht durch Ihr Engagement unter einem „chinesischen Dach" gefährdet wird. Verlangen Sie von Ihrem Partner, dass er Ihnen die gleiche Unterstützung gewährt wie Ihrem Konkurrenten.

- Falls Sie im chinesischen Markt mit unterschiedlichen Partnern kooperieren, verabschieden Sie sich von der Illusion, Sie könnten einen gemeinsamen schlagkräftigen Vertrieb für alle Produkte aus Ihrem Hause aufbauen. Die chinesischen Partner werden sich als unerbittliche Wettbewerber verstehen.

- Stellen Sie sicher, dass Ihnen dieselben Marktbedingungen eingeräumt werden wie Ihren chinesischen Konkurrenten. Vertrauen Sie aber nicht unbedingt darauf, dass nichttarifäre Barrieren im chinesischen Markt trotz der Mitgliedschaft des Landes in der Welthandelsorganisation (WTO) schon vollends der Vergangenheit angehören.

6
Zwei Partner, ein Traum: die modernste Autofabrik Chinas

Vier von fünf Gemeinschaftsunternehmen, die heute in China scheitern, bleiben oft deshalb erfolglos, weil sie Probleme im wechselseitigen Verständnis nicht ausräumen können. Die interkulturellen Konflikte, die sich aus dem Aufeinanderprallen der unterschiedlichen Wertvorstellungen, Praktiken und Gewohnheiten von Ausländern und Chinesen entwickeln, gefährdeten auch unser Unternehmen, und zwar schneller und existentieller, als wir dachten.

Verständigungsprobleme und Papierkrieg

Die Verständigungsprobleme zwischen Deutschen und Chinesen fingen naturgemäß bei der Sprache an. Wir hatten rund 70 Dolmetscher bei Shanghai Volkswagen angestellt. Entweder sprachen die Übersetzer Englisch oder Deutsch, je nachdem, womit sich die Beteiligten gerade verständigen konnten, die den Dienst eines Übersetzers in Anspruch nahmen. Unabhängig von den täglichen zahllosen Gesprächen, bei denen die Dolmetscher gefragt waren, hatten sie eine wahre Papierflut aus Wolfsburg zu bewältigen. Alle technischen Unterlagen – ein ganzer Container voller Papier – waren zunächst nur in deutscher Sprache verfügbar. Allein diese Grundlagenpapiere zu bewältigen kostete Monate, zumal die Vorbildung unserer Übersetzer oft gar nicht auf technisches Vokabular im Detail ausgerichtet war. Die Fremdsprachenkenntnisse der Chinesen beruhten vielfach auf literarischen Studien, die Materie, um die es bei uns ging, war ihnen völlig fremd. Viele Fachausdrücke, von denen unsere Unterlagen naturgemäß nur so wimmelten, mussten sie sich erst neu aneignen. Und bei vielen Begriffen, sowohl aus dem technischen wie aus dem kaufmännischen oder organisatorischen Bereich, gab es im chinesischen Sprachschatz gar keine Entsprechung – eine Folge der langen Isolation und Abgeschiedenheit des Landes.

Chen Yunqin, die mir die Chinesen als Sekretärin zugeteilt hatten, sprach hervorragend Deutsch und war auch sonst ein rechter Glücksgriff. Sie eignete sich – von mir kräftig unterstützt – fleißig sehr schnell die Kenntnisse einer Chefsekretärin an, begleitete mich, wo immer ich in China auftauchte, und entwickelte ein gutes Gespür für das, was ich ihren Landsleuten vermitteln wollte. Die Schwierigkeiten, die dabei gelegentlich auftraten, sind ihr noch heute sehr gegenwärtig.

„Die Deutschen mögen es klipp und klar. Die Chinesen mögen lieber Umwege." So bringt Chen Yunqin einen kleinen, aber entscheidenden Unterschied heute auf den Punkt, der ihr vor allem beim Übersetzen das Leben schwer machte. Es ist kaum vorstellbar, was dieser Haltungsunterschied für Folgen nach sich ziehen kann, wie sich Frau Chen erinnert. „Denkweise und Arbeitsstil der Deutschen und Chinesen waren sehr verschieden. Herr Paul, zuständig für Technik, brauchte Leute für die Produktion und wandte sich an Herrn Fei, der für Personal zuständig war. Einmal, zweimal, beim dritten Mal ließ er mich übersetzen. Herr Fei hatte ihm erklärt: ‚Wir haben uns bemüht, mit XY darüber gesprochen', ‚Wir haben uns bemüht, mit dieser und jener Abteilung zu koordinieren, …' Herr Paul wollte wissen, ob er Leute bekommt oder nicht. Ich wiederholte seine Frage, Herr Fei wiederholte seine Antwort. Schließlich verlor Herr Paul die Geduld: ‚Ich will nichts über Bemühungen hören, sondern eine klare Antwort, Ja oder Nein. Frau Chen, haben Sie richtig übersetzt?' Ich hatte die Forderung von Herrn Paul übersetzt, bekam aber wieder dieselbe Antwort. Ich bat Herrn Fei um eine einfache klare Antwort, Ja oder Nein. Herr Fei warf mir vor, dass ich meine Kompetenzen überschreite: ‚Sie sind Dolmetscherin. Sie sollen nur das übersetzen, was ich sage.' Als ich ihm zu erklären versuchte, dass Herr Paul sich nicht für seine Bemühungen interessiere, zweifelte Herr Fei, ob ich richtig übersetzte. Die eine Seite wollte nur klipp und klar Antwort haben. Die andere Seite wollte stattdessen die Bemühungen darstellen und nicht einfach ‚Nein' antworten. Herr Fei und Herr Paul waren EXCOM-Mitglieder. Ich, die arme ‚small potato' (kleine Kartoffel) war dazwischen und trat schließlich in Streik."

Verständigungsprobleme dieser Art gab es an vielen verschiedenen Stellen, zwischen allen möglichen Beteiligten, den ganzen lieben langen Tag lang. Und unsere armen Dolmetscher mussten sich entweder von den Deutschen vorwerfen lassen, sie hätten falsch übersetzt, oder sie handelten sich den Rüffel eines Chinesen ein, der einfach nicht glauben konnte, dass der Deutsche wirklich gesagt hatte, was der Übersetzer auf Chinesisch vortrug.

Eine zweite Episode, an die Frau Chen sich ebenfalls noch sehr gut erinnert, illustriert, an welch unvermuteten Stellen wir plötzlich auf Barrieren, auf schieres Unverständnis, wenn nicht auf den Zorn unserer chinesischen Kollegen treffen konnten, so dass selbst der ansonsten endlos geduldige Kollege Paul die Fassung zu verlieren drohte. „Einmal bei der technischen Verhandlung gab es Streit wegen der Beratungskosten. Herr Paul nahm mich als Dolmetscherin und ging hin. Ich erkundigte mich bei meinen Landsleuten nach dem Grund. Ärgerlich erklärten sie mir, dass SVW an die deutsche Muttergesellschaft VW 900 000 D-Mark für Beratung bezahlen solle. Sie fanden das unrecht, ich auch. Herr Paul hatte das bestätigt. Aber die Chinesen konnten das noch nicht verstehen. Sie dachten: ‚Beraten bedeutet einen Vorschlag machen oder eine Frage beantworten. So etwas kostet in China nichts. Für Fragen beantworten muss man 900 000 D-Mark bezahlen? Das ist nicht fair.' Ich stand auf der Seite meiner Kollegen und stritt direkt auf Deutsch mit den Deutschen. Herr Paul war mein Chef. Er war so zornig, dass seine Hände ganz blass und eiskalt waren. Wenn ich heute daran zurückdenke, tut es mir leid." Die Erinnerungen von Frau Chen zeigen, wie schwierig es war, über die kulturellen Grenzen hinweg eine gemeinsame Linie zu finden.

Wo immer ich heute mit Chinesen zusammentreffe, argu-
mentiere ich: „Ihr habt es euch zu einfach gemacht – und
macht es zum Teil heute noch –, indem ihr euch zurücklehnt
und beschwört, in China sei alles anders. Das reicht nicht.
Man kann nicht interkulturelle Vorarbeit des Partners ein-
fordern und selbst gleichzeitig darauf bestehen, sich selbst
nicht zu verändern." Es stimmt, wir wussten nicht genug über
China und kaum etwas über die Wertvorstellungen, Erfahrungen, Gewohnheiten der Chinesen und ihre Kultur. Das
war ein Problem und ist es bis heute geblieben. Aber die
Chinesen wussten auch über uns nichts. Sie hätten sich meines Erachtens genauso auf den interkulturellen Prozess vorbereiten müssen, wie sie es von uns einforderten. 1985 war
keine Seite diesbezüglich vorbereitet. Wir sprangen alle ins
kalte Wasser.

Aber noch heute erwachsen eben 80 Prozent aller Probleme, an denen ausländisch-chinesische Joint Ventures scheitern, nicht aus dem Produkt oder aus der Kostensituation.
Diese Unternehmen scheitern weder an ihren Wettbewerbern
noch am Markt, sondern an sich selbst. Sie scheitern an
Schwierigkeiten in der Zusammenarbeit zwischen den Menschen. Das ist ein gewaltiges Problem gewesen und geblieben.

Da ich Mitte der 80er Jahre die Japaner schon ganz gut
kannte und China einmal bereist hatte, war ich darauf gefasst gewesen, dass wir auf Riesenprobleme in der Kommunikation stoßen werden. Ich wusste, wie unglaublich schwer
es in Japan war, ein klares Wort zu hören. Wenn ein Japaner
auf eine Frage mit „Ja" antwortete, meinte er das garantiert
nicht so eindeutig, wie ich es verstand. Und ein „Nein" wollte ihm gar nicht über die Lippen. Kommentierte ein Japaner
einen Vorschlag mit den Worten: „Das ist eine sehr gute Idee.
Wir werden darüber nachdenken.", wusste man schon, dass
der Vorschlag wohl doch nicht so gut gewesen war. In dieser
Hinsicht war ich also nicht ganz unerfahren und hatte erwartet, dass es in China schwer würde, sich miteinander zu verständigen. Ich war überzeugt davon, dass wir nur Fortschritte erzielen könnten, wenn wir systemimmanent vorgingen

und die Spielregeln der anderen verstehen lernten. Warum machte der Chinese etwas jetzt so und nicht anders?

Im Kampf gegen Misstrauen, Angst und Ahnungslosigkeit

Unsere Mitarbeiter hatten von interkultureller Zusammenarbeit noch kaum etwas gehört. Dabei verbrachten wir den Großteil unserer Zeit damit, zu reden, zu überzeugen, für unsere Ansicht, unsere Verfahren und Methoden zu werben, Tag für Tag. Und immer gab es einen Chinesen, der erst einmal ein Veto einlegte.

Das machte vor allem unsere deutschen Techniker – hoch qualifizierte Spezialisten, aber nicht unbedingt Kommunikationsexperten – schier verrückt. Ein Ingenieur, der eine Fabrik aufbaut, hält sich dabei an einen fein ausgeklügelten Netzplan. Da heißt es: Morgen wird die eine Schraube angedreht und übermorgen die andere. Die eine Maschine kommt dahin und die andere dorthin. Da gibt es nichts zu debattieren. Der Techniker sollte bei uns nicht diskutieren, ob etwas richtig oder falsch ist. Er hatte seinen Plan aus Wolfsburg, den er termingerecht umsetzen wollte und musste. Insofern erlebte er jeden Chinesen als Hindernis, der mit ihm darüber diskutieren wollte, ob die Montage aus irgendeinem Grund einen halben Meter weiter rechts oder links angelegt sein müsste.

Ich erinnere mich gut an endlose Debatten mit Paul und seiner Mannschaft über die Modernisierung und den Ausbau der Fabrik. Als beispielsweise die neue Lackiererei gebaut wurde, hingen riesige Pläne an der Wand, die alles Mögliche berücksichtigten: Wann und wie soll das ablaufen? Finanzierung, Technik, Qualität und so weiter. Und jedes Mal, wenn es um den Einkauf von Maschinen oder Einrichtungen im Ausland ging, schlugen die Chinesen vor: „Da brauchen wir kein Geld auszugeben. Die können wir hier bauen. Warum denn importieren?"

Eine Frage, deren stets ausgiebige Erörterung sich schon

über Tage hinzog. Wer beim abschließenden Resümee des Vorstandes glaubte, er sei mit der Angelegenheit endlich durch, wurde am nächsten Morgen eines Besseren belehrt. Da stellte sich ein anderer Chinese quer und erhob Einspruch: So habe er die gestrige Einigung aber nicht verstanden. Damit ging die Debatte wieder von vorn los. Im Zuge dieser Diskussionen geriet mancher deutsche Kollege an den Rand seiner Möglichkeiten, nicht nur die Techniker. In der Verwaltung spielten sich ähnliche Szenen ab. Nur dort wirkten die Verständigungsschwierigkeiten nicht ganz so krass, weil die Verwaltungsmitarbeiter nicht unter so starkem Termindruck standen wie die Leute aus der Produktion.

Viele unserer deutschen Mitarbeiter verfügten über jede Menge Erfahrung. Sie hatten Fabriken in Nigeria, Brasilien, Mexiko, in Südafrika, ja in der ganzen Welt aufgebaut. Sie kannten alle Probleme, die dabei in der Praxis auftraten, in- und auswendig und wussten genau, wie man sie am besten löst. Was sie nicht wussten, war, wie man das einem Chinesen klar macht. Und jeder Chinese wollte ein Wörtchen mitreden. Diese Diskussionen konnten ewig dauern. Klar, dass da manchem gelegentlich der Geduldsfaden riss.

Schließlich empfahl ich den deutschen Kollegen: „So hat es keinen Sinn. Lasst die Chinesen im Zweifelsfall gegen die Wand laufen. Ihr werdet sehen: Dann kommen sie schon wieder zu euch zurück. Dann haben sie Vertrauen geschöpft und werden fragen, wie man das richtig macht." Oft verließ aber die deutschen Kollegen ihre Geduld ausgerechnet in dem Moment, in dem der Chinese kurz vor der Erkenntnis stand, dass es so, wie er es sich vorstellte, nicht ging. Ausgerechnet dann, wenn in ihm langsam die Einsicht reifte, dass der deutsche Vorschlag doch richtig sein könnte, platzte der Deutsche vor Ungeduld, weil er den Chinesen als widerspenstig und unbelehrbar erlebte. Dann kam ein anderer Chinese, mit dem das gleiche Spiel wieder von vorn begann.

Der Know-how-Transfer funktionierte nur auf einem Weg: überzeugen, überzeugen, überzeugen. Wenn das nicht half, musste man die Praxis sprechen lassen. Wenn ein Chinese erlebte, dass es so nicht funktionierte, wie er es sich vorgestellt hatte, wurde er aufgeschlossener gegenüber der Methode der Deutschen. So versuchten wir, die Qualität der Beziehungen zwischen Chinesen und Deutschen an allen Fronten zu verbessern. Auch hier durften wir uns nicht mit niedrigen Standards abfinden.

Selbst die jüngeren Chinesen, die neue Erkenntnisse aus ihren Kursen oder Praktika aus Deutschland mitbrachten, die sie gern umsetzen wollten, kamen nicht vorwärts. Ich erinnere mich besonders an Chen Hong, der später noch große Karriere machen sollte. Als er von einem Training aus Deutschland zurückkehrte, das er im Sekretariat des für die Produktion zuständigen VW-Vorstandsmitglieds Dr. Hartwich in Wolfsburg absolviert hatte, landete er gleich wieder in den Tentakeln der alten Staatsplanmentalität, als er versuchte, Erlerntes vor Ort umzusetzen. Es ist generell nicht einfach, sich aus dem Althergebrachten zu befreien oder von Gewohnheiten zu verabschieden. In unserer Fabrik schien es aber besonders schwer zu sein. Sogar die Dolmetscher, die nur gedanklich mitziehen mussten, balancierten auf einem schmalen Grat zwischen bisherigen Gewohnheiten und neuen Erfordernissen, wie die Erinnerungen Frau Chens deutlich belegen. Selbst wenn sie überzeugt davon war, dass einiges für den Vorschlag eines Deutschen sprach, hatte sie erhebliche Schwierigkeiten, das ihren chinesischen Kollegen klar zu machen.

Sich von den überkommenen Strukturen zu lösen war ein schwieriges Unterfangen. Noch herrschten traditionelle Verhaltensweisen vor, die für unsere Zwecke unbrauchbar waren. Wer in dieser trägen Masse etwas bewegen wollte, war allein hoffnungslos verloren. Da mussten viele, am besten alle mitmachen. Und in den Köpfen müsste die Erneuerung anfangen.

Verantwortung: bis heute ein schwieriges Thema

Das Schwierigste war, dass kein chinesischer Mitarbeiter seinen Kopf für irgendetwas hinhalten wollte. Selbständig Verantwortung zu übernehmen, das kam bis dato gar nicht vor – und ist bis heute schwierig geblieben. Damit hatten wir überhaupt nicht gerechnet. Das war uns völlig fremd. Dass die Chinesen nicht aufräumten, na gut, das würden wir schon irgendwie ändern. Aber dass sie vor Verantwortung geradezu flohen – wie sollten wir das in den Griff bekommen?

Es war völlig absurd, irgendetwas festzulegen, anzuordnen oder zu bestimmen. Der chinesische Mitarbeiter nahm überhaupt keine Anweisung an, nicht von seinem chinesischen Abteilungsleiter und schon gar nicht von irgendeinem Ausländer. Die Chinesen hatten regelrecht Angst vor Verantwortung. Ein einheimischer Managementkollege beleuchtete die Perspektive unserer Partner: „Die Chinesen wussten nicht, was ein Joint Venture überhaupt ist, was auf sie zukommt. Sie konnten die vielen Schwierigkeiten nicht überschauen, mit denen sie konfrontiert werden. Weder Manager noch Mitarbeiter hatten bislang Kontakt zu irgendwelchem westlichen Management. Alle waren mehr als naiv. Wir hatten die Vorstellung, dass in einem Joint Venture alles irgendwie besser wäre. Wir dachten, westliches Management schaut man sich praktisch über Nacht ab, und die neue Technologie kann mit neuen Maschinen einfach übernommen werden. In der Praxis tauchten dann aber jede Menge Probleme und Missverständnisse auf."[5] Die Chinesen hatten anfangs wohl unterschätzt, dass der Wechsel von der Planwirtschaft zur Marktwirtschaft chinesischer Prägung ganz wesentliche interne Veränderungen erforderte. Berücksichtigt man allerdings, wie viele ausländische Joint Ventures der unterschiedlichsten Art heute in China erfolgreich arbeiten, scheinen Chinesen und Ausländer in irgendeiner Form zusammengefunden und interkulturelle Barrieren überwunden zu haben.

Aber das erfordert Vertrauen, und zwar wirklich praktiziertes Vertrauen. Es erfordert die Fähigkeit, über die nicht jeder verfügt, sich in die Struktur seines Gegenübers hineinzudenken. Wie reagiere ich, wenn ich erkenne, dass der Chinese keine Verantwortung übernimmt? Nur Druck auf jemanden auszuüben, macht keinen Sinn. Der Betroffene fühlt sich überfordert und verzweifelt im schlimmsten Fall an sich selbst.

Schließlich halfen wir uns damit, dass wir uns jeden einzelnen Job bei SVW vornahmen und mit dem zuständigen chinesischen Mitarbeiter Punkt für Punkt besprachen, was wir von ihm in seiner Funktion erwarteten. Welche Aufgabe hat der Stelleninhaber? Koordiniert er? Das wäre wohl ein bisschen wenig. Er trägt Verantwortung für seine Aufgabe und für seine Mitarbeiter. Was heißt das? Er muss seine Mitarbeiter führen. Was bedeutet das? Wenn seine Mitarbeiter Mist bauen, ist er dran. Die simpelsten Managementmethoden waren in China unbekannt. Wir fingen bei null an und erklärten jedem Einzelnen: „Das ist Ihre sachliche Aufgabe, das ist Ihre Führungsaufgabe, das ist Ihr Ziel, das ist Ihr Budget. Und wenn Sie das Ziel nicht erreichen, bekommen Sie Schwierigkeiten mit Ihrem Vorgesetzten."

Später holten wir uns Managementtrainer aus Wolfsburg nach Shanghai, zum Beispiel zum Thema Entscheidungsfindung. In der Managementtheorie gibt es einen so genannten Entscheidungsstern, der in abwechselnd grüne und rote Abschnitte geteilt ist. Rot steht für Entscheidungen und grün für Analysen, Zwischenschritte und Kommunikation mit Dritten. Am Anfang definiert man das Problem, dann folgt eine Analyse, auf deren Basis bestimmte Dinge im Vorfeld entschieden werden. Jetzt folgt wieder eine rote Stufe, auf der ich etwas ausschließen kann, was nicht zur Problemlösung beiträgt, dann muss ich andere einbeziehen, Alternativen prüfen und letztlich – wenn man Strahl für Strahl des Sterns abgearbeitet hat – landet man schließlich bei der finalen Entscheidung. Das konnte in China auch anders sein. Also ließen wir alles ins Chinesische übersetzen und trainierten unsere Managementkollegen entsprechend. Das war einfach, geradezu simpel, und die Chinesen nahmen es dankbar an: „Ja, das ist eigentlich richtig. So müssen wir es machen."

Anfangs aber interessierten sich die Mitarbeiter bestenfalls beiläufig für das, was ihr direkter Vorgesetzter ihnen sagte, ganz egal, ob er deutsch oder chinesisch sprach. Sie wollten nur wissen, was der oberste Boss, was Zhang Changmou
meinte. Begrüßte er einen Vorschlag der Deutschen oder lehn-
te er ihn ab? Weil alle chinesischen Mitarbeiter auf ihn schau-
ten und sich nach ihm richteten, war die Rolle unseres Vorstandssprechers von zentraler Bedeutung.

Selbst wenn manche chinesischen Mitarbeiter schon ein
Stück weiter waren, persönlich davon überzeugt, dass wir
Deutschen eigentlich Recht hätten mit irgendeinem Vorschlag, warteten sie erst einmal ab, was ihr oberster Chef
sagte. Für die Chinesen schien es das Wichtigste zu sein, sich
bei jedem Schritt, den sie gingen, bei irgendeiner übergeord-
neten Stelle rückzuversichern, dass sie auch die richtige Richtung eingeschlagen hatten. Dass dieses Verhalten einer jahr-
zehntelang eingeübten Haltung entsprach, die etwa während
der Wirren der Kulturrevolution die Existenz sichern, wenn
nicht das Leben retten konnte, lernten wir unwissenden Europäer erst sehr viel später. Für solche Betrachtungen fehlten uns das nötige Hintergrundwissen und nicht zuletzt die
Zeit, um sie in der erforderlichen Ruhe anzustellen.

Oft kamen die Deutschen mit der festen Überzeugung aus
einer Sitzung, dass sie einen chinesischen Kollegen für ihren
Vorschlag gewonnen und auf ihre Seite gezogen hätten. Der
Chinese seinerseits hatte sich alles angehört, war immer nett
und höflich geblieben, hatte aber weder zugestimmt noch
abgelehnt und sich schließlich freundlich verabschiedet.
Möglichst unauffällig, aber schnurstracks marschierte er anschließend zu Zhang Changmou, um ihm vom Ergebnis der
Sitzung zu berichten. Wenn alles schief ging, reagierte
Zhang äußerst ungehalten, weil der Beschluss, von dem er
gerade gehört hatte, überhaupt nicht dem entsprach, was er
mit Paul ausgemacht hatte. So häuften sich Missverständnisse und Frustration. Wenn dann noch unzulängliche Übersetz-
ungen für jede Menge zusätzlichen Ärger sorgten, drohte die
Stimmung ganz zu kippen. Kommunikationsprobleme treten zwar überall auf, wo Menschen miteinander arbeiten,

aber in China erlebten wir sie aufgrund der Kulturunterschie-
de und der sprachlichen Grenze in verschärfter Form.

Weil für die Chinesen einfach alles neu war, was wir an
„wissenschaftlichem Management" im Gepäck hatten, war
ihre Rückversicherungspraxis in einem gewissen Umfang
durchaus verständlich. Vertrauensbildung und die Vorbild-
funktion der EXCOM-Mitglieder spielten eine umso größere Rolle. Denn wenn die Mitarbeiter das Gefühl beschleicht,
dass der Vorstand in Wahrheit gar nicht zu dem steht, was
er sagt, wirkt das verheerend. Das gilt überall auf der Welt,
vor allem aber galt es in China, wo wir als Ausländer 1985
mit einem ausgeprägten Misstrauensvorbehalt rechnen mussten. Wir Deutschen versuchten daher, möglichst alles zu vermeiden, was die Skepsis der Chinesen irgendwie nähren konnte. Ob uns das gelang, hing auch von den einzelnen Personen ab. Wir hatten nicht überall den idealen Manager oder
Experten. Manche strahlten alles andere aus als Vertrauen,
womöglich verbreiteten sie unter den Chinesen in erster Linie Angst.

Man muss sich vergegenwärtigen, dass China bis 1978
gegenüber allen westlichen Einflüssen verschlossen gewesen
war. Erst seit der Öffnungspolitik Deng Xiaopings wurde
das Land für die übrige Welt zugänglich, seit 100 Jahren
wieder. Nach den Erfahrungen mit dem Westen im 19. und
20. Jahrhundert waren die Chinesen misstrauisch gegenüber
allem, was von draußen kam. Paul und ich achteten deshalb
peinlich genau darauf, dass wir nichts vor den Chinesen ver-
borgen hielten. Wir spielten immer mit offenen Karten. In
dieser Phase wäre es tödlich für unser Unternehmen gewesen, wenn die Chinesen entdeckt hätten, dass wir in irgendeiner Weise hinter ihrem Rücken operierten. Wir hielten uns
mit keiner Kritik zurück, wenn sie uns nötig schien, weder
gegenüber den Chinesen noch gegenüber Wolfsburg – aber
immer mit dem erforderlichen Respekt.

Allerdings muss ich gestehen, dass ich, obwohl ich unermüdlich um Vertrauen warb, wohl manchem chinesischen
Mitarbeiter mehr Respekt eingeflößt habe, als ich damals
ahnte. Unter unseren chinesischen Mitarbeitern hatte ich,

wie mir meine Sekretärin Frau Chen erst vor wenigen Jahren verriet, den Spitznamen „der große Wolf", angelehnt an ein im hohen Norden Chinas lebendes Tier. Ich galt als streng, und einige chinesische Mitarbeiter fürchteten sich sogar vor mir. Viele andere aber – auch daran konnte sich Frau Chen erinnern, weil sie als Dolmetscherin immer dabei war – kamen direkt zu mir ins Büro und beklagten sich über ihre deutschen Vorgesetzten: „Ich möchte mit Ihnen sprechen. Herr XY hat das gesagt und das getan – und das finden wir alles nicht richtig." Ich fragte nach: „Sind Sie zu Ihrem Abteilungsleiter gegangen? Haben Sie mit ihm gesprochen?" „Der lässt mich gar nicht rein." Meine Tür stand, wie die des Kollegen Paul, jedem offen. Und manche Chinesen gaben sich einen Ruck und trauten sich, mit ihren Problemen zu uns zu kommen.

Wie sollte ich auf solche Beschwerden reagieren? Ich konnte die deutschen Kollegen nicht kompromittieren. Also hörte ich mir die Klage des Chinesen an und versprach, mit dem entsprechenden deutschen oder chinesischen Kollegen zu sprechen. Das tat ich und sagte: „So können wir nicht arbeiten. Ihr müsst eure Entscheidungen schon so vertreten, dass die Leute das annehmen, was ihr sagt. Es hilft uns nicht weiter, wenn die Mitarbeiter sich bei mir beschweren. Zwischen euch muss Vertrauen wachsen."

Jeden Tag tauchten neue Schwierigkeiten auf. Gleichzeitig sah man, dass in dem gesamten Netzwerk Fortschritte und sichtbare Ergebnisse erzielt wurden. Schrittweise erhöhten wir die Produktion und die STAC konnte die Autos verkaufen. Es ging vorwärts. Und das spürten die Leute. Stetig wurde irgendetwas so modernisiert, restrukturiert und optimiert, dass die chinesischen Mitarbeiter irgendwann sagten: „Seit die Deutschen hier sind, ist manches besser geworden." Wir räumten mit den schäbigen Latrinen auf und bauten ordentliche Toiletten. Dann gab es vernünftige Sozialräume. Wir renovierten die Kantine und richteten unseren eigenen Werksbusverkehr ein. Und mittendrin wuchs die Fabrik langsam.

*Innenansicht der Fabrik, aus der
Shanghai Volkswagen werden soll*

Rohbau

Qualitätstest

Der ganze Stolz der STAC: Der Shanghai Sedan

Der erste in China montierte Santana, April 1983

Konstituierende EXCOM-Sitzung, 20. März 1985

Improvisation war alles

Geordnete Montage auf Schienen

CNAIC Präsident Rao Bin auf der ersten
Automobilausstellung in Shanghai, Juli 1985

In der Fabrik, 1986

Landesweite Plakatwerbung

Renovierung des Bürogebäudes, 1986/87

Bauarbeiten zur Erweiterung des Presswerks

Qiu Ke, Jiang Tao, Zhang Changmou

*„Mongolen-Paul" beim
täglichen Gespräch mit
SVW Mitarbeitern*

*VW-Chef
Dr. Carl H. Hahn
in voller
SVW-Montur*

*Der bayerische Ministerpräsident Franz Josef Strauß im
Gespräch mit H.-J. Paul, Oktober 1985, rechts Qiu Ke*

CNAIC Präsident Chen Zutao zu Besuch bei SVW

Besuch des Generalsekretärs der KP Chinas Hu Yaobang (erste Reihe Mitte)
Treffen mit EXCOM und Führungskräften der SVW

Oberbürgermeister Jiang Zemin beim Santana-Lokalisierungstreffen am 25. Dezember 1987

SVW Förderer Zhu Rongji im Frühjahr 1988 in Anting

Die ersten RMB Bonds einer Gesellschaft mit ausländischer Kapitalbeteiligung in der VR China, Mai 1988

Eine große Ehre für Shanghai Volkswagen
Deng Xiaoping, der Chef-Designer der chinesischen
Wirtschaftsreform, besucht SVW im Februar 1991

Freudiges Wiedersehen – Ministerpräsident a. D. Zhu Rongji im Dezember 2004 bei der Verleihung des Europäischen Mittelstandspreises der UMU in Beijing (UMU-Präsident Hermann Sturm, 2. von links)

Pionierarbeit im Management

Es war unter diesen Voraussetzungen nahezu unvermeidlich, dass wir uns im Vorstand stritten, mitunter wie die Kesselflicker. „Alle zwei Tage hatten wir einen kleinen Streit", erinnert sich Zhang Changmou, „alle fünf Tage eine große Auseinandersetzung." Die ersten chinesischen Vorstandskollegen durchliefen mit Paul und mir zusammen die sehr schwierige Phase der ersten Streitigkeiten wie der anschließenden Versuche, sich zu einigen. Dabei stand vor allem unser Vorstandssprecher Zhang Changmou unter erheblichem Erwartungsdruck von allen möglichen Seiten. Das ganze Ausmaß dessen, was dieser Rolle insgesamt zugemutet wurde, erkannten wir erst viel später. Damals ahnten wir es bestenfalls, heute wissen wir, dass regelmäßige Berichte an die Stadtverwaltung, an Behörden der Zentralregierung in Beijing oder an die Partei über die Zusammenarbeit mit den Ausländern und die Fortschritte in der Fabrik selbstverständlich waren. Niemand sprach darüber, aber so war es.

Im Finanzwesen, einem sehr sensiblen unternehmerischen Bereich, saßen mit Anton Biermann, Reinhard Schembor und Norbert M. Pils drei Deutsche an der Spitze mit ihren jeweiligen chinesischen Stellvertretern. Diese Stellvertreter telefonierten, wie sie es gewohnt waren, nahezu täglich mit der Stadtverwaltung und gaben munter die Zahlen aus dem Finanzbereich durch, die unsereiner gemeinhin strengstens vertraulich behandelte. Der deutsche Finanzleiter war außer sich vor Zorn, als er mitbekam, was sein einheimischer Kollege Tag für Tag geschäftig ausplauderte. Der chinesische Mitarbeiter aber hatte Angst, dem Deutschen sein Verhalten zu erklären. Ihm war nämlich völlig klar, dass der Deutsche ihn nicht verstehen und sein Verhalten nie akzeptieren würde. In diesem Spannungsfeld lebte jeder von uns und es dauerte einfach seine Zeit, diese Zusammenhänge zu begreifen.

Die Shanghai Municipality, die Regierung der Stadt Shanghai, und ihre Kommunistische Parteiführung wollten Erfolge sehen, und zwar auf Seiten der Chinesen. Der Oberbürgermeister von Shanghai – kein Geringerer als Jiang

Zemin, der spätere Generalsekretär der KPC und Staatspräsident der Volksrepublik – wollte von Zhang Changmou hören: „Die Chinesen haben die Sache in der Hand, wir erobern
uns die neuen Technologien." Von den alltäglichen Schwierigkeiten, mit denen wir kämpften, um SVW überhaupt ordentlich zum Laufen zu bringen, wollte man nicht unbedingt etwas wissen, und schon gar nicht aus dem Munde von
Zhang Changmou. Der Druck, unter dem wir Deutschen von
Wolfsburg aus standen, war harmlos im Verhältnis zu den
Kräften, denen unsere einheimischen Kollegen ausgesetzt waren. Für Volkswagen war nur wichtig, dass ihre und unsere
Pläne eingehalten wurden.

Als gewichtiges Hindernis, das unsere Verständigung immer wieder nachhaltig störte, erwies sich, dass die Deutschen
es nicht gewohnt waren, sich als Shanghai-Volkswagen-
Mannschaft zu begreifen. Fast jeder Expat lebte automatisch in dem Bewusstsein: „Wir sind von Volkswagen, wir
sind die Größten!" Und mancher ließ das die Chinesen so
deutlich spüren, dass sie sich bitter beschwerten. Schon in
den ersten Monaten registrierten Paul und ich, dass es schwere klimatische Störungen bei den Chinesen auslöste, wenn
die Deutschen sagten: „Wir von Volkswagen …" Verständlicherweise wollten die Chinesen ernst genommen sein in
unserer Fifty-fifty-Partnerschaft und reagierten abweisend,
wenn ein Deutscher sich besserwisserisch äußerte und wie ein
Oberlehrer verhielt. In Sachen Partnerschaft schienen die
Chinesen uns mental voraus zu sein. Von ihnen sagte keiner:
„Wir von der STAC …" Sie fühlten sich etwas Anderem,
Neuem zugehörig – auch wenn sie noch nicht genau wussten, was aus unserem Pionierprojekt werden würde. Aber für
unsere chinesischen Kollegen war klar, dass sie für Shanghai
Volkswagen arbeiteten.

Ganz anders unsere lieben Deutschen. Nachdem wir eine
vernünftige Telefonanlage installiert hatten, telefonierten viele von ihnen fast täglich mit Wolfsburg, um sich dort Direktiven für ihre Arbeit zu holen. Wenn ein Wolfsburger empfahl, ein Problem auf eine bestimmte Weise zu lösen, wir aber
im Vorstand etwas anderes beschlossen hatten, richtete sich

der Expatriate oft nach dem Wolfsburger Vorschlag. Immer wieder wurde uns vorgehalten: „Mein Wolfsburger Vorgesetzter hat mir aber gesagt …" „Welcher Vorgesetzte aus Wolfsburg?", unterbrachen wir sofort. „Ihre Vorgesetzten sitzen alle hier in Shanghai. Wir müssen alle lernen, dass wir für SVW arbeiten, andernfalls werden wir unserer Aufgabe nicht gerecht." Selbst für Zhang Changmou war frühzeitig klar, dass wir trotz aller Auseinandersetzungen immer wieder zu einer Einigung kommen konnten unter der Voraussetzung: „alles im Interesse des Joint Ventures".

Zugegeben, als ehemaliger Vorstand von Audi war ich unabhängiger von Direktiven aus der zweiten oder dritten Ebene unseres Mutterkonzerns als die meisten unserer Expats, die irgendwann zurück wollten und deshalb verständlicherweise den Konflikt mit den VW-Einheiten und den Vorgesetzten, die sie da erwarteten, scheuten. Ich musste mich aber gegen die Wolfsburger Stellen wehren, wenn es im Interesse unseres Unternehmens nötig war.

Anfangs drohten uns Mitarbeiter aus dem mittleren Management in Wolfsburg bei Meinungsverschiedenheiten schon einmal. Die Kollegen aus dem Weltkonzern fühlten sich einem ehemaligen Audi-Vorstand gegenüber zunächst überlegen. Aber ich beugte mich nie bürokratischem Druck, wenn ich es von der Sache her nicht vertreten konnte. Dass Paul und ich uns ab und zu gegenüber Wolfsburger Vorgaben mit eigenen Vorschlägen durchsetzten, die wir mit den Chinesen für vernünftiger hielten, flößte den Chinesen langsam Vertrauen ein. Als wir beispielsweise für den Transport unserer CKD-Kisten von der konzerneigenen Wolfsburger Transportgesellschaft aus Kostengründen zur chinesischen COSCO wechselten, lobten mich die Chinesen: „Posth ist kein VW-Mann, der arbeitet für uns, das ist unser Mann." „Nein", entgegnete ich, „ich arbeite nicht für euch, ich arbeite für Shanghai Volkswagen. Wenn ihr SVW seid, ist es gut. Ich arbeite für dieses Unternehmen. Das ist meine und unsere Aufgabe. Shanghai Volkswagen langfristig zu sichern, das muss der Maßstab unseres Handelns sein, und zwar jedes einzelnen Mitarbeiters."

In ihren jeweiligen Rückblicken beziehen sich unsere beiden Vorstandssprecher, Zhang Changmou und Wang Rongjun, auch auf die interkulturelle Zusammenarbeit. Zhang Changmou betont dabei eine starke Seite der Deutschen. Zhang: „Die Deutschen haben eine gründliche und unentwegte Mentalität bei der Arbeit. Diese Leidenschaft hat die chinesischen Mitarbeiter angesteckt. Ich erinnere mich noch daran, als die Shanghai Volkswagen gerade gegründet wurde, sollte ein Fließband für die Farbenproduktion eingeführt werden. Der deutsche Partner hatte ein Gerät der Firma Dürr empfohlen. Weil es um eine Investition von über 100 Mio. Yuan RMB ging, konnte ich vorsichtshalber nicht sofort entscheiden. Der deutsche Technische Direktor, Herr Paul, hat mir deswegen einmal, zweimal beziehungsweise acht- bis zehnmal unermüdlich die praktischen Anwendungen und die Notwendigkeiten für die Einfuhr erklärt. Seine feste Haltung hat mich überzeugt, ich habe schließlich zugestimmt und unterschrieben. Die spätere Praxis hat bewiesen, dass dieses Fließband sehr effektiv funktioniert. Es gab mehrere Deutsche wie Herrn Paul in unserem Unternehmen. Ihre gründliche und verantwortungsvolle Haltung ist vorbildlich, diese hat den Aufbau und die Entwicklung der Shanghai Volkswagen unterstützt."

Wang Rongjun, unser zweiter Vorstandssprecher, hat seine Erfahrungen mit uns Deutschen in einigen markanten Punkten verdichtet. Insgesamt zieht er eine positive Bilanz. „Während der jahrelangen Zusammenarbeit haben meine chinesischen Kollegen und ich von den Deutschen vieles gelernt, dies hat einen wichtigen Beitrag zum Erfolg der Shanghai Volkswagen geleistet."

Seiner Ansicht nach unterschieden sich chinesische und deutsche Manager in erster Linie im grundlegenden Verständnis. „Die deutschen Kollegen handelten am Ergebnis orientiert und legten großen Wert auf Effektivität. Die chinesischen Kollegen legten Wert auf den Prozess. Auch wenn das Resultat nicht so positiv war, erkannten sie die Bemühungen trotzdem an und lobten sie. Wie ein Manager beurteilt wurde, entschieden die deutschen Kollegen nach seinem Denkvermögen, Koordinationsvermögen und seiner Lösungskompetenz. Die chinesischen Kollegen beurteilten ihn dagegen hauptsächlich danach, ob er gehorsam war, ob er selbst bei Kleinigkeiten um das Einverständnis oder eine Anweisung seines Vorgesetzten bat, also danach, ob dem Vorgesetzten genügend Respekt gezollt wurde. (…) Auch die Haltung zur Produktqualität war sehr unterschiedlich. Die deutschen Kollegen betonten Gründlichkeit und Genauigkeit und vermieden jede Art von Flüchtigkeit. Die chinesischen Kollegen waren zwar im Prinzip damit einverstanden, aber wenn es konkret wurde, wollten sie dann doch nicht ganz so gründlich oder genau sein. Schließlich mussten sie nachgeben.

Besonders in Qualitätsfragen waren die deutschen Kollegen manchmal sehr hartnäckig, aber überwiegend waren sie bei ihrer Arbeit einfach gründlich und genau. Manchmal machten sie auf uns einen unflexiblen Eindruck. In der Regel aber beeindruckten sie durch eine starke Mentalität, indem sie sich streng an Gesetze und Regelungen hielten. Mancher Deutsche machte auf uns Chinesen einen hochmütigen Eindruck. Aber die meisten überzeugten durch ihre verantwortungsvolle Haltung. (…) Während es für die Deutschen eine Selbstverständlichkeit war, Aufgaben zu delegieren, erledigten chinesische Führungskräfte gelegentlich die Aufgaben selbst, die eigentlich Sache ihrer Mitarbeiter waren.

Das sind die wesentlichen Unterschiede, die die Richtung weisen, in der wir noch lernen müssen."

Die Mission von Shanghai Volkswagen

Die Chinesen verglichen unsere Zusammenarbeit gern mit einer Ehe oder Partnerschaft, die zwar der Form genüge tat, der aber innerer Halt fehlte. „Wir liegen zwar in einem Bett", pflegten sie zu sagen, „aber träumen wir auch den gleichen Traum?" Unser Bett, das war klar, war die Vertragsgrundlage unseres Joint Ventures. Und wovon träumten wir? Träumten die Chinesen etwa nicht von der modernen Autofabrik, die Paul und ich im Kopf hatten?

Während unserer vielfältigen Auseinandersetzungen im Vorstand waren wir öfter an Grenzen gestoßen, die Fragen nach unserem Selbstverständnis aufwarfen. Was prägte unser Unternehmen Shanghai Volkswagen? Wer waren wir? Wo wollten wir hin? Was waren unsere Prioritäten und wie wollten wir sie erreichen? Bislang konnte keiner von uns diese Fragen befriedigend beantworten. Unsicherheiten in dieser Hinsicht erlebten wir bei den Expats wie bei den chinesischen Kollegen. Unsere Belegschaft brauchte etwas, woran sich jeder orientieren und halten könnte. In Managementbegriffen gesprochen suchten wir die Mission, die Vision, die Strategie und das Leitbild von Shanghai Volkswagen.

Eines schönen Tages Anfang des Jahres 1986 schlugen wir unseren Kollegen im Vorstand vor: „Wir brauchen eine Vision von Shanghai Volkswagen, einen Fixstern, der den Leuten die Generalrichtung vorgibt. Und daraus leiten wir dann strategische Schritte ab, wie wir unser Ziel am besten erreichen können. Dann weiß jeder, wo es bei SVW langgeht." Unsere Idee stieß gleich auf ein positives Echo. Zhang Changmou ermunterte uns: „Das ist eine gute Idee. Macht ihr das, schreibt das doch einmal auf. Ihr habt auf diesem Gebiet Erfahrung. Wir können das noch nicht."

Paul und ich steckten unsere Köpfe zusammen und entwarfen das Unternehmensleitbild für Shanghai Volkswagen. Mit unseren Vorstandskollegen waren wir uns schnell einig geworden, dass unser Leitbild so einfach sein müsste, dass es jeder sofort versteht. Punkt für Punkt formulierten wir unser Ziel. Was wollten wir? Wir wollten die Nummer eins im chinesischen Markt werden, wir wollten die beste Qualität produzieren, die besten Produkte anbieten, wir wollten die Kosten- und Produktivitätsführerschaft und den besten Service für unsere Kunden. Wie könnten wir das erreichen? Durch Qualität in der Produktion, qualifizierte Mitarbeiter, ein landesweites Servicenetz und so weiter. Als wir alles so einfach wie möglich aufgeschrieben hatten, berieten wir es im Vorstand. Erstaunlicherweise regte sich kaum Widerspruch, weil schon unser Entwurf klar und auf Anhieb nachvollziehbar war. Festgehalten hatten wir auch das Ziel der Massenproduktion, 300 000 Autos pro Jahr. Shanghai Volkswagen sollte für die Kunden da sein und wir wollten für unsere Mitarbeiter sorgen. Unser komplettes Leitbild hatte auf einem einzigen Blatt Papier Platz gefunden und brachte uns einen entscheidenden Schritt vorwärts. Denn aus unseren Zielen leitete sich zwangsläufig ab, was wir tun mussten, um sie zu erreichen. Für jedes Ressort – Technik, Finanzen, Vertrieb, Personal – wurden konkrete Teilziele abgeleitet. Das führte ganz systematisch für alle Bereiche zu konkreten Aufgaben, die es abzuarbeiten galt. Und über allem strahlte unsere Vision von der modernsten, besten und schönsten Automobilfabrik, die die Volksrepublik China jemals gesehen hatte.

Im Winter präsentierten wir unsere Mission der erstaunten Belegschaft auf unserer ersten Betriebsversammlung in einem – wieder einmal unbeheizten – Theatersaal Shanghais. Alle hatten wir zusammengetrommelt, 1 800 Leute. Chen Xianglin begrüßte die Mitarbeiterinnen und Mitarbeiter, Zhang Changmou sprach ein paar einleitende Worte. Schließlich stellte ich unsere Ziele vor. Jedes Mal, wenn Frau Chen ein Ziel ins Chinesische übersetzte, brandete Applaus auf und die Mitarbeiter riefen: „Bravo!" Die Aussicht auf die größte und modernste Autofabrik der Volksrepublik kam bei ihnen offensichtlich gut an. Wir schworen die Belegschaft auf unser aller Ziel ein: Das ist es. Daran müsst ihr mitarbeiten, daran könnt ihr euch festhalten!

Damit hatten wir eine Art Grundgesetz für Shanghai Volkswagen. Jeder Mitarbeiter hatte es in seiner Sprache in der Hand und konnte, wenn es darauf ankam, auch damit argumentieren. Jetzt träumte unsere gesamte Belegschaft, Chinesen wie Deutsche, von der modernsten, größten und besten Autofabrik Chinas. Es kam nur noch darauf an, unseren gemeinsamen Traum Wirklichkeit werden zu lassen.

Später machten wir uns einen Spaß daraus, beim Gang durch die Fabrik die Mitarbeiter abzufragen: „Wie lautet das oberste Ziel von Shanghai Volkswagen?" Wir freuten uns, wenn ein Mitarbeiter sofort antwortete: „Wir wollen die Nummer eins im chinesischen Markt sein und die Führerschaft bei Qualität, Produktivität und Kosten erreichen."

Schaffen Sie ein solides Fundament für die interkulturelle Zusammenarbeit

- Bereiten Sie alle Ihre Mitarbeiter (wenn möglich, auch deren Familien) in interkulturellen Trainings auf ihre andersartigen Aufgaben rechtzeitig und umfassend vor. Verlangen Sie auch von Ihren chinesischen Partnern, dass sie sich rechtzeitig und in ausreichendem Maße auf die deutsche Mentalität einstellen.

- Praktizieren Sie „mutual trust, mutual benefit" und „mutual co-operation" nicht als Lippenbekenntnis, sondern machen Sie Ihren Partnern gegenüber deutlich, dass es Ihnen ernst ist um die gemeinsame Sache. Aber stellen Sie auch klar, wo Ihre Schmerzgrenzen liegen und wo Ihr Partner anstelle von Kompromissfähigkeit Sturheit als oberstes Gebot erwarten darf.

- Spielen Sie stets mit offenen Karten. Versuchen Sie alles zu vermeiden, was das Misstrauen des Partners nähren oder zu einem Gesichtsverlust bei ihm führen könnte. Ihr Partner verträgt jedes klare Wort von Ihnen, solange es mit Respekt vorgetragen wird. Behalten Sie im Auge, dass Misstrauen meistens zu Misserfolg führt.

- Betrachten Sie Ihr Engagement als aktive Lernchance. Versuchen Sie, die Spielregeln Ihres Partners zu verstehen und Sie mit den Ihren in möglichst großem Umfang zur Deckung zu bringen. Dies wird nicht von heute auf morgen möglich sein, weil die Reibungsflächen zwischen Plan und Markt auf der Grundlage konfuzianischer Tradition fortwirken.

- Erarbeiten Sie mit allen Beteiligten Ihres Projektes Klarheit über das wirkliche gemeinsame Ziel. Nur wenn Sie „im gleichen Bett den gleichen Traum träumen", werden Sie auf Dauer erfolgreich sein. Die Chinesen sind vorsichtig darin, auf einen ausländischen Partner zuzugehen; aber wenn Sie einmal ihr Vertrauen erobert haben, werden sie in ihrer Entschlossenheit, den Plan gemeinsam umzusetzen, unschlagbar sein.

- Beschreiben Sie gemeinsam den Weg, wie Sie Ihr Vorhaben schrittweise voranbringen können, und kalkulieren Sie einen teilweisen Rückfall als notwendigen Lernschritt ein.
- Versuchen Sie nicht, wie ein Chinese zu sein. Ihre Partner brauchen Sie so, wie Sie sind: Ihre analytische Klarheit, Ihr direktes Vorgehen und Ihre Entscheidungsfähigkeit.

7
Das offene Geheimnis der lernenden Fabrik

Unser technischer Direktor, Hans-Joachim Paul, träumte von einer Fabrik, wie die Welt sie noch nicht gesehen hatte. Wie sie funktionieren sollte, das hatte er auf nicht mehr als vier Seiten skizziert: den strukturellen Kern der Wertschöpfung, die Organisation von Autoproduktion und Montage. Nach dem so genannten „Satelliten-Konzept" wurden interne und externe Materialströme harmonisch aufeinander abgestimmt. Die Materialcontainer kamen dort an, wo das Material benötigt wurde, und nicht in einem zentralen Lager. Vormontagen wurden sinnvoll in die Wertschöpfungskette einbezogen. Pauls strukturelle Sichtweise unterschied sich von der in China üblichen auf den ersten Blick. „Ein Chinese, der eine Fabrik skizziert", weiß Paul, „beginnt immer mit einem Grundriss des Fabrikgebäudes." An diesem kleinen Unterschied offenbaren sich einmal mehr zwei Welten. Die Chinesen sind in ihren Vorstellungen sehr viel anschaulicher als wir. Salopp gesagt: Die Chinesen leben vom Hinschauen und unsereiner vom Wegsehen, von der Abstraktion. Während die Chinesen bei dem Plan für ein Vorhaben alles bis ins letzte Detail austüfteln („preliminary planning"), legen wir die generelle Linie fest, die nach den jeweiligen Gegebenheiten während des Umsetzungsprozesses modifiziert und optimiert wird.

Paul gewann mit seiner strukturellen Denkart bei den Chinesen Zug um Zug Respekt. Seine Leitfrage hieß: Wie nutze ich die Betriebsmittel, über die ich verfüge, intelligenter als meine Wettbewerber? Er versuchte nicht, die Japaner zu kopieren, deren Produktionsweise als vorbildlich galt, sondern entwickelte eine eigene Philosophie von der Optimierung der Qualität, der technischen Prozesse und logistischen

Abläufe. Zugelassen war nur Wertschöpfung, jede Verschwendung wurde vermieden. Deshalb hieß Pauls Devise: „Wir machen alles anders."

Damit meinte er keineswegs nur, dass wir anders Autos bauen werden, als es in China bis dato gang und gäbe war. Das war ja sowieso klar, weil die Chinesen erklärtermaßen auf Fortschritt und Veränderung zielten. Sie wollten künftig mit wissenschaftlichem Management und neuester Technologie arbeiten. „Wir machen alles anders" – das galt auch für die Deutschen, jedenfalls für Paul und mich, die wir mit dem Ehrgeiz nach China gekommen waren, ein Unternehmen aufzubauen, das sich eines Tages mit den Besten der Welt messen könnte. Bis dahin war es allerdings noch ein weiter Weg. Denn überall standen halbfertige oder viertelfertige Karosserien herum. Das Prinzip eines geregelten Nacheinanders schien den Chinesen völlig fremd zu sein.

Jeder Meter, den Paul mit seinem Team für die Montage eroberte und der STAC abtrotzte, die mit ihrem Shanghai-Pkw nach wie vor in der Fabrik war, wurde weiß gestrichen. In unserem Bereich, in unseren Hallen, überall, wo Paul regierte, herrschte Weiß: Fußböden, Maschinen, einfach alles. Für Hans-Joachim Paul war Weiß die Farbe des neuen China. Schließlich bekam selbst die Außenfassade einen weißen Anstrich, bis auf die grau getünchten Säulen. So hob sich unsere neue Fabrik von ihrer staubigen alten Umgebung deutlich ab. Wir tauften es „Paulweiß". Es trat – mit Unterstützung von Dr. Hahn – seinen Siegeszug um die ganze VW-Welt an. Heute sind alle VW-Fabriken weiß. Schließlich waren die praktischen Vorteile nicht zu übersehen. Weiße Maschinen und Fußböden förderten nicht nur die Sensibilität für Sauberkeit. Man registrierte außerdem schnell Verschmutzungen, die eine kommende Störung ankündigten, und konnte frühzeitig reagieren.

Als Dr. Hahn sich in Shanghai einmal danach erkundigte, warum das praktische Weiß nicht auch in Wolfsburg üblich sei, klärten wir ihn auf, dass man sich bei unserer Muttergesellschaft streng an die Betriebsmittel-Vorschriften zum Corporate Design zu halten habe, die Grün vorschrieben. Wir bei SVW dagegen hatten die Chance, auf allen möglichen Feldern etwas Neues auszuprobieren. Besonders Hans-Joachim Paul nahm die Gelegenheit für Innovationen gern wahr. Als wir die Werkskleidung in China einführten, hätte Paul auch am liebsten Weiß gehabt. Nach einer kleinen Modenschau mit verschiedenen Farben einigten wir uns aber auf Wunsch der Mitarbeiter auf ein lichtes Hellblau. Jeder unserer Mitarbeiter bekam so eine hellblaue Windjacke mit eingearbeitetem VW-Zeichen, im Betrieb wie in den Büros, Frauen wie Männer. Und wenn Dr. Hahn uns besuchte, zog er als Erstes seine SVW-Jacke an, um dann mit uns gemeinsam den Fortschritt in den Hallen zu begutachten. In der Lackiererei, in der jedes Staubkorn die Qualität beeinträchtigen kann, setzte sich Paul wieder mit seiner Lieblingsfarbe Weiß durch.

Mitte Oktober 1985 ging die erste Montagelinie in Betrieb – gerade rechtzeitig, um die zweite Aufsichtsratssitzung von SVW mit einer Erfolgsmeldung einleiten zu können. Allerdings herrschte anfangs auch in der Santana-Montage ein heilloses Durcheinander, das zunächst ordnender Hände bedurfte. Auf so genannten Skids, einfachen Gestellen auf vier Rädern, standen kreuz und quer Santanas herum. Kein einziges Auto war fertig. An jedem fehlte noch irgendetwas, oder es musste repariert werden. Es war ein Wunder, dass aus dieser chaotischen Produktion überhaupt Autos herauskamen. Pauls Truppe installierte die ersten Maschinen auf dem Hallenboden, und zwar in allen Bereichen, vom Rohbau bis in die Endmontage, die mit einem Schienensystem verbunden wurden. Weil sich die gesamte Fertigung jetzt auf Schienen abspielte, konnte niemand mehr ausbüxen und sein halbfertiges Auto in irgendeine Ecke schieben. Nun wurde jedes Auto komplett montiert, und zwar eins nach dem anderen, „first in, first out", wie der Fachmann sagt. Das war der erste große Fortschritt in der Fertigung. Es war ein Riesenerfolg. Laut Plan sollten im Oktober täglich zwölf Santanas produziert werden, unser Tagesdurchschnitt lag bei 15 Autos.

Die Halle, in die das Motorenwerk eingepasst werden

sollte, war in dem gleichen bedauernswerten Zustand wie unsere Fahrzeugfabrik: zugig, düster, voller Gerümpel und von ihren baulichen Voraussetzungen her nicht unbedingt für eine moderne Motorenfertigung geeignet. Bei den anfänglichen Aufräumarbeiten förderten wir hier zwei Klassiker aus den 50er Jahren ans Tageslicht, die seit drei Jahrzehnten unter einer dicken Staubschicht in einen Dornröschenschlaf gefallen waren. Zum Vorschein kamen ein Buick und ein Mercedes 220 – beredte Zeugen der Geschichte der chinesischen Autoindustrie. Die Chinesen waren in den 50er Jahren entschlossen, eine eigene Pkw-Industrie aufzubauen, und suchten ein Auto, das sie nachbauen könnten. Schraube für Schraube, Teil für Teil prüften sie, was man in China wenigstens halbwegs ähnlich herstellen könnte, kurz, welches Modell am besten als Vorbild für einen der ersten chinesischen Pkws dienen könnte. Die Wahl fiel offensichtlich auf den Mercedes, denn noch der „Shanghai Sedan" von 1985 konnte die Ähnlichkeit mit dem deutschen Produkt kaum verleugnen. Wir freuten uns, dass wir die beiden Prachtstücke unter dem ganzen Müll entdeckt hatten und sahen sie schon – auf Hochglanz poliert – als besonders publikumswirksame Exponate in einem Museum für chinesische Automobilgeschichte stehen. Leider zeigten unsere chinesischen Mitarbeiter keinen so ausgeprägten Sinn für den industriehistorischen Wert unserer Fundstücke. Im Eifer der Aufräumarbeiten ruinierte ein chinesischer Kollege die beiden Oldtimer mit einem Bagger, in der fälschlichen Annahme, sie gehörten mit zu dem alten Gerümpel, das er beiseite schaffen sollte. Ich kochte vor Wut und lernte, dass sich die Chinesen von der Vergangenheit manchmal auf verblüffend kurz entschlossene Art verabschieden.

Pauls intelligente Organisation der Fertigung

Von Anfang an setzten wir auf eine intelligente Organisation. Jeder Fehler galt als eine Chance, um den Prozess zu verbessern, bei dem er aufgetaucht war. Hatte ein Mitarbeiter einen Fehler verursacht, befragten wir ihn systematisch: Sind Sie nicht richtig trainiert? Haben Sie nicht die richtigen Werkzeuge? Passen die Betriebsmittel nicht? Passen die Teile nicht? Was ist die Ursache des Fehlers? Warum machten Sie den Fehler? Wie können wir den Fehler gemeinsam verhindern? So lernten wir systematisch aus Erfahrungen, aus der täglichen Praxis – und den Mitarbeitern unterliefen weniger und weniger Fehler. Als Paul im Herbst 1989 die Fabrik an seinen Nachfolger übergab, hatten wir eine Nacharbeitsquote von ein bis zwei Prozent – im Verhältnis zu zweistelligen Quoten, wie sie in deutschen Automobilfabriken heute noch üblich sind, ein sensationeller Spitzenwert. Dabei hielt er sich an ein einfaches Erfolgsrezept, an dem sich deutsche Pkw-Produzenten heute noch orientieren könnten, wenn sie das Problem der hohen Nacharbeitsquoten ernst nähmen. Er lernte von den Japanern, bis er deren System verstanden hatte.

Damit legte er eine Haltung an den Tag, mit der er erstklassige Arbeitsergebnisse erzielte, die aber für die Produktionsexperten, die ich bis dato kannte, nicht als typisch gelten konnte, wie mich eine frühe Erkundungsreise in die japanischen Autofabriken während meiner Audi-Zeit gelehrt hatte. Zusammen mit Mitgliedern unseres Finanz- und Produktionsteams besichtigte ich Anfang der 80er Jahre eine japanische Autofabrik. Die Japaner, die uns begleiteten, schrieben eifrig alles mit, was unser Produktionsmann während des Rundgangs bemerkte. Er machte sich keinerlei Notizen. Im Anschluss an die Besichtigung gab es noch eine Besprechung, bei der unsere Gastgeber bescheiden sagten: „Wir haben Ihnen jetzt gezeigt, wie wir Autos bauen. Wir sind noch lange nicht so gut wie Sie. Ist Ihnen irgendetwas aufgefallen, was wir verbessern können?"

Da schlug die große Stunde unseres Produktionsmannes, der die Gelegenheit nutzte, um den Japanern zu erklären, wie modern und vorbildlich wir in Deutschland Autos bauen. Speziell in der Lackiererei hätten wir hochmoderne Technik, von der andere bislang nur träumen könnten und so weiter und so fort. Was die Japaner womöglich besser machten als wir, fand er keiner Erwähnung wert. Er hatte zum Beispiel nicht bemerkt, dass die Kisten mit dem zu verarbeitenden Material für die Mitarbeiter besser positioniert waren als in unseren Fabriken. Die Japaner konnten direkt, schnell und kurz hineingreifen. Bei uns standen die Kisten quer, es kostete mehr Mühe und Zeit, das benötigte Material herauszunehmen. Ihm war nicht aufgefallen, dass das Material unmittelbar am Band stand, dass die Leute sich nur umdrehten, während man bei uns drei Meter laufen musste, um den Nachschub zu greifen. Das alles war dem Kollegen entgangen.

Aufgefallen waren ihm stattdessen einige aus meiner Sicht weniger bemerkenswerte Punkte, an die er eine längere Belehrung der Japaner knüpfte. Nach seinem Vortrag ging es zum Essen, anschließend ins japanische Nachtleben und schließlich ins Bett. Unsere japanischen Gastgeber verabschiedeten sich nach dem Abendessen, nicht ohne sich höflich dafür zu entschuldigen, dass sie uns jetzt allein ließen, aber schließlich sei es für uns ein anstrengender Tag gewesen. Während wir unseren Feierabend genossen, zogen die Japaner, die höflicherweise Müdigkeit vorgetäuscht hatten, eine systematische Zwischenbilanz unseres Besuches, diskutierten alles noch einmal und sammelten die interessantesten Aspekte, um sie am nächsten Morgen mit uns zu erörtern. Und siehe da, als wir uns nach dem Frühstück mit den Japanern zusammensetzten, stellten sie wieder jede Menge Fragen, die unser Kollege in gewohnter Manier ausführlich beantwortete. Die Japaner hatten ihre Informationsbilanz positiv gestaltet. Beim Abschied bedankten wir uns bei den Japanern, luden sie zu einem Gegenbesuch nach Ingolstadt ein und boten eine Besichtigung in Wolfsburg an, weil wir ihnen von der legendären Halle 54 bei VW vorgeschwärmt hatten.

Unsere japanischen Kollegen ließen nicht lange auf sich warten. Wenige Wochen später standen sie vor der Tür, 15 Mann in Ingolstadt bei Audi. Es spielten sich haargenau die gleichen Szenen ab wie bei unserer Japan-Reise. Wir zeigten unseren Besuchern die Produktion, sie schrieben eifrig mit. Wie schon in Japan saugten sie uns mit ihrem Wissensdurst regelrecht aus, bis ins kleinste Detail, sei es am Abend oder am nächsten Morgen. Und sie verließen Deutschland wiederum mit einer positiven Informationsbilanz, während wir uns damit begnügt hatten, ihnen zu erklären, dass wir die größten Autobauer seien.

Die japanische Automobilindustrie profitiert bis heute von der Lernschwäche ihrer europäischen und amerikanischen Wettbewerber. Toyota heißt die Lieblingsmarke vieler Autofahrer dieser Welt. Vor allem die Ignoranz der anderen gegenüber den japanischen Konkurrenten hat der zweitstärksten Wirtschaftsnation der Welt geholfen, sich den vordersten Platz in der Automobilindustrie zu sichern. Amerikaner wie Europäer waren unwillig, vielleicht auch unfähig, den Wettbewerber ernst und die Herausforderung rechtzeitig anzunehmen.

Als in den 80er Jahren jedem klar wurde, dass die Japaner ihre Produktion effektiver organisierten als wir, wehrten sich Politiker und Gewerkschaftler mit dem Argument: „Bei unserer Vergangenheit und bei unserer Kultur kann man das japanische System nicht übertragen." Aber um Übertragung, einfaches Kopieren ging es gar nicht. Kapieren statt kopieren hieß meine Losung. Es ging darum, herauszufinden und zu verstehen, wie man vergleichbare Ergebnisse unter eigenen Voraussetzungen realisieren könnte. Diese Frage stellte sich der Kollege Hans-Joachim Paul. Er hatte sich die Japaner genau angesehen und viel gelernt. Ihn trieb nicht nur der Ehrgeiz, er verfügte auch über das Vermögen, es besser zu machen als die Japaner.

Wir hatten in Anting bei unserem Santana ein Problem mit dem Türfeststeller. Jede Autotür, die man öffnet, wird durch einen unsichtbaren Mechanismus daran gehindert, direkt ins Schloss zurückzufallen. Stattdessen wird sie rastiert, also in halb offener oder ganz geöffneter Position gehalten. Diesen Mechanismus regelt der so genannte Türfeststeller. Bei unseren Santanas in China quietschte dieser Türfeststeller, und zwar relativ schnell. Was wir auch probierten – das verflixte Quietschen ging einfach nicht weg. Den gleichen Santana, den wir in Shanghai produzierten, baute Nissan in Lizenzfertigung in Japan. Wir konnten uns nicht vorstellen, dass die Japaner sich mit einem quietschenden Türfeststeller abgefunden hatten. Außerdem fragten wir bei VW do Brasil, VW of South Africa und bei VW in Nigeria nach, wo der Santana ebenfalls gebaut wurde, ob man das Problem kenne und wie man es gegebenenfalls gelöst hatte.

Unsere Recherchen ergaben, dass der Türfeststeller in Südafrika schon lange konstruktiv verbessert worden war. Als wir nach der Tokio Motor Show Ende Oktober 1985 Nissan besuchten, stellten wir fest, dass die Japaner unseren Original-Türfeststeller schon längst nicht mehr benutzten, sondern stattdessen einen eigenen verwendeten. Als Paul fragte, ob er ein paar der Nissan-Türfeststeller mitnehmen könne, drückte ihm ein Nissan-Mann gleich zehn Stück in die Hand und versprach, 200 nach Anting zu schicken. Sie wurden eingebaut und funktionierten astrein.

Die Chinesen hatten sich schon nachdrücklich über den quietschenden Türfeststeller beschwert, zuletzt sogar Vizepremier Li Peng persönlich. Das kleine Ding sorgte für großen Ärger. Und Volkswagen machte dabei keine gute Figur. Die verantwortlichen VW-Leute hatten unzulängliche Qualität nach China und Japan geliefert und es versäumt, sich rechtzeitig und konsequent um eine Lösung des Problems zu kümmern. Nissan, die Japaner, unsere Wettbewerber hatten unser Problem gelöst, von ihren Türfeststellern profitierten wir jetzt in Anting. Nur in Wolfsburg rührte sich niemand. Dr. Hahn nahm den Fall, den er als eine Blamage gegenüber der japanischen Konkurrenz empfand, zum Anlass, um die verantwortlichen Kollegen von VW auf einen Fehler aufmerksam zu machen, aus dem es zu lernen und den es in Zukunft zu vermeiden galt. Aber statt sofort damit zu beginnen, den Feststeller technisch zu verbessern, wurden tausend Gründe ersonnen, warum Wolfsburg immer noch den quietschenden Türfeststeller hatte, warum man den von Nissan gar nicht benutzen könne und so weiter und so fort, endlos.

Das war ein Lehrstück über die erschreckende Lernschwäche von Mitarbeitern großer Systeme. Auf der anderen Seite hat der Konzern große Stärken. Sonst wären wir ja nicht so weit. Das ist immer so, bei Systemen wie bei Menschen: Je größer das Volumen, umso schwerer wiegen die Schwächen. Weil man dazu übergeht, vieles zu ignorieren, nicht mehr genau hinzuschauen und zu negieren. Wer klein und schwach ist, ist viel empfänglicher für Veränderungen und bewegt sich schneller. Wenn man groß und stark ist, so wie ein tumber Bär, funktioniert das offenbar nicht. Deswegen sind gerade die kleinen selbständigen Einheiten von Großorganisationen, wie es SVW für den VW-Konzern war, Lerninseln, die man nutzen sollte.

Unsere Fabrik, die vom Vertrag auf 100 Fahrzeuge pro Tag ausgelegt war, richteten wir – wachsende Nachfrage vor Augen – auf 250 Fahrzeuge täglich aus. In ihren besten Zeiten brachte sie es später sogar auf 300 Autos pro Tag. Aber das war im Herbst 1985 noch Zukunftsmusik. Zunächst stellten wir in der Fertigung nur die Kapazität bereit, die wir brauchten, um die geplante Jahresstückzahl zu erreichen, mehr nicht. Mehr wurde nicht renoviert. Mehr hätten wir auch gar nicht geschafft. Die Wolfsburger stellten es sich anders vor. Sie wollten die Fabrik nicht schrittweise, yibu yibu, sondern auf einen Schlag modernisieren, ausgerichtet auf eine Kapazität von 100 Autos pro Tag – und das sollte es dann gewesen sein. Hätten wir uns an diese Pläne gehalten, hätte das aus Pauls Sicht zwei Folgen nach sich gezogen: Erstens wären wir bei einer schlagartigen Modernisierung womöglich ganz schnell an Devisenmangel eingegangen, weil die Chinesen gar nicht wussten, woher sie die Mittel für eine große Renovierung auf ein Mal hernehmen sollten. Die Devisenlage entspannte sich ja keineswegs. Und zweitens hätte SVW mit wachsender Nachfrage nur bedingt mithalten können, eben nur bis zu einer Grenze von 100 Autos pro Tag, also rund 30 000 im Jahr. Das war eine lächerliche Kapazität für einen riesigen Markt, in dem sich bis dato im Schnitt 1 000 Menschen acht Autos teilten, davon nur zwei Pkws. Paul und ich stammten beide aus großen Fabriken und sagten uns: „Wie? Höchstens 100 Autos am Tag? Dafür sind wir doch nicht nach China gekommen!"

Von der Planung bis zur Fertigstellung einer Lackiererei, die gemeinhin als Flaschenhals („bottleneck") der Autoproduktion gilt, können schon zwei, drei Jahre vergehen. Deshalb mussten wir 1985 schon eine Vorstellung von der Nachfrage in den Jahren 1988, 1989 oder 1990 entwickeln. Es war keineswegs ausgeschlossen, dass sie plötzlich von heute auf morgen sprunghaft ansteigen würde. Dann wollten wir schnell reagieren und möglichst zügig mehr Autos fertigen können. Deshalb entschieden wir, die neue Lackiererei, mit der wir in unserer Fabrik für eine wichtige Etappe in der Modernisierung der Fertigung sorgten, gleich für 250 Fahrzeuge pro Tag zu planen und zu bauen. Damit sicherten wir uns das Potential für eine Jahresproduktion von 75 000 Kraftfahrzeugen.

Dr. Hahn gab Paul weitgehend freie Hand und Rückendeckung, sagte ihm aber auch klar und deutlich, worauf es ihm ankam: „Lieber Herr Paul, ich messe Sie an jedem Quadratmeter pro Auto, den Sie mehr haben als die Japaner. Ich messe Sie an jeder Stunde, die Sie länger brauchen als die Japaner. Ich messe Sie an jeder Mark, die Sie mehr investieren als die Japaner." Das hieß: „Sie können machen, was Sie wollen, ich erwarte nur eines: Sie müssen es besser machen als die Japaner." Damit war unsere Benchmark, unsere Messlatte im Wettbewerb, klar.

Paul sann darüber nach, wie wir auf den 100 000 Quadratmetern, die uns zur Verfügung standen, möglichst viele Autos bauen könnten. Schließlich kam er auf die Idee, die Flächen für die Nacharbeit deutlich zu verkleinern, die, wie Dr. Hahn schreibt, „leider europäische und amerikanische Fabriken, oft in der Größenordnung von Fußballfedern, auszeichnen".[6] Wofür brauchten wir eigentlich bei SVW Nacharbeitsflächen? Sie dienten ausschließlich dem Zweck, Fehler zu reparieren und Mängel zu beheben, die während der

Herstellung aufgetreten waren. Unser Ziel konnte aber doch keine Montage sein, aus der jedes zweite Auto mit Blessuren herauskäme. Wir strebten schließlich eine Qualität an, die es mit den Japanern aufnehmen könnte. Also entschied Paul, dass wir keine Nacharbeitsflächen brauchen.

Die VW-Abteilung Produktion Ausland zeigte dafür zunächst wenig Verständnis. Nacharbeitsflächen waren weltweit in allen Volkswagen-Werken Usus. Und „Mongolen-Paul" wollte in Shanghai jetzt auf sie verzichten? Das kam für manchen Wolfsburger gar nicht in Frage. Dr. Hahn allerdings gratulierte unserem Technischen Direktor zu seiner glänzenden Idee. Er vertraute darauf, dass Paul mit seinem Team eine weitgehend fehlerfreie Fertigung aufbauen könnte, bei der so gut wie keine Nacharbeit anfallen würde. Wir wussten, dass es im Japanischen das Wort „Nacharbeit" gar nicht gab. Als uns ein Professor aus Berlin später einmal fragte, wie viel Nacharbeit wir in der Motorenfertigung hätten, antwortete Paul: „Nacharbeit? Das Wort kennen wir überhaupt nicht. Wir kennen nur den Begriff ‚Direktläufer'." „Na gut. Wie viele ‚Direktläufer' habt ihr denn?" „Ungefähr 99,6 Prozent", klärte Paul auf. „Niemals! Das glaube ich nicht", antwortete der Professor. Paul entgegnete: „Dann fragen Sie doch den chinesischen Hallenleiter." Und der antwortete: „99,87 Prozent – im Schnitt."

Im Sinne des Know-how-Transfers bezog Paul die Chinesen in die Planung ein, wo er konnte. Die moderne Fabrik, auf die wir zielten, wurde nicht in Wolfsburg skizziert, sondern unterstützt von Planspielen entworfen, die Paul mit den chinesischen Planern in Anting inszenierte. Genauso in der Motorenfabrik. Karl Hübser, damals Leiter unserer Motorenfabrik und heute im Vorstand der Deutz AG für Technik verantwortlich, wusste nicht recht, was er zwei Jahre vor dem geplanten Fertigungsbeginn mit seinen chinesischen Mitarbeitern anfangen sollte und suchte Rat. Paul schlug ihm vor, die Motorenfabrik zusammen mit den chinesischen Mitarbeitern zu planen. „Außerdem", empfahl er, „lassen Sie die Mitarbeiter Motoren zusammenbauen und wieder zerlegen, zusammenbauen und zerlegen – bis sie es können." Hübser befolgte den Rat und als die Motorenfabrik fertig war, konnte jeder Mitarbeiter einen Motor 100-prozentig zusammenbauen. Alle waren bestens trainiert.

Überzeugt davon, dass das Fachwissen eines Meisters, wie wir ihn in Deutschland kannten, für die Produktionsweise der Zukunft nicht mehr ausreichen würde, beschäftigten wir Ingenieure in der Fertigung. Um eine sachgemäße eigenverantwortliche Instandhaltung der eingesetzten Anlagen zu gewährleisten, gehörten jedem Fertigungsbereich zwei Ingenieure an: einer, der sich mit Elektronik auskannte, und ein Fachmann für die mechanische Seite des Herstellungsprozesses. Dementsprechend wurden die Mitarbeiter an den Maschinen trainiert. Sie mussten lernen, dass sie für Qualität, die produzierte Stückzahl und die Pflege der Maschinen und Anlagen verantwortlich waren. Mit diesem so genannten QQM-System (Quality, Quantity, Maintenance) stellten wir sicher, dass sämtliche Mitarbeiter während des Fertigungsflusses notwendige Wartungsarbeiten miterledigten.

Paul stellte sich die Produktion vor wie einen Regelkreis, dessen Ziel auf jeder einzelnen Etappe 100-prozentige Qualität war. Jedes Auto, jedes Teil sollte einwandfrei in Ordnung sein. Der Teamchef steuerte Qualität und Stückzahl. Er beobachtete, registrierte Abweichungen und veranlasste korrigierende Maßnahmen, damit das gewünschte Ziel dennoch erreicht würde. Jedes Managementsystem funktioniert so: Ziele setzen, Ergebnisse kontrollieren und bei Abweichungen korrigierend eingreifen.

Durch diese Teamorganisation hatten wir verantwortliche Führung bis in die kleinste Zelle, bis ins letzte Montageteam, „Leadership bis auf den shop floor", wie Paul es auf „Expat-Deutsch" nennt. In Wolfsburg gab es auch Gruppenarbeit, mit einem per Rotation der Mitglieder ständig wechselnden Gruppensprecher. Einen verantwortlichen Manager der Gruppe suchte man jedoch vergebens. Ein Gruppensprecher versteht sich als Organ einer demokratischen Versammlung und nicht als personifiziertes Leitbild seines Teams. Bei SVW setzten wir auf das personifizierte Leitbild, nicht auf einen Sprecher, sondern auf einen Manager des

Teams. Solche „teamleader" gibt es übrigens heute in Shanghai immer noch, allerdings nicht mehr bei SVW, sondern in dem Joint Venture der SAIC, früher STAC, mit General Motors, bei der Shanghai General Motors Co. Ltd. (SGM). Und zu 70 Prozent, weiß Paul, sind diese Positionen mit Ingenieuren besetzt. Damit verfügen General Motors und SAIC über die technische Intelligenz und die Fähigkeiten in der Fertigung, wie man sie für hohe Qualitäts- und Produktionsstandards sowie für einen kontinuierlichen Verbesserungsprozess einfach braucht.

Auch in unserer Lackiererei setzten wir auf qualifizierte Fachkräfte. Für jeden Lackprozess von der Vorbehandlung bis zum letzten Trocknen war ein Ingenieur zuständig. Fachkräfte meldeten nicht nur Abweichungen vom Soll, sondern behoben sofort die Störungen oder Fehler, die sie verursacht hatten. Warum sollten wir es so unsinnig machen wie in Deutschland, wo ausgebildete Facharbeiter noch heute wie ungelernte Arbeiter eingesetzt werden und wo die Kollegen aus dem Instandhaltungsbereich so lange in Leistungsbereitschaft, das heißt untätig verharren, bis der Reparaturfall eingetreten ist? Wir holten uns die besten Hochschulabsolventen („Graduates") von der Tongji- und der Jiaotong-Universität und von anderen Hochschulen Shanghais. Die meisten von ihnen schickten wir in die Fabrik, in die Produktion als Fertigungsingenieure oder Teamleiter. Mit solchen Leuten wollten wir in China Autos bauen, und nicht mit Mitarbeitern, die – selbst wenn sie es wollten – gar keine Verantwortung übernehmen könnten, weil ihnen die Qualifikation fehlte oder weil sie das alles gar nicht interessierte.

Die Kerninnovation von Pauls System lag in der Rückkopplung der Verantwortung an jeden einzelnen Beteiligten. Jeder Mitarbeiter in Produktion und Montage war für die Qualität verantwortlich, die an acht feststehenden Zählpunkten nach einem System gecheckt wurde, das alle Autohersteller der Welt bis heute praktizieren. An jedem dieser Punkte werden die Autos gezählt, und es wird überprüft, ob mit ihnen alles in Ordnung ist.

Pauls Geheimnis beruhte auf einem schlichten Kaufsystem, das man von jedem Wochenmarkt kennt. Bevor einer einkauft, prüft er zuerst die Qualität der Ware. Und wenn die nicht ganz in Ordnung ist, muss der Verkäufer mit dem Preis heruntergehen. Sonst wird aus dem Geschäft nichts. Genauso verhandelten unsere Mitarbeiter an den Prüfpunkten über Qualität und Preis der Autos oder Teile, die ihnen angeliefert wurden. Jedes Team kaufte die Autos, die es zu bearbeiten hatte, dem Team ab, das den vorherigen Produktions- oder Montageschritt erledigt hatte. Der Rohbau baute die Karosse des Autos, die Lackiererei kaufte sie ihm ab. Wenn die Lackiererei eine Karosserie gecheckt und dabei einen Fehler übersehen hatte, ging die Fehlerbeseitigung auf ihr Konto. Stellte die Montage als nachfolgender Bereich bei ihrer Eingangskontrolle der fertig lackierten Karosse Fehler fest, wurde sie so lange nicht abgenommen, bis die Fehler restlos beseitigt waren. Das wirkte sich dann negativ auf die Qualitäts- und Produktionsergebnisse aus und damit auf die Höhe des Einkommens der Mitarbeiter.

So organisierten wir „Markt" im Unternehmen – völlig anders, als es in Deutschland üblich ist, inspiriert von den Japanern, die es, wie Paul genau wusste, ähnlich machten. Diese Organisation der Produktion gewann durch unser sie begleitendes innovatives Entgeltsystem dauerhaften Halt.

Wie zerschlagen wir die „eiserne Reisschüssel"?

Von Anfang an beschäftigte uns die Frage, wie wir uns von dem Lohnsystem der Chinesen, dem Prinzip der „eisernen Reisschüssel" verabschieden könnten. Die Chinesen aßen alle aus einem Topf, so dass die politbewusste Putzfrau so viel verdiente wie der hoch qualifizierte Ingenieur. Es war klar, dass wir bei SVW neue Regeln bräuchten, die sicherstellten, dass Leistung honoriert würde. Um diese Regeln systematisch zu entwickeln, holten wir uns einen Spezialisten aus Ingolstadt aus meinem alten Audi-Team, Joachim Dillger. Wir wollten ein einfaches Vergütungssystem, bei dem

jedermann einsah, dass er danach bezahlt wurde, ob die von
Direktor Paul festgelegte Stückzahl und die von ihm geforderte Qualität erreicht wurden. Wenn ja, war alles in Ordnung. Wurde das Soll durch eine höhere Stückzahl übertrof-
fen, war eine Prämie fällig – für die Chinesen waren Leis-
tungszulagen etwas völlig Neues. Wurden weniger Autos als
geplant gefertigt, gab es auch weniger Geld – und zwar für
jeden Einzelnen, vom einfachen Monteur bis zum Management, in der Herstellung ebenso wie in der Verwaltung. Es
zählten nur „I.O."-Autos, „Nacharbeitsautos", also Einheiten ohne die erforderliche Qualität, galten als nicht gebaut.

Dillger wusste genau, wie man ein Lohnsystem angelehnt an die analytische Arbeitsbewertung aufbaut, wie es
im Fachjargon heißt. Wie bildet man Jobklassen? Wie organisiert man, dass wirklich jeder nach seiner Qualifikation,
nach seiner Ausbildung, aber auch nach den Anforderungen
entlohnt wird – und zwar so, dass der, der mehr leistet oder
die höhere Qualifikation hat, auch mehr bekommt? Es gab
zwei Möglichkeiten, mehr Geld zu verdienen. Entweder man
setzte sich für eine höhere Stückzahl ein, mehr „I.O."-Autos
als geplant, oder lernte etwas Neues und konnte dadurch in
eine Gruppe mit einem höheren Grundlohn wechseln. Wir
wollten einen zusätzlichen Anreiz, damit sich die Leute wei-
terentwickelten und nicht ewig im gleichen Trott blieben.
Mit unserem System machte es sich für die Chinesen bezahlt,
schlauer zu werden. So entwickelten wir in China, was wir
auch in Deutschland gern gehabt hätten, ein leistungsabhän-
giges Entgeltsystem.

Schließlich hatten wir 18 Vergütungsgruppen, von den
einfachsten Tätigkeiten nahtlos hoch bis zum Manager –
ganz anders als in Deutschland, wo zwischen Arbeitern und
Angestellten sowie zwischen Angestellten und Management
riesige Lücken klafften. Ein kluger Kollege hatte mich einmal richtigerweise darauf aufmerksam gemacht, dass wir
die Fabrik als Ganzes sehen sollten: „Was heißt hier Arbeiter? Was heißt Angestellter? Es kann doch nicht sein, dass
die Angestellten oben nicht aufpassen und unten sollen die
Arbeiter dann die Leistung bringen." Wir entwickelten et-

was, wovon die deutschen Gewerkschaften heute noch träumen, ein einheitliches Entgeltsystem, das keinen Unterschied zwischen Arbeitern und Angestellten kennt. Bei SVW gab es nur Mitarbeiter – Ende.

Die Mitarbeiter von SVW sollten – jeder an seinem Platz – in ihrer Gesamtheit für den Erfolg des Unternehmens verantwortlich sein. Wir wollten verhindern, dass ein Mitarbeiter aus der Produktion Prämien kassierte oder für Fehler zahlen musste, während die Sekretärin in der Verwaltung von unseren Bemühungen um Effizienz und Qualität völlig unberührt blieb. Bei uns sollte jeder mehr oder weniger Geld am Ende des Monats erhalten, je nach erzielter Qualität und ausgestoßener Stückzahl.

Unser Entgeltsystem war einfach und dank des Einsatzes von Joachim Dillger den chinesischen Besonderheiten pragmatisch angepasst. Verschiedene Einzelaspekte waren zu berücksichtigen, beispielsweise das Senioritätsprinzip. Wie gehen wir mit den älteren Chinesen um? Außerdem brauchten wir Übergangslösungen, wir konnten nicht mit einem Schlag alles anders machen. Wer einfache und leichte Tätigkeiten ausführte, musste auf einem vergleichsweise niedrigen Niveau verbleiben, während die Löhne für höher qualifizierte und verantwortungsvollere Tätigkeiten nur langsam angehoben werden konnten. Man konnte nicht über Nacht das Gehalt des einen Mitarbeiters verdoppeln.

Die Chinesen waren anfangs alles andere als begeistert von unseren Vorschlägen. Die Vorstandskollegen winkten zunächst ab: „Oh, das wird aber sehr schwierig!" Wir hatten inzwischen aber ein Gespür dafür entwickelt, welche Argumente bei unseren chinesischen Kollegen zogen, und machten sie geltend, indem wir uns auf explizite Äußerungen chinesischer Regierungsbeamter oder führender Parteigenossen bezogen: „Der Oberbürgermeister von Shanghai, Jiang Zemin, hat uns gesagt, dass wir die eiserne Reisschüssel zerschlagen sollen. Das Gleiche haben wir von Hu Yaobang gehört, von Ihrem obersten Parteisekretär, der uns gerade hier in Anting besucht hat. Wollen Sie deren Vorschläge etwa nicht aufnehmen?" „Sie kennen uns doch inzwischen und die Schwierigkeiten. So einfach geht das eben nicht, China ist anders", schallte es zurück. Aber für SVW war die „eiserne Reisschüssel" ein gewaltiges Hindernis, an einem neuen System führte kein Weg vorbei. In unendlich vielen und langen Diskussionen gewannen unsere chinesischen Partner langsam Zutrauen zu den neuen Regeln, nach denen wir unsere Mitarbeiter künftig einstufen und entlohnen wollten. Damit auch unsere Belegschaft mitzog, versuchte ich persönlich, unseren Gewerkschaftsboss, der gleichzeitig Parteisekretär der Fabrik war, für unser neues System zu gewinnen. Denn er musste es den chinesischen Mitarbeitern vermitteln, ihnen klar machen, dass wir diese neue Systematik brauchten. Ihm hörten sie zu, und er zog mit.

Im Mai 1986 führten wir das neue Regelwerk ein. Es funktionierte vom ersten Tag an. Seither erreichten wir immer die geplante Stückzahl in der erforderlichen Qualität. Wir fragten uns gelegentlich, ob das Programm nicht ambitioniert, nicht ehrgeizig genug sei. Manchmal hatten wir sogar Schwierigkeiten mit dem Nachschub, konnten die erforderlichen Teile nicht schnell genug herbeischaffen, weil die Chinesen plötzlich Autos bauten wie die Weltmeister. Jeder Mitarbeiter hatte offensichtlich schnell verstanden, dass er Teil unseres Ganzen war. Wenn ein deutscher Montagearbeiter am Band an seinem Auto verkratzten Lack entdeckt, kümmert ihn das in aller Regel nicht. Bei SVW dagegen sagte sich unser Mitarbeiter: „Mist, wenn dieser Lackschaden erst bei der Schlusskontrolle sichtbar wird, bin ich im Zweifelsfall die Ursache dafür, wenn alle Mitarbeiter weniger Geld bekommen." Also rannte er sofort los und alarmierte die Kollegen, die für den Lack zuständig waren. So entwickelten die Chinesen ein ganzheitliches, vernetztes Qualitätsverständnis, indem jeder, der einen Fehler entdeckte, sofort zurückmeldete: Achtung, hier ist etwas nicht in Ordnung.

Am Ende machte unser neues Entgeltsystem in Shanghai die Runde. Andere Unternehmen nahmen es zum Vorbild, um ebenfalls die „eiserne Reisschüssel" zu zerschlagen. Als Zhu Rongji sich unserer Sache später annahm, war er begeistert: „Das führen wir überall ein." In ganz China galt das

Lohnsystem von SVW als fortschrittlich und zukunftsweisend.

Führung: den Partner zum Handeln veranlassen

Paul und ich nahmen die Aufgabe des Know-how-Transfers sehr ernst. Wir mussten unsere chinesischen Kollegen überzeugen und zum Handeln veranlassen. Wir konnten selbst ja nur sehr eingeschränkt agieren, schon allein weil wir ihre Sprache nicht beherrschten. Dennoch blieb gar nichts anderes übrig, als die Chinesen mit Argumenten zu bewegen. Autos konnten unsere einheimischen Kollegen ja schon bauen, als wir begannen. Jetzt wollten sie es mit uns gemeinsam mit neuester Technologie und nach modernen Methoden versuchen. Das konnten sie nicht einfach auswendig lernen und pauken wie das kleine Einmaleins. Unsere Kollegen mussten uns verstehen, die Gründe für bestimmte Entscheidungen nachvollziehen, die Zusammenhänge begreifen können. Unsere wichtigste Aufgabe hieß daher, die Chinesen zu überzeugen, sie zu den richtigen Schritten anzuleiten und in die unserer Auffassung nach richtige Richtung zu führen.

Über das, was industrielle Führerschaft wirklich bedeutet, herrscht meines Erachtens ein weit verbreitetes Missverständnis. Führen bedeutet immer, andere zu bewegen, sie mitzuziehen. Was nutzt es denn, wenn einer entschlossen losmarschiert, ihm jedoch niemand folgen will? Argumentieren, überzeugen, motivieren, bewegen und glaubhaft vorleben – das ist Führung, wie Paul und ich sie verstanden. Manche Mittelständler, die heute nach China gehen und industrielle Führerschaft für sich reklamieren, ernennen einen ihrer Mitarbeiter zum China-Chef, drängen auf 60 Prozent Kapitalanteil und die Managementhoheit und wundern sich anschließend, dass sich die Unternehmung nicht wie gewünscht entwickelt. Es nutzt eben nichts, König zu sein, wenn keiner der Untertanen sich darum schert, was der König will.

Bei SVW hatten die Deutschen aus gutem Grund von

vornherein auf den Vorsitz im Vorstand und Aufsichtsrat verzichtet. Paul und ich versuchten, uns indirekt bei den Chinesen durchzusetzen, mit geradezu penetranter Überzeugungsarbeit. In jedem einzelnen Fall, an jedem einzelnen Punkt setzten wir an, um unseren Partnern verständlich zu machen, dass das, was wir wollten, auch ihnen nutzen würde. Oft mussten wir auch lernen, dass wir falsch lagen. Dann korrigierten wir uns und suchten nach einem Kompromiss, den beide Partner tragen konnten.

Dabei galt es behutsam und vorsichtig zu sein, damit die Chinesen gar nicht erst auf die Idee kämen, dass wir unsere Überzeugungen einfach autoritär durchsetzen wollten. Denn, so mein Eindruck, dieses Volk ist aufgrund historischer Erfahrungen geradezu genetisch mit Misstrauen gegenüber Ausländern ausgestattet. Wenn man sich mit der Geschichte Chinas beschäftigt, mit den unangenehmen Erfahrungen, die die Menschen in diesem Land mit den kolonialistischen, herrschsüchtigen Europäern im 19. und 20. Jahrhundert gesammelt hatten, ahnt man, auf welchem Misstrauensgrund wir uns bewegten, als wir unser Gemeinschaftsunternehmen begannen. Die Furcht, wir wollten einseitig nur unsere Interessen durchsetzen, war verständlicherweise unter vielen Chinesen verbreitet. Davon abgesehen tut ein Chinese, wie jeder vernünftige Mensch, nur das, von dessen Sinn und Nutzen er persönlich überzeugt ist.

Unser Credo lautete daher: Wir haben ein gemeinsames Ziel – die modernste, größte und beste Autofabrik Chinas. Dieses Ziel verfolgen wir in wohlverstandenem beiderseitigem Interesse am gemeinsamen Ganzen zusammen mit unseren chinesischen Freunden. In fairer Partnerschaft entwickeln wir eine gemeinsame Linie für Shanghai Volkswagen, yibu yibu.

Nutzen Sie Ihre „Stunde null" in China

- Lösen Sie sich vor Ort von allem, was Ihre heimische Zentrale auf der Basis vergleichbarer Projekte anderswo in der Welt für unumstößlich hält. Die Eins-zu-eins-Übertragung in allen Punkten wird zum Scheitern verurteilt sein. Vergeuden Sie gar nicht Ihre Kräfte in dem untauglichen Versuch, Ihren Partner insoweit dominieren zu wollen.

- Im Gegenteil, nutzen Sie die „Stunde null", um auf allen Arbeitsebenen zu bisher nicht gekannten Synergien vorzustoßen. Das erfordert Mut und die Fähigkeit, in andere kulturelle Gegebenheiten einzutauchen, in denen andere Wertvorstellungen und Maßstäbe gelten.

- Lösen Sie sich von den deutschen eingefahrenen Pfaden. Suchen Sie pragmatisch nach Lösungen, die den chinesischen Besonderheiten Rechnung tragen und die Sie gemeinsam tragen können. Nehmen Sie dabei in Kauf, dass Sie Tabus verletzen, was Ihnen mancher in Ihrer heimischen Zentrale nicht verzeihen wird – vorerst zumindest.

- Wie eine Fabrik optimal gestaltet oder eine Verwaltungseinheit aufgebaut werden soll, wissen alle Unternehmungen dieser Welt. Ihre Position im Wettbewerb verdanken Sie aber nicht dem, was Sie wissen, sondern der Tatsache, wie Sie diese Erkenntnis auf bisher fremdem Terrain in die Praxis funktionstüchtig umsetzen.

- Erklären Sie Fehler und Defizite Ihrer chinesischen Mitarbeiter zu wertvollen Fundstücken.

- Sorgen Sie für eine permanente und systematische Fehleranalyse, insbesondere dort, wo Probleme bei der wechselseitigen Verständigung, in der Kommunikation auftauchen.

- Beziehen Sie alle Beteiligten in die Verantwortung für das Gelingen des Ganzen ein, und orientieren Sie daran Ihr einheitliches Vergütungssystem.

- Die Dynamik der chinesischen Wirtschaftsentwicklung erfordert ein ständiges Lernen und eine daran ausgerichtete Organisation. Wer diesen lebensnotwendigen Prozess nicht institutionell verankert und strukturell fördert, verschenkt Wettbewerbsmerkmale ohne Not.

8
Das Joint Venture und seine Mütter

Es galt bei VW als selbstverständlich, dass Auslandstöchter zentral gesteuert werden. Einspruch gegen die Linie der Konzernspitze? Das gab es bis dato nicht. Shanghai Volkswagen war aber keine typische Auslandstochter, nicht 100-prozentig in VW-Hand. Wir waren ein Joint Venture – und unsere chinesischen Partner hatten vertragsgemäß bei wesentlichen Entscheidungen ein gewichtiges Wort mitzureden. Abgesehen von dem Engagement in Jugoslawien waren wir das erste Fifty-fifty-Gemeinschaftsunternehmen im Volkswagen-Verbund. Niemand von uns hatte Erfahrungen aus anderen Partnerschaften.

Die Wolfsburger waren es gewohnt, dass die Töchter und Beteiligungsgesellschaften prinzipiell von der Konzernzentrale geführt wurden. Das war nicht nur in Wolfsburg so, sondern ist typisch für viele andere weltweit operierende Unternehmen. In Wolfsburg liefen die Fäden bei Paul-Josef Weber zusammen, verantwortlich für das Ressort Beteiligungen, das direkt dem Vorstandsvorsitzenden Dr. Hahn berichtete. Vor allem im mittleren Management trafen wir auf Kollegen, die unter der Überschrift handelten: „So haben wir es in Brasilien und in Mexiko gemacht, also machen wir es in China genauso." Verständlicherweise versuchten sie, Erfahrungen, die sie mit anderen Auslandsengagements gesammelt hatten, auf China zu übertragen. Das ist im Prinzip vernünftig, nur funktionierte es in China nicht: Erstens, weil in China vieles anders war als sonst wo auf der Welt, und zweitens, weil wir uns stets mit unseren chinesischen Partnern einigen mussten, also nicht einfach bestimmen konnten, was geschehen sollte.

Zu den zahllosen operativen Problemen, die sich Tag für Tag vor uns türmten, kamen meterlange Fernschreiben aus

Wolfsburg, die uns aufforderten, Rechenschaft für alles Mögliche abzulegen, was nicht nach den Planvorgaben der VW-Zentrale lief. In unserem deutschen Mutterkonzern begriff mancher nur schwer, was es praktisch bedeutete, dass SVW ein partnerschaftliches Unternehmen war. Die Chinesen kamen ohne uns keinen Schritt voran, wir traten ohne die Chinesen aber auch auf der Stelle. Vorwärts ging es nur gemeinsam. Auf der anderen Seite wollte die VW-Zentrale zu Recht genau wissen, wie sich ihre Unternehmung auf weitgehend unbekanntem Terrain entwickelte.

Der Geist der Zusammenarbeit, die Chance jedes Joint Ventures

Dieser Zwang zur Einigkeit ist das größte Problem jedes Gemeinschaftsunternehmens, aber auch eine seiner wichtigsten Kraftquellen, wenn mit Erfolg auf Kompromisse hingearbeitet wird, die beide Seiten tragen können. Zhang Changmou, unser erster Vorstandssprecher, benennt in der Retrospektive als wesentlichen Erfolgsfaktor eines Joint Ventures „den Geist der Zusammenarbeit, die tiefgründige Kooperation der beiden Partner". Dieser „Geist der Zusammenarbeit" steckte anfangs allerdings noch fest verschlossen in einer Flasche, die wir langsam gemeinsam entkorkten.

In seiner Kurzbilanz unserer Zusammenarbeit betont Zhang Changmou ausdrücklich die Bedeutung der unternehmerischen Unabhängigkeit des Joint Ventures: „Hier muss besonders erwähnt werden, dass die chinesischen und deutschen Investoren sich nicht zu viel in das Joint-Venture-Unternehmen einmischen sollten. Es muss ihnen klar sein, dass sie das Interesse des Joint Ventures als Ausgangspunkt nehmen sollten. Nur wenn das Joint-Venture-Unternehmen sich gut entwickelt und Gewinn erzielt, können beide Investoren eigene Gewinne erzielen." Ich kann die Worte von Zhang Changmou nur aus vollem Herzen unterstreichen. Es war natürlich schwierig, diesen Akzent vor 20 Jahren auf beiden Seiten zu verstehen und danach zu handeln.

So hatten es unsere chinesischen Kollegen auch nicht leicht, weil die staatliche Bürokratie in der Anfangsphase pausenlos eingriff, wir merkten das nur nicht immer und allerorten. Mitarbeiter wurden zum Rapport zitiert und befragt: „Was tut sich in den Finanzen? Was bei den Preisen?" Sie mussten alles offen legen. Das war für die Betroffenen gewiss nicht einfach – nicht zuletzt auch deshalb, weil sie ihr Verhalten uns gegenüber kaum darstellen, geschweige denn rechtfertigen konnten.

Immer wieder predigten wir auch gegenüber den chinesischen Partnern und Kollegen: „Wir sind ein Joint Venture, wir sind von der Regierung und der staatlichen Bürokratie unabhängig. Die sollen hier nicht hineinregieren." Die Chinesen wandten ein: „Aber Wolfsburg ruft doch auch jeden Tag an." Das stimmte, und deshalb hatten wir gelegentlich beide Seiten davon zu überzeugen, dass ein notwendiger Freiraum unseres Joint Ventures der Schlüssel zum Erfolg war. Natürlich war allen bewusst, dass ohne die Unterstützung der chinesischen Politik und beider Muttergesellschaften kein Fortschritt erzielt werden konnte. Aber es ging um das Grundverständnis, wie und wo hineinregiert werden kann und muss und wo nicht.

Mancher Wolfsburger Kollege war regelrecht verblüfft, wenn wir zu erklären versuchten, dass es nicht so laufen könne, wie Wolfsburg es sich vorstellte: „Was Sie da vorschlagen, können Sie bei unserem 50:50-Verhältnis in Anting nicht durchsetzen. Da werden die Chinesen nicht mitmachen. Die wollen eine andere Lösung des Problems." Empört wurde uns entgegengehalten: „Aber Sie werden schließlich dafür bezahlt, dass Sie den Chinesen erklären, was wir wollen." „Ja klar, natürlich kann ich den Chinesen erklären, was Sie wollen", antwortete ich, „aber ich kann sie dazu nicht zwingen. Also: Wenn Sie gute Argumente haben … Im Übrigen teile ich Ihre Auffassung nicht." „Aha!", hieß es dann. „Sie haben also die Chinesen schon auf Ihre Seite gebracht." Wenn einem Wolfsburger die Argumente ausgingen, versuchte schon der eine oder andere, uns mit der Frage zu konfrontieren: „Wer bezahlt Sie denn eigentlich?" Da hatte ich die passende Antwort stets parat: „Wer uns bezahlt? Selbstverständlich das Joint Venture, Shanghai Volkswagen. Wir verdienen unser Geld selbst, wir bekommen keinen einzigen Pfennig mehr an zusätzlichen Eigenkapitalmitteln aus Wolfsburg. Wir wechseln unsere Renminbi gegen harte Währung, um von VW CKDs zu kaufen. Also Vorsicht! Im Übrigen: Wenn Shanghai Volkswagen nicht blüht und gedeiht, dann kommt am Ende auch für den VW-Konzern nichts dabei heraus."

Das war unser Maßstab und das musste unsere Generallinie sein, alles musste sich an der langfristigen gedeihlichen Entwicklung von SVW messen lassen. Die Kernfrage war bei jeder Entscheidung, die wir trafen, bei jeder Maßnahme, die wir ergriffen, bei jedem Schritt, den wir gingen: Ist das richtig für die langfristige Entwicklung? Wenn es richtig war, mussten wir es anstreben. Was die Wolfsburger wollten, was Beijing oder Shanghai am liebsten gewesen wäre, war gewiss nicht unerheblich, konnte aber nicht die letzte Messlatte für die wirklich wichtigen Entscheidungen unseres Unternehmens sein.

Ich konnte das locker sagen, weil ich aus einer anderen Hierarchie kam. Ich fühlte mich persönlich unabhängiger von Volkswagen. In den Gründungsjahren von SVW steckten wir zudem bis über beide Ohren in einer aufregenden Gegenwart – da war mir um meine Zukunft nicht bange, auch wenn der eine oder andere schon einmal darauf anspielte, um seine Argumentation zu verstärken. Das war für viele Expats allerdings nur schwer nachzuvollziehen. Zu Recht wandten sie ein: „Ja Sie, Sie können das, Sie kommen aus dem Vorstand, Ihnen kann nichts mehr passieren, aber unsere Karriere hängt von dem Wohlwollen ab, das wir in Wolfsburg genießen." So war es natürlich in meinem Fall auch nicht. Denn meine Karriere im VW-Konzern hätte nach dem chinesischen Abenteuer auch vorbei sein können. Das hatte ich von vornherein in Kauf genommen, als ich mich für das chinesische Abenteuer entschied.

Mancher deutsche Kollege jedoch musste sich im Konfliktfall Sprüche anhören wie: „Sie müssen doch wissen, wo

Sie hingehören!" oder „Sie wollen doch noch etwas werden
bei VW, oder?" Und wenn er von Shanghai aus seinen Vorgesetzten im Konzern verärgert hatte, bekam er es später zu
spüren. Das ist menschlich nachvollziehbar, aber gut ist es
nicht. Wo wir konnten, versuchten wir, den deutschen Kollegen gegenüber Wolfsburg den Rücken zu stärken. Paul und
ich verstanden wohl, dass viele deutsche Kollegen vor tatsächlichen Schwierigkeiten im Umgang mit Wolfsburg standen. Also schlugen wir vor: „Wenn Sie in einen Konflikt geraten, wenden Sie sich getrost an uns. Wir werden uns darum kümmern mit dem Bestreben, den Konflikt aus der Welt
zu schaffen." Unsere Rettung war, dass wir 11 000 Kilometer
von der Konzernzentrale entfernt saßen, auf der anderen
Seite der Welt. Das erweiterte unseren Handlungsspielraum
gegenüber Wolfsburg automatisch. Paul feixte: „Die Freiheit wächst im Quadrat zur Entfernung von der Konzernzentrale." Bei den Chinesen kursierte der gleiche Gedanke in
ähnlicher Form. „Der Himmel ist hoch und Beijing ist
weit", hieß es, wenn die Stadtverwaltung von Shanghai
etwas realisieren wollte, ohne die Zentralregierung zu invol-
vieren.

Ein typisches Beispiel, an dem sich das Mutter-Tochter-
Thema entzündete, war die Frage: Nach welchem Konzept
fertigen wir in Shanghai Autos? Wie gestalten wir die Produktion? Paul erinnert sich, dass fast jeder, der aus Wolfsburg kam, immer wieder alles so machen wollte, wie es bei
VW üblich war. Jeder Mitarbeiter aus der Wolfsburger Abteilung „Produktion Ausland" versuchte, ihn dazu zu bewegen, alles so zu organisieren, wie man es aus anderen Ländern, etwa aus Brasilien oder Mexiko, gewohnt war. Dort
hatte man Wolfsburg eins zu eins kopiert. Pauls Motto aber
hieß: „Wir machen alles anders." Und zwar nicht, weil er
das so wollte, sondern weil die Bedingungen es erforderten.
Schließlich waren wir in China bei Shanghai Volkswagen,
und nicht in Deutschland, nicht in Brasilien, nicht in Mexiko und nicht in Südafrika. Es kostete uns gelegentlich energischen Einsatz und Geduld, aber am Ende lernten auch die
Wolfsburger, vernünftige Kompromisse zu unterstützen.

Beispielsweise gab es laut Joint-Venture-Vertrag eine Anpassungsklausel für den Preis, den wir für unsere CKD-Lieferungen aus Deutschland zu entrichten hatten. Dieser Preis folgte nach einem bestimmten Schlüssel den allgemeinen Materialpreiserhöhungen in der Bundesrepublik, die das Statistische Bundesamt in Wiesbaden verzeichnete. Ähnliches war für die Personalkosten vorgesehen, die in den CKD-Kosten enthalten waren. Sie richteten sich nach den Veränderungen, die der Haustarif Volkswagen nach den regulären Tarifgesprächen mit der IG Metall vorsah. Zu Recht fragten sich die Chinesen, die den Vertrag allerdings so unterschrieben hatten, mit der Zeit: „Was haben wir hier in Shanghai mit dem Statistischen Bundesamt oder mit der IG Metall in Deutschland zu tun?" Uns schien es ebenfalls aus Sicht von SVW ungewöhnlich, dass jede Preiserhöhung in Deutschland uns automatisch in Shanghai bares Geld kostete. Auf der anderen Seite hatten wir natürlich Verständnis dafür, dass Volkswagen sich im Vorhinein bei diesem Abenteuer ohne klaren Ausgang so weit wie möglich abgesichert hatte. Es war sicher richtig, in einem frühen Stadium des China-Engagements festzuschreiben, wie das Joint Venture absehbare Preissteigerungen rund um die CKD-Lieferungen zu bezahlen hatte.

Anders verhielt es sich mit den Kosten des Transports unserer CKD-Kisten von Wolfsburg nach Shanghai. Die Lieferungen hatte die V.A.G. Transport übernommen, die VW-eigene Logistiktochter, ein weltweit operierender großer logistischer Verbund mit eigenen Containerschiffen, der organisatorisch für alles sorgte, was im VW-Konzern hin und her transportiert wurde.

Eines Tages konfrontierten uns die Chinesen mit einem Gegenangebot: „Wenn wir das, was wir bei der V.A.G. Transport für die Lieferung der CKD-Sätze bezahlen, mit einem Angebot der staatseigenen chinesischen COSCO vergleichen, könnten wir die Hälfte des Geldes einsparen, wenn wir künftig die COSCO mit dem Transport beauftragen." Das war im Sinne des Unternehmens SVW eine völlig richtige Überlegung. Wobei man gerechterweise sagen muss, dass die Wolfsburger – dafür hatte ich immer Verständnis – sich nach Möglichkeit auf der Kostenseite überall abgesichert hatten und auch dafür gesorgt hatten, dass ihre eigenen Dienstleistungsunternehmen in erster Linie zum Zuge kämen.

Nachdem die Chinesen uns auf die Einsparmöglichkeit bei der CKD-Verschiffung aufmerksam gemacht hatten, besuchte ich bei meiner nächsten Reise nach Wolfsburg den Chef der V.A.G. Transport, Johannes M. Fritzen. Ich legte ihm dar, in welchem Ausmaß wir Geld sparen könnten, wenn wir zur COSCO wechseln: „Die Chinesen müssen jede Mark achtmal umdrehen, bevor sie sie ausgeben. Sie können sich gar nicht vorstellen, was dieser Preisunterschied für die Chinesen und für die SVW bedeutet. Wir müssen zur COSCO wechseln."

Gewiss sah Herr Fritzen es nicht gern, dass ihm ein Auftrag – zudem mit Perspektive – verloren gehen sollte. Da wanderten Umsatz und Gewinne ab, das konnte in Wolfsburg niemand wollen. In dieser Hinsicht erschien ein Umschwenken zur COSCO aus VW-Sicht geradezu kontraproduktiv. Dennoch zeigte Herr Fritzen viel Verständnis für unsere Lage und antwortete mir: „Herr Posth, so habe ich das noch nicht gesehen. Das sollten wir eingehender erörtern. Es wird allerdings schwer werden, Ihren Wunsch in Wolfsburg durchzusetzen."

Neben der Ersparnis war der Qualitätsaspekt zu berücksichtigen. Könnte die COSCO den Transport so erledigen wie die V.A.G., genauso zuverlässig in Hamburg die Container annehmen, genauso sicher nach China verschiffen und in Shanghai anlanden? Wer stünde dafür gerade, wenn es nicht reibungslos liefe? Verzögerte Termine oder beschädigte Lieferungen könnten böse Folgen nach sich ziehen. Andererseits hatten wir die operative Verantwortung nicht zuletzt auch für das Ausgabeverhalten unseres Unternehmens und waren gezwungen, zu sparen, wo wir nur konnten. Als sich Herr Fritzen von der Zuverlässigkeit der chinesischen Transportgesellschaft überzeugt hatte, wechselten wir mit seiner tatkräftigen Unterstützung am Ende zur COSCO.

Verständlicherweise konnten sich manche Wolfsburger

einfach nicht vorstellen, mit welchen Schwierigkeiten wir in
Anting tagtäglich kämpften. Sie lebten in einer ganz anderen Welt. Dabei brauchten wir bei nahezu allem, was wir taten, handfeste Hilfe aus unserem Mutterkonzern. Deswegen
kam es uns darauf an, ein gutes Klima mit den Wolfsburgern
zu pflegen. Gott sei Dank gab es Kollegen in der Zentrale
wie Herrn Fritzen, die nicht irgendetwas verwalteten, sondern uns engagiert unterstützten. Zu diesen Kollegen zählten auch Heinz Bauer und Klaus Wulf, beide im Ressort Beteiligungen angesiedelt. Herr Wulf wirkte von Anfang an an
dem China-Projekt mit und gehörte zu den Wolfsburger
Partnern, die uns stets zu verstehen und zu helfen suchten.
Er kannte die Chinesen aus den Verhandlungen, war öfter
einmal bei uns in Anting und realisierte schnell, wenn wir
mit gewaltigen Schwierigkeiten kämpften. Wenn wir ihn alar-
mierten, dass wir ein Problem hatten, ging er in Wolfsburg
in die zuständigen Abteilungen und versuchte, im direkten
Gespräch mit den jeweiligen Mitarbeitern zu klären, was
wir benötigten. Auf seine Hilfe konnten wir uns fest verlassen. Und die brauchten wir dringend, immer wieder. Es war
daher gar nicht verwunderlich, dass Klaus Wulf sich später
als erster Stellvertretender Vorstandssprecher in dem 1991
neu gegründeten zweiten VW-Joint-Venture, der First Automobile Works-Volkswagen Co. Ltd. (FAW-VW) in Changchun als erster Deutscher verdingte.

Mit dem Konsensprinzip gegen Druck „von oben"

Langsam bekamen wir mit, in welchen Ängsten die chinesischen Mitarbeiter steckten, welcher Druck unsere Kollegen
belastete. Unsere Vorstandskollegen konnten sich nicht allein als Mitglied des Managements einer sich entwickelnden
Firma verstehen, sondern mussten auch als verlängerter Arm
der staatlichen Administration agieren, die kontinuierlich
an allen möglichen Punkten versuchte, die Richtung vor-
zugeben. Es dauerte eine gewisse Zeit, bis wir verstanden

hatten, was da wirklich vor sich ging, und dann noch eine Weile, bis wir uns erfolgreich zur Wehr setzen konnten, immer im Sinne von Shanghai Volkswagen.

Die Chinesen spielten nicht gleich mit offenen Karten und verrieten uns nichts davon, dass sie sich politischen Vorgaben verpflichtet fühlten. Das merkten wir immer dann, wenn wir in Beijing und in Shanghai mit Ministern und Bürgermeistern sprachen. Da wurde uns klar, was Sache war. So begriffen wir langsam, dass das, was uns die Kollegen im Vorstand vorlegten, oft von den politischen Spitzen initiiert war. Erst als wir das wussten, konnten wir ein besseres Verhältnis zu ihren Vorschlägen entwickeln. Denn das, was unsere Kollegen uns manchmal als ihre eigene unternehmerische Meinung auf den Tisch legten, war nichts anderes als der Ausdruck des Willens irgendeines „High Officials". Das sagt übrigens noch nichts über die Qualität der Einwände oder Vorschläge.

Wir hatten gelernt, die Äußerungen hoher Regierungsbeamter und führender Parteifunktionäre in unsere Argumente einzubeziehen und predigten mit Zhu Rongjis Worten das Minimum unternehmerischer Unabhängigkeit unseres Gemeinschaftsunternehmens – sowohl von den Vorgaben der chinesischen Regierung wie von der Wolfsburger Konzernzentrale. Sie waren unsere wichtigsten Verbündeten, in ihrer Macht und Größe aber auch die größten „Störenfriede" und gelegentlich unsere schärfsten Widersacher im eigenen Haus.

Auch die Verringerung der Zahl der Expatriates, die unsere chinesischen Partner wieder und wieder forderten, war von der politischen Führung inspiriert. Paul und ich waren auch dafür, die Zahl der Expatriates zu verringern, allerdings nicht allein aus Sparsamkeitsgründen. Wir wollten bei SVW überhaupt keinen einzigen deutschen Mitarbeiter haben, wenn er nicht notwendig war. Das ließ sich nur am konkreten Fall entscheiden, Funktion für Funktion war zu fragen: Wen brauchen wir? Wen könnten wir vielleicht früher von seiner Aufgabe entbinden? Wen können wir durch Kurzzeit-Experten ersetzen? Solche Überlegungen akzeptierten wir. Inakzeptabel dagegen war die völlig abstrakte Forderung „20 statt 35 Expats", die die Chinesen immer wieder vorbrachten. Sie entsprach keiner vernünftigen Unternehmenspolitik und hatte mit wissenschaftlichem Management nichts zu tun.

Ein weiteres Mal waren wir an einen Punkt gelangt, an dem wir uns fragten: Wie gehen wir miteinander um? Auf welcher Basis können wir Ergebnisse erzielen? Auf der anderen Seite durfte Herr Paul zum Beispiel – das gab es auch in der Verwaltungsebene, aber in der Technik war der Druck am stärksten – sich nicht dem Vorwurf aussetzen, dass er den Zeitplan für unser Projekt gefährdete, weil er auf ursprünglich eingeplante deutsche Mitarbeiter verzichtet hatte. Als wir die Zahl der Expats bei 35 einfroren, gab die Produktion Ausland in Wolfsburg uns mit deutlichen Hinweisen zu verstehen: „Jetzt seht zu, wie ihr die Bude in Shanghai ohne die deutsche Unterstützung aufbaut, die wir eingeplant hatten!" Wenn wir nun den Wolfsburger Zeitplan nicht einhielten, würde jeder Paul vorwerfen: „Hätten Sie mehr Expats behalten, wären Sie im Plan geblieben und hätten alles rechtzeitig geschafft."

Wir suchten unseren chinesischen Kollegen zu vermitteln, in welchem Dilemma wir uns befanden. „Sie müssen auch unsere Situation verstehen. Sie verspüren Druck aus Beijing, Kosten zu sparen. Wir müssen uns in Wolfsburg rechtfertigen, wenn wir nicht im Zeitplan bleiben." Die chinesische wie die deutsche Seite des operativen Managements hatten sich bei ihren jeweiligen Muttergesellschaften zu rechtfertigen. Mit der Zeit lernten wir einander besser verstehen und schließlich entwickelte sich unsere Zusammenarbeit so weit, dass wir unsere Muttergesellschaften mit vereinten Kräften in unser Boot zogen.

Chinesische Kollegen sagten uns oft: „Werdet bloß nicht wie die Chinesen, so Wischiwaschi. Wir brauchen euch Deutsche, euch Ausländer, um unsere Bürokratie zu zerschlagen. Ihr könnt mit eurem klaren, analytischen Verstand und eurer direkten Art gegenüber den chinesischen Offiziellen ganz anders auftreten. Ihr könnt zum Bürgermeister gehen und euch beschweren. Wenn ich dies als Chinese versuchte, würde man mich hinauswerfen." Andererseits stand ich in Wolfsburg in manchen Punkten auf verlorenem Posten, da hatten die Chinesen oft eine bessere Verhandlungsposition. Mit anderen Worten: Mir wäre es nicht viel besser ergangen als meinem chinesischen Kollegen. Manches konnten die Chinesen einfach besser durchsetzen und sie taten es. Sie halfen uns, die unvermeidliche Trägheit unseres deutschen Mutterkonzerns zu überwinden.

In Wolfsburg, bei den Planungssitzungen oder wo auch immer, mussten wir immer wieder verständlich machen, dass wir eben keine 100-prozentige Tochter waren, bei der man einfach durchgreifen konnte. Wir hatten Partner, und diese Partner hatten gelegentlich eine andere Auffassung und vertraten diese mit Nachdruck. Die Wolfsburger merkten allmählich, mit welchen Mitteln wir versuchten, das eine oder andere in unserem Sinne zu gestalten. Nicht immer erkannten sie, dass es wirklich notwendig war: „Posth und Paul schieben uns geschickt ins Abseits. Bei dem, was sie nicht wollen, sagen sie einfach: ‚Der chinesische Partner will nicht.' Und wenn sie ein Ziel ins Auge gefasst haben, schicken sie ihre chinesischen Partner mit Forderungen vor, die wir kaum zurückweisen können."

Unter Zhang Changmou war die Zeit noch nicht reif für eine solche gemeinsame „Taktik" gegenüber den Muttergesellschaften. Anfangs mussten wir das Verhalten des anderen erst einmal verstehen lernen. Zhang Changmou verließ SVW im Frühjahr 1987. Die Stadtregierung Shanghais setzte ihn in Hongkong ein, wo er ein industriepolitisches Konglomerat der Stadt Shanghai als dessen Direktor und Präsident vertreten sollte. Zhangs Nachfolger Wang Rongjun hatte lange Zeit bei der FAW gearbeitet, kannte aus Changchun unter anderem unseren Oberbürgermeister Jiang Zemin, der dort früher als Elektroingenieur tätig gewesen war, und hatte ein sehr gutes Gespür dafür, wie man chinesische Regierungsbeamte und Politiker überzeugen und gewinnen konnte.

Eines Tages schlug ich Wang Rongjun vor: „Wir sollten unsere unterschiedlichen Rollen bewusst zugunsten von

SVW einsetzen. Wenn wir zur nächsten Board-Sitzung nach Deutschland fahren, vertreten Sie einmal mit Nachdruck, was die Chinesen zu den anstehenden Entscheidungen meinen. Ihnen werden die VW-Oberen vielleicht eher zuhören als uns. Machen Sie den Wolfsburgern verständlich, dass wir ein Joint Venture sind und dass wir dies nicht tun werden und jenes nicht wollen. Und umgekehrt treiben wir das gleiche Spiel. Aber Sie sollten mir schon sagen, wo Sie Probleme sehen, beispielsweise gegenüber der Stadtverwaltung von Shanghai." „Klar", antwortete er, „wenn Sie in Shanghai beim Oberbürgermeister auftreten und argumentieren, wirkt das ganz anders, als wenn ich dort vorspreche." Seither spielten wir einander die Bälle zu, um unsere Eigentümer noch besser zu überzeugen. Jedes Mal, bevor Wang Rongjun Gespräche mit Vertretern der VW-Spitze führte, fütterten wir ihn mit unseren Argumenten. Er verstand unsere Taktik sofort und spielte so gut mit, dass mancher Chinese sogar argwöhnte, er sei nicht durchsetzungsfähig gegenüber Paul und mir. Aus unserer Sicht aber lief alles reibungsloser als vorher, und das kam unseren Ergebnissen zugute.

Gewiss hatten die Wolfsburger völlig Recht mit ihrer Vermutung, dass wir mit unseren chinesischen Kollegen – zu welchem Punkt auch immer – eine gemeinsame Linie entwickelt hatten, die wir mit vereinten Kräften durchzusetzen versuchten. Wie hätte SVW denn auch sonst funktionieren sollen? Und wir wandten diesen kleinen taktischen Trick mit dem Rollenspiel – eine der wenigen Waffen, über die ein Joint Venture verfügt – doch nicht an, um irgendwen hinters Licht zu führen, sondern immer nur im Interesse des langfristigen Erfolges unseres Gemeinschaftsunternehmens. Bestimmte Dinge, die uns wichtig waren, ließen sich auf diese Weise einfach schneller umsetzen.

In Shanghai und in Beijing ließen die Chinesen uns Deutschen gern den Vortritt, wenn es galt, die Interessen unseres Gemeinschaftsunternehmens gegen den erklärten Willen einer chinesischen Autorität durchzusetzen oder einen der „High Officials" für uns zu gewinnen. Das fiel uns leichter, weil wir unsere Sache – anders als unsere chinesischen Kollegen – direkter vertreten konnten. Allerdings gab es auch Grenzen, weil die Stadt Shanghai zum Beispiel auf ihre eigene Autorität setzte nach der Devise: „Zuerst Fakten schaffen und später die Genehmigung einholen." Da hätte eine Eingabe in Beijing von unserer Seite die Shanghaier Pläne stören können, und das nur deswegen, weil zum Beispiel Wolfsburg eine formale Zustimmung aus Beijing bei den Akten haben wollte.

Wir brauchten eine gemeinsame Linie mit unseren chinesischen Partnern in der Fabrik. Und wir brauchten den Segen unserer Muttergesellschaften, auf deren Unterstützung wir täglich angewiesen waren. Dabei hatte mancher gern das Gefühl, er habe irgendetwas letztendlich entschieden. Für uns zählte, dass bestimmte Dinge umgesetzt wurden. Und das ging oft reibungsloser, wenn man den Wolfsburgern oder der chinesischen Administration das Gefühl gab, irgendetwas ginge auf ihre Idee, ihren Einsatz, ihre Initiative zurück. Dann setzten sie sich anschließend mit umso größerem Nachdruck für die Realisierung ein.

Trotz aller Schwierigkeiten und Auseinandersetzungen, von denen wir berichtet haben, war eines ganz eindeutig: Ohne die Stadtverwaltung von Shanghai, ohne die Zentralregierung und ohne unsere „Regierung" aus Wolfsburg und ihre Abgesandten hätten wir nichts bewegen können. Wir wären verloren gewesen, wenn wir nicht über den Vertrag hinaus freiwillige Hilfe von VW bekommen hätten – im technischen Bereich, beim Aufbau des Servicenetzes, bei der Lokalisierung, dem Aufbau der lokalen Teile- und Komponentenfertigung in China, aber auch in der Verwaltung, überall brauchten wir für unsere Aufgaben Hilfe aus dem VW-Verbund.

Klare Worte aus Beijing und eine Abmahnung aus Wolfsburg

Anfang Juni 1986 nahm ich an einem Seminar in Beijing teil, zu dem die chinesische Vereinigung von Industrie und Wirtschaft eingeladen hatte und auf dem über Gemeinschaftsunternehmen mit ausländischer Beteiligung in der Volksrepublik China diskutiert wurde. Es waren drei ausgesprochen lehrreiche Tage, die mir vor allem wegen der spannenden Abschlussrede eines chinesischen Regierungsvertreters in Erinnerung blieben, der die Kernprobleme der Joint Ventures ungewöhnlich klar benannte und interessante Schlussfolgerungen zog. Es war der stellvertretende Chef der Staatlichen Wirtschaftskommission, Zhu Rongji, der später Oberbürgermeister von Shanghai und anschließend Premier der chinesischen Regierung werden sollte.

Als entscheidende Erfolgsfaktoren von Joint Ventures zählte er folgende fünf Punkte auf: realistische Annahmen in der Machbarkeitsstudie, den passenden Partner, eine solide, mit chinesischen Gesetzen und Bestimmungen übereinstimmende Vertragsgrundlage, wissenschaftliches Management in spezifischer Form – ein durch chinesische Besonderheiten angereichertes Modell westlichen Managements – sowie Coaching und Ausbildung auf allen Gebieten mit dem Ziel, erstklassiges Management zu entwickeln.

Zhu Rongji skizzierte verschiedene Wege, auf denen sich das operative Geschäft der Joint Ventures aufgrund bisher gesammelter Erfahrungen verbessern ließe. Als Erstes hielt er fest, dass die Joint Ventures die Unterstützung von Regierung und Politik in Form neuer gesetzlicher Grundlagen und Verordnungen bräuchten. Er merkte dazu an, dass die Regierung an entsprechenden Vorschlägen arbeite. Wörtlich hielt er fest: „Wir brauchen gegenseitiges Vertrauen." Gemeinschaftsunternehmen könnten nur funktionieren, wenn sie langfristig angelegt seien, betonte Zhu und nannte Shanghai Volkswagen als Beispiel für ein Joint Venture mit langfristigen Zielen. Allerdings brauche man eine gute Machbarkeitsstudie, die die chinesische Situation dynamisch berück-

sichtige. Wörtlich bemerkte er: „Shanghai Volkswagen beispielsweise hat statisch geplant. Deswegen haben sie heute
Probleme." Ich war schon ein wenig verblüfft, wie hier ein
hochrangiger chinesischer Regierungsbeamter bis ins Detail
zutreffend analysierte, woran wir die ganze Zeit arbeiteten
und womit wir uns Tag für Tag herumschlugen.

Eine Schlüsselrolle für den Erfolg der Joint Ventures spielte aus Zhus Sicht das Management, das den Anforderungen
noch nicht genüge. Managementtraining habe daher oberste Priorität. Er propagierte eine „Reform des Management-
systems. Wir können in Gemeinschaftsunternehmen weder
so arbeiten wie in Staatsunternehmen, noch können wir so
arbeiten wie ausländische Unternehmen. Wir brauchen etwas, das auf uns zugeschnitten ist." Er verwies auf die Firma Schindler, die seit längerem schon ein Joint Venture in
Shanghai zur Fertigung von Fahrstühlen betrieb. Dieses Joint
Venture habe in der Produktion, in der Personalpolitik und
in der Lohnpolitik ein neues System umgesetzt, um so die
Mitte zu finden, den eigenen Weg.

Zhu verortete eine große Lücke zwischen dem, was die
Gesetze sagten, und der tatsächlichen Praxis. Wiederholt
mahnte er: „Wir dürfen nicht in die Managementverantwortung der Joint Ventures eingreifen." Das gelte vor allem in der
Personal- und Arbeitspolitik. Auf dem Weg zur leistungsge-
rechten Entlohnung müsse man sich vom Prinzip der eisernen Reisschüssel verabschieden. „Aber", meldete sich der
Sozialpolitiker zu Wort, „achtet in der Lohnpolitik auf die
anderen chinesischen Unternehmen. Der Unterschied zwischen den Löhnen in den Joint Ventures und in den Staatsunternehmen darf nicht zu groß werden."

Außerdem hielt Zhu Rongji Probleme bei den Rahmenbedingungen fest, die chinesische Infrastruktur beispielsweise könne den Ansprüchen der Joint Ventures nicht genügen.
Ähnliches resümierte er zur Qualifikation der Chinesen. Management wie Mitarbeiter seien noch nicht so qualifiziert,
wie sie sein müssten.

Viele Joint Ventures hätten nicht genügend Inlandswäh-
rung (RMB), um den laufenden Betrieb zu finanzieren. Des-

halb sei es nötig, die Produkte auch in Hartwährung zu verkaufen – eine Praxis, die wir uns persönlich von Shanghais Vizebürgermeister Li hatten absegnen lassen.

Als eines der Hauptprobleme der Joint Ventures benannte Zhu zu meinem Erstaunen folgenden Punkt: „Die Behörden greifen in das Unternehmen ein, ohne dass eine Übereinstimmung mit dem Aufsichtsrat hergestellt wurde. Das ist ein Problem, das geht so nicht." Damit benannte er eine Schwierigkeit, mit der wir täglich in Anting kämpften, und forderte klar und deutlich: „Das Hineinregieren der Behörden muss aufhören. Die Behörden müssen die Entscheidungen der Aufsichtsräte akzeptieren."

Zhu Rongji wollte schon früh eine machtvolle offizielle zentrale Agentur für Joint Ventures einrichten, in der man Erfahrungen und Informationen austauschen könnte. Dieses Forum wurde später gegründet und bei der MOFERT angesiedelt. Hellhörig wurde ich, als der Vizevorsitzende der Wirtschaftskommission zur Devisenproblematik bemerkte, „dass viele einen Export in Aussicht gestellt hatten, der nun nicht funktioniert". Abschließend machte er seine persönlichen Vorschläge und Kommentare („personal suggestions and comments") – ein gängiger Kunstgriff, um etwas klar zu sagen, was nicht unbedingt der offiziellen Linie der Partei entsprach.

„Das Handelsdefizit haben wir schon reduziert", fuhr Zhu fort. „Wir werden nicht mehr so viele Autos importieren wie in der Vergangenheit. Was die Devisenproblematik angeht, müssen die Joint Ventures eigene Anstrengungen unternehmen, um dieses Problem zu lösen. Ausländische Partner wie Volkswagen zum Beispiel bestellen Containerschiffe in China." Ausdrücklich wies Zhu den ausländischen Partnern eine aktive Rolle zu. Schließlich schloss er seine für mich äußerst aufschlussreiche Rede mit einer guten Perspektive für die Joint Ventures. Chinas Öffnungspolitik werde sich nicht ändern, stellte er in Aussicht und schwor die versammelte Zuhörerschaft mit aufmunternden Worten auf das große Modernisierungsprojekt der chinesischen Wirtschaft ein: „Sie alle sind Pioniere! Sie haben Risiken zu tragen, das gehört bei Pionieren dazu. Aber wir haben gemeinsam auch gewaltige Chancen. Wir sind dabei, Fortschritte zu machen. Seien Sie versichert: Alle politischen Führer beobachten die Joint Ventures und wollen deren Erfolg."

An dieser frühen Rede Zhu Rongjis lässt sich bereits nachvollziehen, wie er sich einen legendären Ruf als Wirtschaftsreformer erwerben konnte. Er fuhr immer eine klare Linie, redete nie um den heißen Brei herum oder entschuldigte irgendetwas. Zhu Rongji ließ sich von der Devise Deng Xiaopings leiten, „von den Fakten lernen", und hielt messerscharf fest: So ist es. Dass er nicht nur ein kluger Analytiker, sondern auch ein energischer Umsetzer war, sollten wir erleben, als er im Frühjahr 1988 Oberbürgermeister von Shanghai wurde. „Betrachten Sie mich persönlich als Partner Ihres Joint Ventures", forderte Zhu Rongji uns in Beijing auf. Ich war mir sicher, dass es Shanghai Volkswagen zugute käme, auf dieses Angebot zurückzugreifen. Schneller, als ich ahnen konnte, nutzten mir die klaren Worte aus Beijing, allerdings nicht wie erwartet in den Auseinandersetzungen mit den Kollegen in Shanghai, sondern – völlig überraschend – gegenüber Wolfsburg.

Alles fing mit einem einfachen Interview an, das ein chinesischer Reporter mit Zhang Changmou und mir führte und das Ende Juli 1986 in der *Beijing Rundschau* unter dem Titel „Shanghai Volkswagen – Erfolge und Probleme" erschien. Um die Freigabe hatte sich Zhang Changmou gekümmert, ohne die zur Veröffentlichung bestimmten Textpassagen mit mir noch einmal abzustimmen. Das schien nicht nötig, da der Artikel erstens auf Chinesisch erschien, und weil die Pressearbeit von SVW zweitens ohnehin in seiner Verantwortung lag. In China nutzte man damals uns Ausländer schon gern einmal, um in der Öffentlichkeit die Lehmschicht der staatlichen Bürokratie anzukratzen und etwas in Bewegung zu setzen. Niemand störte sich daran, dass wir in dem Interview unsere Probleme öffentlich besprachen, für die Chinesen war das ganz normal. In dem Artikel war zu lesen, wie weit wir schon gekommen waren und mit welchen Schwierigkeiten wir kämpften.

Rund zwei Wochen später meldete das *Handelsblatt* in Deutschland: „Bei Volkswagen in Shanghai funktioniert die Zusammenarbeit nicht reibungslos." Der dazugehörige Artikel stammte von Peter Seidlitz, einem Journalisten des *Handelsblatts* mit Sitz in Hongkong, später Beijing, den ich als China-Korrespondenten des Wirtschaftsblattes kannte. In seinem Artikel hieß es unter anderem: „Posth sprach von inkompetenten und arbeitsscheuen Arbeitern, die den Betrieb aufhielten, von bürokratischen Hindernissen, Finanzengpässen und Management-Schwierigkeiten." Kolportiert wurde die „Bemerkung Posths, dass 80 Prozent der Arbeiter in Shanghai in Deutschland gefeuert würden". Seidlitz, der des Chinesischen mächtig war, hatte unser Interview in der *Beijing Rundschau* gelesen, stillschweigend aufgegriffen und seine eigene Story daraus gemacht, ohne bei Zhang Changmou oder bei mir zurückzufragen. Nachdem die Geschichte im *Handelsblatt* gestanden hatte, ging sie anschließend durch die Wirtschaftspresse um die ganze Welt. Weiter umgedichtet erschien sie außerdem im *Asia Wall Street Journal*, in der *Financial Times* und im damals noch der *Frankfurter Allgemeinen Zeitung* beigelegten „Blick durch die Wirtschaft".

Die ungeprüfte Adaption durch den Journalisten hatte verheerende Folgen. Seidlitz hatte selbstkritische Anmerkungen meinerseits völlig ins Gegenteil verkehrt und posaunte in seinem Artikel leichtfertig: „Posth kritisiert die chinesische Regierung, Posth zählt die wahren Probleme auf." Als die Wolfsburger das lasen, war der Teufel los. Sogar den VW-Vorstand beschäftigte das Thema in seiner wöchentlichen Sitzung. Ein böser Brief der VW-Zentrale ließ nicht lange auf sich warten. Mit der Antwort auf den letzten Monatsbericht, den der Konzernvorstand von mir regelmäßig erhielt, bat mich Dr. Hahn eindringlich, meine PR-Arbeit „sowohl hinsichtlich Intensität als auch Umfang deutlich einzuschränken und die Kontakte zur Presse zu reduzieren". Abschließend hieß es: „Ich gehe davon aus, dass Ihre PR-Arbeit zukünftig mehr Fingerspitzengefühl aufweist und den Absichten und Interessen des VW-Konzerns entspricht. Bitte stimmen Sie sich bei besonders sensiblen Themen mit

Ihrem EXCOM-Kollegen als auch mit unserer Presseabtei-
lung ab." Bis zu diesem Tag hatte ich immer gehört: „Dr.
Posth, Sie haben mit der Presse gar nichts zu tun. Das macht
der chinesische Vorstandssprecher." Das war für China und
die inländischen Medien gewiss richtig, aber für die deutschen und internationalen Medien war es eine absurde Idee,
denn deren Sitten und Gebräuche kannte Zhang Changmou
nicht.

Hatte ich mir etwas vorzuwerfen? Zhang Changmou
hatte das Interview freigegeben, Seidlitz hatte uns unbefragt
zitiert und durch Auslassungen völlig verfälscht. Und dafür
sollte ich jetzt als Verursacher haftbar gemacht werden? Das
wollte ich nicht auf mir sitzen lassen. Schließlich nutzte Dr.
Peter Frerk, im VW-Vorstand für Recht und Revision zuständig, einen Besuch in Beijing, um sich vor Ort ein Bild
von der Angelegenheit zu verschaffen. Im Kern ging es um
fünf Aussagen, die man meinen Worten, wie sie im *Handelsblatt* zitiert worden waren, entnehmen konnte. Erstens würden beim VW-Investitionsprogramm die Mittel nicht reichen.
Das stimmte zweifellos. Und wir waren uns im SVW-Vor-
stand einig gewesen, dass es nur nützlich sein könnte, diesen
Umstand in China öffentlich zu thematisieren. Zweitens
wäre es ein großer Fehler der chinesischen Regierung, japanische Autos zu importieren. In diesem Punkt konnte ich
mich auf die Worte des Vizepräsidenten der Staatlichen Wirtschaftskommission berufen. Zhu Rongji hatte Anfang Juni
auf dem Joint-Venture-Seminar in Beijing exakt diesen Punkt
als einen Fehler benannt, aus dem die chinesische Regierung
künftig lernen werde. Drittens verliefe der Absatz schlep-
pend. Das war keine Neuigkeit. Diese Feststellung fand sich
nahezu täglich in der chinesischen Presse. Viertens wären chinesische Manager ihrer Aufgabe nicht gewachsen. Auch in
diesem Punkt konnte ich mich auf gleich lautende kritische
Anmerkungen Zhu Rongjis berufen. Und schließlich fünftens: Die Mehrzahl der chinesischen Mitarbeiter wäre sofort
zu feuern. Das hatte ich in dieser Form überhaupt nicht gesagt, sondern im Gegenteil darauf verwiesen, dass es unsere
Aufgabe sei, unsere chinesische Belegschaft zu qualifizieren.

Allerdings seien erst 20 Prozent der Mitarbeiter in der Lage, ihre Aufgabe ordnungsgemäß zu erfüllen.

Dr. Frerk stellte bei seinen Recherchen fest, dass meine Äußerungen in Beijing, besonders in der ausländischen Kolonie, überall noch im Gespräch gewesen seien. Das Urteil der Leute würde zwischen Besorgnis und Respekt für einen vermuteten VW-Protest gegen die Regierung schwanken. Frerk hatte ein paar deutsche Unternehmer und Kaufleute in Beijing befragt, von denen einige meinten: „Der Posth hat doch Recht. So kann es doch auch nicht weitergehen." Der Bericht, den er im Anschluss an seine persönlichen Recherchen vor Ort verfasste, hielt die faktische Sachlage fest: „Quelle ist laut Herrn Posth allein ein Interview-Wunsch der *Beijing Rundschau*, der zur Veröffentlichung dort führte. Dieses Interview wurde mit dem chinesischen Direktor und ihm geführt. Der Reporter verwendete die Äußerungen beider Beteiligten. Alles Weitere sind Sekundärveröffentlichungen ohne Rückfrage und mit weiteren Übertreibungen. (...) Es bestand Einigkeit über die Notwendigkeit stärkerer Vorsicht und Zurückhaltung insbesondere bei Schilderung eigener Probleme und jeglicher Äußerungen über Gastland und Regierung. Hier gibt es eine klare VW-Politik im Ausland."

Als ich mich anlässlich meines nächsten Besuches in der Zentrale bei unserem Konzern-Pressechef Anton Konrad erkundigte, wie die Pressepolitik von Volkswagen für das Ausland aussähe, fragte er irritiert zurück: „Was? Pressepolitik für das Ausland? So etwas gibt es bei uns gar nicht." Dr. Frerk schickte sein abschließendes Protokoll an Dr. Hahn, an Borgward, Weber und an mich. Damit war die Angelegenheit ausgestanden und wir konnten uns wieder den wirklich wichtigen Aufgaben widmen. Übrigens: Die Chinesen verstanden den Wirbel in Wolfsburg überhaupt nicht. Sie legten ein viel weniger aufgeregtes Verhältnis zu unseren Problemen an den Tag. Schwierigkeiten, Hindernisse, Herausforderungen gehörten für sie naturgemäß mit zu unserem Weg. Dass wir Probleme auch öffentlich diskutierten, war für sie selbstverständlich. Und dass in der Weltpresse zu lesen war, in Shanghai müsse etwas geschehen, fand den ausdrücklichen Beifall der Chinesen.

Verschaffen Sie dem lokalen Management die erforderliche Handlungsfreiheit

- Industrielle Führerschaft vor Ort erreichen Sie nicht dadurch, dass Sie Kapital- und Managementhoheit für sich in Anspruch nehmen und gleichzeitig das Joint Venture mit Führungspersonal ausstatten, das seinen Aufgaben nicht gewachsen ist.
- Ihrem Führungsanspruch werden Sie nur gerecht, wenn Sie Ihre China-tauglichen Mitarbeiter vor Ort mit den notwendigen Kompetenzen ausstatten, die sie in die Lage versetzen, vor Ort Entscheidungen zu treffen und umsetzen zu können.
- Geben Sie Ihrem Team vor Ort die notwendigen Freiräume, um neue und innovative Lösungsansätze zu erproben, auch wenn sie nicht sofort den Beifall der Zentrale finden.
- Verabschieden Sie sich von der Vorstellung, Sie könnten alles allein bestimmen, auch wenn Ihnen die formalen Rahmenbedingungen dazu das Recht geben. Solange Sie mit chinesischen Partnern oder Mitarbeitern arbeiten, wollen diese von Entscheidungen überzeugt worden sein, die sie umsetzen sollen. Kompromisse sind dabei oft der einzig wirksame Weg.
- Legen Sie die Kompetenzen und Verantwortlichkeiten für Ihr lokales Management von vornherein so eindeutig fest, dass Friktionen mit den heimischen Unternehmensbereichen möglichst ausbleiben.
- Stellen Sie durch eindeutige organisatorische Festlegungen klar, wie das heimische Headquarters Einfluss auf Ihre Unternehmung vor Ort nehmen soll. Vermeiden Sie das Hineinregieren von außen, auch um Ihr lokales Management nicht zu schwächen.

- Wenn Sie in Gemeinschaftsunternehmen mit chinesischen Partnern zusammenarbeiten, machen Sie ihnen klar, dass Sie auch von ihnen erwarten, dass Eingriffe in die Unternehmensführung von außen nur im Rahmen der gemeinsam festgelegten Spielregeln erfolgen dürfen.
- Prüfen Sie genau, in welcher Rechtsform Sie Ihr China-Engagement beginnen wollen. Glauben Sie nicht daran, dass Sie den typischen China-Problemen einfach mit der Gründung einer Tochtergesellschaft aus dem Wege gehen können. Ein 50:50-Joint-Venture ist zwar das weitaus schwierigere Unterfangen, kann aber, wenn es richtig geführt wird, auf Dauer erfolgreicher sein.

9
Der Santana, Trendsetter der Motorisierung

Als die Chinesen sich im Vorfeld des Vertrages verpflichteten, für Devisen bis zu einer Höhe von 800 Mio. D-Mark, die wir für unsere Investitionen und den laufenden Betrieb als Anschubfinanzierung brauchten, in Form einer garantierten Tauschquote zu sorgen, forderten sie: „Wenn wir die nötigen finanziellen Mittel zur Verfügung stellen, wollen wir sie auch einspielen können. Wir garantieren die Devisen, wenn ihr uns den Verkauf überlasst." Also übernahm die STAC den Verkauf („Sales") der Autos, die SVW produzierte. Uns blieb die Pflicht, Marketing zu betreiben, Servicestationen überall im Land zu errichten und die Ersatzteileversorgung zu organisieren, alles Aufgaben, die in meiner unmittelbaren Verantwortung lagen.

Dieser Kompromiss führte faktisch dazu, dass wir unseren Gewinn, der mit einem in den Folgejahren gestaffelten Prozentsatz des eingezahlten Kapitals festgeschrieben war, nicht über das Verkaufsvolumen beeinflussen konnten. Und den Verkaufspreis, zu dem der Santana an den Endkunden gelangte, legte ohnehin die STAC fest. Die fixierte Kapitalrendite war zwar angemessen angesetzt. Weil niemand wusste, wie sich Umsatz und Volumen entwickeln würden, waren wir damit anfangs auch auf der sicheren Seite. Dennoch konnten wir die Chinesen schon bald davon überzeugen, dass es bei steigenden Verkaufszahlen angemessen wäre, das Ergebnisziel auch am Umsatz zu messen. Diesen Maßstab führten wir gemeinsam intern ein. Das Minimum für unsere Umsatzrendite sollte danach neun Prozent betragen. Im Rumpfgeschäftsjahr 1985 schrieben wir – wie das so üblich ist – Verluste, um sie als so genannte Verlustvorträge später gegen anfallende Gewinne zu verrechnen. Ab dem Geschäfts-

jahr 1986 war die Shanghai Volkswagen – allen immer wieder aufgetauchten Falschmeldungen zum Trotz – immer profitabel und erzielte Gewinne nach Steuern in Höhe zweistel-
liger Prozentwerte vom Umsatz, ganz unabhängig von den
vertraglichen Regelungen mit der Kapitalrendite. Wir lagen
damit auf dem Porsche-Niveau von heute. Da die Chinesen
zur Hälfte am Unternehmen beteiligt waren, gab es gegen
diese faktische Änderung der ursprünglichen vertraglichen
Vereinbarung keine weiteren Einwände. Auch in anderer
Hinsicht waren wir in weltmeisterlicher Form. Abgesehen
von der Erhöhung des Grundkapitals im Oktober 1986
durch unsere Anteilseigner, mit der wir dem durch Inflation
und veränderte Wechselkurse erheblich verteuerten Investitionsprogramm Tribut zollten, finanzierten wir unsere weitere Entwicklung aus Mitteln, die wir selbst erwirtschaftet
hatten, aus dem „cash flow". Im Oktober 1991, nach Ablauf der ersten sieben Jahre von SVW, wurde das Grundkapital um 850 Mio. RMB, die ausschließlich aus Gesell-
schaftsmitteln stammten, auf insgesamt 1 200 Mio. RMB
angehoben.

Verkauf zwischen Plan und Markt

Da wir anfangs gar keine Vorstellung davon hatten, auf
welchen Kanälen unsere Produkte zu den Kunden kämen,
schien es eine durchaus vernünftige Lösung, den Vertrieb
komplett den Chinesen zu überlassen. Unser damaliger
STAC-Direktor Chen Xianglin beschreibt die anfängliche
Ahnungslosigkeit der Deutschen aus der Retrospektive:
„Als Shanghai Volkswagen gegründet wurde, befand sich
China noch in der Anfangsphase der Reform- und Öffnungspolitik. Den Deutschen fehlte damals das Verständnis
für den chinesischen Markt. Sie waren der Meinung, Pkws
würden in China überwiegend für Behörden und die öffentliche Verwaltung verwendet. Man vertrat die Auffassung,
bei der Anschaffung von Pkws wären Genehmigungen von
der Regierung erforderlich, ohne die die Hersteller kein

Auto verkaufen könnten." Interessant ist die Bemerkung
Chens, dass den Deutschen damals das „Verständnis für den
chinesischen Markt" gefehlt habe. Gab es denn überhaupt
einen Markt im klassischen Sinn? Die Autos, die wir her-
stellten, wurden nach planwirtschaftlicher Gewohnheit ver-
teilt. Von einem Markt konnte überhaupt keine Rede sein.

Schon im August 1985 stritten wir darüber, nach welchen Kriterien die Preise für unser Produkt festlegt würden
und wer dafür zuständig wäre. Unserer Ansicht nach re-
gelten die „Rechtsvorschriften für die Implementierung des
Gesetzes der Volksrepublik China für chinesisch-ausländi-
sche Joint Ventures vom 20. September 1983" das klar und
eindeutig. Zu unserer Zeit gab es als grundlegende staatliche Gesetze nur diese Regelung und das „Gesetz der Volksrepublik China über Joint Ventures mit chinesischem und
ausländischem Kapital vom 8. Juli 1979". Das bedeutete
einerseits, dass die chinesische Rechtsgrundlage sehr über-
sichtlich war, andererseits hieß es aber auch, dass wir uns auf
vielen Sektoren bewegten, die rechtlich noch gar nicht geregelt waren. Im Laufe der letzten zwei Jahrzehnte ist die Zahl
der Rechtsvorschriften und Verordnungen für ausländische
Investoren erheblich gestiegen. Inzwischen hat die Volksrepublik China rund 250 Gesetze und Verordnungen erlassen,
die das Engagement von ausländischen Investoren betreffen.

Da die Preisgestaltung in der Planwirtschaft per Anordnung von oben geregelt wurde, diese Praxis aber auf dem
Weg in die „Marktwirtschaft", also vor allem durch die Zusammenarbeit mit ausländischen Partnern in Joint Ventures
verändert werden sollte, widmete sich die Implementierungs-
verordnung ausdrücklich der Frage, nach welchen Regeln
die Preise der Produkte festgelegt werden. Die Verordnung
schrieb vor, dass die Preisgestaltung in vollem Umfang beim
Unternehmen lag und die festgelegten Preise „nur zur Information" an die staatlichen Planungsbehörden weitergeleitet
werden müssten. So weit der Gesetzestext, den unsere chinesischen Partner völlig anders interpretierten als wir. Nach
ihrer Auffassung war für die Preisgestaltung die STAC und
letzten Endes die chinesische Regierung zuständig.

Man unterschied generell zwischen Herstellungspreis („ex works price") und Handelspreis („retail price"). Da der Verkauf in der Hand unserer Partner lag, legten sie den Handelspreis fest, mit dem sie in den Markt gingen. Aber um ihn zu bestimmen, brauchten sie als Grundlage unseren Herstellungspreis. Der Herstellungspreis ist eine rein betriebswirtschaftliche Größe, der die Gesamtkosten widerspiegelt und den vereinbarten Gewinn berücksichtigt. Im Zuge unseres Auftrags, wissenschaftliches Management zu vermitteln, versuchten wir, den Chinesen verständlich zu machen, dass der Handelspreis ein Preis ist, der in Rücksicht auf den Markt und die Wettbewerbssituation festgelegt wird und nicht völlig losgelöst von solchen Überlegungen vom Staat bestimmt werden kann.

Die Chinesen wehrten ab: „Für den Markt sind Sie nicht zuständig. Sie sind für die Produktion verantwortlich, in Ihrer Verantwortung liegt nur der Herstellungspreis. Die Obergrenze des Handelspreises legt die Regierung fest. Und daran müssen wir uns halten. Im Übrigen sind Sie durch seitens der Regierung festgelegte Einfuhrzölle geschützt."

Wir hatten alle zunächst einmal zu lernen, wie die Chinesen, die ja noch der Planwirtschaft verhaftet waren, über Preise, Kosten und Wettbewerb dachten. Die meisten hatten keine Ahnung von betriebswirtschaftlichen Zusammenhängen. Und dann forderte noch eine staatliche Kommission, dass die Preise gesenkt werden sollten. Kein Wunder, dass wir jahrelang immer wieder über die Preisfestsetzung stritten. Im Zuge des geforderten Know-how-Transfers sahen wir uns aber in der Pflicht, den Chinesen unseren Standpunkt verständlich zu machen. Schließlich wollten sie aus ihrem planwirtschaftlichen Denken heraus, jedenfalls ein Stück weit.

Wir beharrten auf unserer Auslegung der Rechtsvorschriften, die Vertreter der STAC beharrten auf ihrem Standpunkt. Unter ihnen war Gao Ming Pong, der für den Vertrieb verantwortliche Vizedirektor der STAC, salopp gesagt, ein besonders harter Brocken. Bei einem Treffen im August 1985 hielt Gao uns vor: „Wir müssen im Grundsätzlichen

übereinstimmen. Dafür ist der Joint-Venture-Vertrag maß-
gebend. Aber unser Verkauf richtet sich nach den Plänen der
Regierung – das ist in China anders." Da war sie, die Zauber-
formel der Chinesen: „In China ist alles anders. Das verstehen Sie noch nicht." Heute klingt es noch in meinen Ohren:
„China is different from abroad." Gaos Statement war klar
und deutlich: Wir sind an den Staatsplan gebunden, und
zwar sowohl von der Menge wie vom Preis her.

Das Wolfsburger Verhandlungsteam hatte viele Probleme, mit denen wir kämpften, schon seit Jahren diskutiert und
sie versucht, so gut es ging, vertraglich zu umgehen, zu ent-
schärfen oder wenigstens eindeutig zu regeln. Wir hatten ein
ausgezeichnetes Vertragswerk, das der exzellente VW-Syndikus Dr. Stefan Messmann – heute Professor an der Universität Budapest – an der Spitze des VW-China-Teams über
Jahre ausgehandelt hatte. Doch wichtige Passagen wurden
von beiden Partnern augenscheinlich unterschiedlich inter-
pretiert. Eine gemeinsame Linie mussten wir uns erst erarbeiten. Außerdem stellte sich jetzt in der Praxis manches anders dar und musste neu austariert werden.

Auch wenn es um das Produktionsvolumen ging, lernten
wir zu berücksichtigen, dass wir uns im Umfeld einer staat-
lich gelenkten Planwirtschaft befanden. Wie viele Santanas
wollten oder sollten wir 1986 liefern? Die Chinesen fragten
nicht: Wie viele Autos werden gebraucht? Sondern: Wie viele hat die Regierung angeordnet? Sah der Staatsplan beispielsweise 5 000 Pkws vor, wurden 5 000 Pkws produziert. Die
Frage, ob sich diese 5 000 Stück absetzen ließen, lag außerhalb des Vorstellungsvermögens unserer chinesischen Partner.

Gao beharrte darauf, dass die Chinesen das alleinige Ver-
kaufsrecht hätten und die chinesische Regierung Kapazität
und Preise bestimme: „Die Regierung sagt uns, wie viele Autos wir verkaufen sollen. Diese Zahl teilen wir Ihnen mit,
nach der richten Sie sich und produzieren so viele Autos, wie
der Staat festgelegt hat. Anschließend können Sie Ihren Preis
festlegen, aber nur, wenn Sie den Staatsplan berücksichtigen." Das war ein typischer Fall planwirtschaftlichen Den-

kens. Während solcher Diskussionen spürten wir sehr deutlich, wie wenig der Markt seinerzeit berücksichtigt wurde. Aber entgegen mancher Behauptung ist das planwirtschaftliche Denken auch heute bei weitem nicht vollends marktwirtschaftlichen Vorstellungen gewichen.

Eines Tages erklärte uns unserer Vertriebspartner STAC, dass die Zentralregierung eine Preissenkung der in Joint Ventures produzierten Automobile verfügt hätte und forderte uns nun auf, den Herstellungspreis des Santanas im entsprechenden Umfang zu reduzieren. Ich reagierte mit Unverständnis: „Eine Preissenkung kann doch nicht von oben politisch verordnet werden, der Preis ist eine betriebswirtschaftliche Größe und hängt in erster Linie von Kosten ab."

Die Regierung, wurden wir belehrt, sei der Auffassung, durch die Lokalisierung seien die Kosten gesunken und deswegen sollten die Preise sinken. Das war die Überlegung der Politik, eine ganz einfache Vorstellung. Nur stimmte sie nicht. Denn die Teile wurden durch die Lokalisierung zunächst einmal nicht billiger, sondern teurer. Lokalisierung hieß Modernisierung – und die kostete richtig Geld. Warum? Weil man für ganz geringe Stückzahlen einen kompletten Werkzeugsatz kaufen musste, dessen Anschaffung sich erst bei einem großen Produktionsvolumen rechnete. Alle Zulieferer brauchten moderne Werkzeuge, die oft für teures Geld importiert wurden. Die „economy of scale", die großen Stückzahlen, waren aber (noch) nicht da. Heute haben die Chinesen zwar größere Stückzahlen, aber im Weltmaßstab können sie noch nicht mithalten. Deswegen sind viele Produkte aus der chinesischen Automobilindustrie bis heute international noch nicht wettbewerbsfähig. Auch das, was wir im Westen an ausgefeilten Methoden der Anlieferung „just in time" entwickelt haben, den engen, genau abgestimmten logistischen Verbund zwischen Autobauern und Zulieferern, gibt es in China bis heute in dieser Form noch nicht. Da liegen oft tausende von Kilometern zwischen Zulieferer und Autobauer, die erst einmal überwunden werden müssen.

Die Chinesen machten geltend, dass die Preissenkung eine politische Entscheidung aus Beijing sei, die sie nicht zu vertreten, aber auszuführen hätten. Ich insistierte auf meinem Argument: „Wir können Preissenkungen nur betriebswirtschaftlich begründen, aber nicht politisch." Schließlich versuchte ich, unsere Partner mit dem Argument zu gewinnen, dass wir für die ins Auge gefasste Erweiterung dringend Gewinne bräuchten: „Wir verfrühstücken unseren Gewinn doch nicht. Wir sind ein 50:50-Joint-Venture und mit dem guten Geld, das wir verdienen, müssen wir unsere Expansion finanzieren. Deswegen kann es nicht sein, dass wir die Preise senken, nur weil die Regierung es will. Auch die Regierung muss am langfristigen Erfolg von Shanghai Volkswagen interessiert sein. Wenn wir jetzt die Preise senken, stellen wir unseren künftigen Erfolg selbst in Frage." Hilfsweise konnten wir auch darauf verweisen, dass Volkswagen bisher nicht von der vertraglich gegebenen Möglichkeit Gebrauch gemacht hatte, Gewinne zu transferieren. Das blieb übrigens für die ersten sieben Jahre der gemeinsamen Unternehmung so.

Bei solchen Gelegenheiten konnten unsere chinesischen Vorstandskollegen auch einmal fuchsteufelswild werden, wenn sie sich uns gegenüber nicht durchsetzen konnten, was manche chinesische Politiker wie selbstverständlich von ihnen forderten. Wir verstanden, dass unsere chinesischen Kollegen Mühe hatten, die Politiker in der Administration dafür zu gewinnen, eine an betriebswirtschaftlichen Daten orientierte Preisfindung zuzulassen. So weit war man noch nicht, es sollte noch Jahre dauern, bis das Recht der Preisfestsetzung für die Produkte in vollem Umfang den Unternehmen übertragen war.

Im Rahmen des Preispokers zeigte sich ein weiteres Phänomen: Ein Chinese, der im Rahmen von immer wieder stattfindenden Auseinandersetzungen eine Überlegung der Deutschen aufgenommen und womöglich gegen die Ansicht einer chinesischen Autorität argumentativ verteidigt hatte, setzte sich dem Verdacht aus, sich gegenüber den Deutschen nicht durchsetzen zu können oder zu wollen. Es dauerte eine Weile, bis wir verstanden, in welch verzwickter Lage sich unsere chinesischen Kollegen gelegentlich befanden.

Werbung mit dem ersten landesweiten Servicenetz und dem „Traumschiff"

Bei einer EXCOM-Sitzung im Vorfeld des zweiten Board Meetings Ende Oktober 1985 versprachen beide Seiten, große Anstrengungen im Marketing zu unternehmen. Marketing war zwar die Sache von uns Deutschen, aber wir waren froh, dass die Chinesen auch für unsere gemeinsamen Produkte werben wollten, denn bis in die letzten Winkel der chinesischen Provinzen konnten wir Deutschen gar nicht vordringen.

Damals gab es nur zwei Kanäle, auf denen Autos an den Endverbraucher gebracht wurden, das „Commodity Administration Bureau" und die CNAIC, der Zentralverband der Autoindustrie. Ersteres war der Warenverteilungsapparat der Zentralregierung. Über ihn wurden die Autos nach einem offiziellen Plan Provinzen und Städten zugeteilt, irgendwann landeten sie auf der lokalen Ebene und dort wurden sie an Behörden, Taxiunternehmen oder andere staatliche Organisationen verkauft. Eine Nachfrage nach Automobilen im privaten Sektor fand praktisch nicht statt. Außerdem gab uns der Shanghai-Ableger der CNAIC eine Abnahmegarantie in fester Höhe, um diese Autos in Eigenregie auf dem freien Markt zu verkaufen – was auch immer dieser „freie Markt" gewesen sein mag. Wir machten noch einen dritten Vertriebsweg auf, indem wir mit unseren Santanas in die „Foreign Trade Centers" gingen. Das waren Außenhandelszentren, wie sie inzwischen fast jede Provinz eingerichtet hatte, um – unabhängig von der Zentralregierung – selbst Handel zu treiben.

Zhang Changmou brachte im Mai 1985 eine interessante Vertriebsidee ins Spiel, die unser Devisenkonto auszugleichen half: „Wäre es auch im Inland möglich, unsere Autos gegen Devisen zu verkaufen, etwa an andere Unternehmen, an denen Ausländer beteiligt sind?" Die hier von Zhang Changmou entworfene Perspektive funktionierte später tatsächlich und trug ihren Teil zur Entspannung unserer stets problematischen Devisensituation bei. An Ausländer verkauften wir als SVW direkt nicht gegen Renminbi, sondern gegen Devisen. Der so erschlossene Zufluss harter Währung verbesserte unsere Kassenlage nicht unerheblich. Obgleich die Verantwortung für den Vertrieb ausdrücklich bei der STAC lag, hatten wir diese neue Vertriebsschiene für SVW erobert. Die Erlaubnis dazu erteilte uns Li Zhao Ji, der Vize-bürgermeister Shanghais, in einem persönlichen Gespräch im Jahre 1986, was bei der STAC kräftigen Ärger auslösen sollte, die dieses Geschäft gern selbst gemacht hätte.

Der zweite große Komplex, der uns beschäftigte, war der „After Sales Service": Wie schaffen wir es, unseren Kunden in ganz China einen Service anzubieten, wie wir ihn überall in der Welt kennen, für den Fall, dass ein Santana einmal nicht so wollte, wie er sollte? Wo richten wir Werkstätten ein? Wie organisieren wir den Ersatzteilservice? Wie nehmen wir Reparaturen vor, die früher oder später notwendig sind? Welche Werkzeuge haben wir in den Servicestationen, importierte oder in China gefertigte? Wie schulen wir das Personal? Wie und wo finden wir überhaupt Betriebe, die für den Serviceeinsatz geeignet sind?

Um Antworten auf diese Fragen kümmerte sich unser After-Sales- und Marketing-Team unter der Leitung von Leo Ober, der bereits in Nigeria den VW-Vertrieb erfolgreich aufgebaut hatte, zusammen mit Wolfgang Tangemann und Hans-Erich Dänicke. Auch für Exporte, die die Chinesen so gern wollten, brauchten wir eine leistungsfähige After-Sales-Organisation, um das Geschäft in dem jeweiligen Export-zielland aufzubauen.

Chen Xianglin erinnert sich an die ersten Erfolge: „In den letzten 20 Jahren hat Shanghai Volkswagen durch ihre Vertriebsunternehmen das größte Pkw-Vertriebsnetz in China aufgebaut, so dass die Produkte von Shanghai Volkswagen einmal mehr als die Hälfte des chinesischen Automarktes abdeckten. Damals gab es eine sehr verbreitete Rede: ‚Wer einen Santana besitzt, hat keine Angst, überall hinzufahren.' Das war eine lebendige Beschreibung der damaligen Lage. So wurde der Santana die bekannteste Automarke in China und Shanghai Volkswagen das erfolgreichste Unternehmen mit ausländischer Beteiligung in China. Bis heute hat Shanghai Volkswagen immer noch einen sehr hohen immateriellen Vermögenswert."

Auf den Feldern Marketing und Service waren wir in einer ähnlichen Lage wie auf vielen anderen Gebieten. Im Prinzip wussten wir Deutschen genau, wie man den Markt bearbeitet, wie man für unsere Produkte effektvoll bei den Verbrauchern wirbt, wie man sie mit einem funktionierenden Servicenetz von einer Marke überzeugt und langfristig bindet. Wir hatten nur noch keinen Schimmer davon, ob und wie wir dieses Wissen unter chinesischen Bedingungen erfolgreich umsetzen könnten.

Im Juli 1985 erlebten wir auf unserer ersten Automobilausstellung, der „Shanghai Automotive Exhibition", einen regelrechten Hunger der Chinesen auf die Moderne. Der Andrang war ungeheuerlich. Eine kleine Hilfstruppe aus Wolfsburg brachte per Luftfracht Prospektmaterial und 700 Modellautos mit, die im Nu weg waren. Wir hatten Mühe, ein paar für einige wichtige Besucher zu retten.

Uns wurden die Werbeunterlagen aus den Händen gerissen. Dr. Hahn erinnert sich an „einen unvorstellbaren riesigen Publikumsansturm und Prospektverbrauch. Wir flogen deshalb Prospekte aus Deutschland ein, so viele wir nur finden konnten, ob alt oder neu. Den Menschen genügte es damals bereits, die Papier- und Druckqualität zu bewundern und von einem Auto zu träumen."[7] Nahezu ebenso unvorstellbar wie das Interesse unseres chinesischen Publikums war das Klima in den alten, in russischem Stil der 50er Jahre erbauten Messehallen von Shanghai. Wir erstickten fast in dem nicht enden wollenden Gedränge bei unerträglich schwüler Hitze. Wir maßen die Temperatur. Es herrschten mehr als 45 Grad und dazu die übliche gnadenlos hohe Luftfeuchtigkeit. Nur mit körperlichem Einsatz konnten wir verhindern, dass unsere Stände umkippten und wir von den Besuchern erdrückt wurden, die um jeden Preis noch einen Prospekt ergattern wollten. Das war kein Wunder, denn es war eine der ersten Gelegenheiten, bei denen sich die Chinesen moderne Autos ansehen konnten. Schön angezogen, in weißen Hemden und dunklen Hosen standen sie stundenlang in unübersehbar langen Schlangen an, um einen Blick auf ihre technologische Zukunft werfen zu können. Neugierig bestaunten sie die neuesten Autos aus dem Westen. Hier war die Moderne, auf die das große chinesische Reformprojekt zielte, zum Greifen nah.

CNAIC-Chef Rao Bin begleitete den damaligen türkischen Ministerpräsidenten Turgut Özal zu unserem Messestand, der gerade auf Staatsbesuch in China war und sich besonders für den Audi Quattro zu interessieren schien. Als ich ihm ein paar Einzelheiten erläutern wollte, unterbrach er mich freundlich: „Sie brauchen mir nichts zu erklären. Ich kenne den Quattro. Das ist ein fantastisches Auto. Den fährt mein Sohn." Mein Gesamteindruck: Großes Interesse der Chinesen am Audi 100. Allerdings hieß es immer, der Preis sei zu hoch. Der Preis für den Audi war halt ein anderer als für den Santana. Das hörten die Chinesen nicht so gern. Beim obligatorischen abendlichen Dinner erkundete Wolfgang Sauer, der Chef von VW do Brasil, die Möglichkeiten, brasilianische Lkws an China zu verkaufen. Wieder holte uns das Devisenproblem ein. Einig waren wir uns mit Jiang Tao darüber, dass die Qualifizierung der chinesischen Mitarbeiter dringend erforderlich war, um international wettbewerbsfähig zu werden. „Aber", gab er zu bedenken, „das hohe Investment ist ein großes Problem."

Bei der nächsten Automobilausstellung im Sommer 1986 in Beijing waren wir auf den Besucheransturm vorbereitet. Wir traten als Weltkonzern auf, unter den Labels VW, SVW, VW do Brasil. Die Kollegen aus Brasilien stellten Lkws und einen Kleinwagen vor, den Parati. Als westliche, lokal produzierende Hersteller waren Peugeot, Chrysler und VW noch die einzigen auf chinesischem Terrain. Als Interessenten für das China-Geschäft präsentierten sich auf dieser Messe 1986 in Beijing aber bereits nahezu alle international renommierten Autobauer: Daimler-Benz, Citroën, Peugeot, Volvo, Fiat-Iveco, Renault, General Motors, Ford, Chrysler, Toyota, Mazda, Daihatsu. Denn der Wettbewerb um die Pkw-Massenproduktion in China war noch nicht entschieden.

Für hochrangige Amtsträger, die aus den Provinzen kamen, um sich die Autos anzusehen, hielten wir, so gut wir
konnten, kleine Modellautos vorrätig, an denen die Chinesen, wie wir inzwischen herausgefunden hatten, ein besonderes Vergnügen hatten. Ich vermute, für die Chinesen
zählte der symbolische Wert. In den kleinen Modellautos
erschien die erwünschte Modernisierung im Miniformat.
Man konnte sie mit Händen greifen.

Bei unseren Webemaßnahmen improvisierten wir, so gut
wir konnten, mit vergleichsweise wenig Mitteln und viel
Fantasie. Unsere erste Werbefläche stand an der Allee, die
von der Innenstadt zum Flughafen führte. Ein chinesischer
Künstler hatte uns den Santana auf eine Holzplatte gemalt,
die mit Pfosten versehen kurz vor dem Flughafen aufgestellt
wurde. Auf der vier mal acht Meter großen Fläche leuchtete
ein schnittiger Santana. In Chinesisch und Englisch war in
großen Buchstaben unsere Losung, unser Versprechen für
den Automarkt Chinas zu lesen: „Santana: Trendsetter For
Motoring", Trendsetter der Motorisierung.

Eine weitere Werbeidee galt dem Fernsehpublikum. Wir
kauften eine Staffel der ZDF-Produktion „Das Traumschiff", ließen sie synchronisieren, versetzten sie ausgerechnet mit Audi-Promotion – weil wir nichts anderes zu Hand
hatten – und boten sie dem zentralen chinesischen Staats-
fernsehen in Beijing an. Der Werbetrailer, der die jeweilige
Ausstrahlung des „Traumschiffs" unterbrach, war eine alte
Klamotte, ein Werbefilm für den damaligen Audi 100, dessen so genannter C_w-Wert, also Luftwiderstandsbeiwert als
weltmeisterlich galt. Die Aufnahmen zeigten, wie der Audi
100 mit seinem Allradantrieb in der Antarktis herumdüste.
Und genau dieser Audi begleitete jetzt im chinesischen Fernsehen jede Folge der deutschen Unterhaltungsserie, die beim
chinesischen Publikum sehr beliebt war. „Das Traumschiff"
wurde über einen der zentralen Fernsehkanäle in der ganzen
Republik ausgestrahlt und war ein Riesenerfolg – immer
verbunden mit Shanghai Volkswagen und Audi. So wurde
sehr kostengünstig für unsere Mission geworben, die Motorisierung Chinas.

Eine Audi-Fahne in Anting und ihre Folgen

Der erste deutsche Ministerpräsident, der uns in Anting besuchte, war der China-Freund Franz Josef Strauß Anfang
Oktober 1985. Er hatte Jiang Tao, Qiu Ke, Zhang Changmou, Leo Ober und mich zu einer „Bayerischen Leistungs-
schau" in die nördliche Hafenstadt Qingdao eingeladen und
mich gebeten, ihn und seine Delegation auf der Schiffsfahrt
von Qingdao nach Shanghai zu begleiten. Das gab genügend Gelegenheit, den Ministerpräsidenten ausführlich mit
dem Status quo unserer Unternehmung vertraut zu machen.

Strauß war in Anting positiv überrascht vom Zustand der
Fabrik und dem Fortkommen unseres Gemeinschaftsunternehmens. Man hatte ihm schon alles Mögliche im Vorfeld seines Besuches bei SVW zugetragen. Aber inzwischen war
unser Bürohaus außen renoviert und man sah die ersten Fortschritte in der Fabrik. Pauls Mannschaft hatte das Anfangschaos bewältigt und ihre Montagelinie errichtet. Wir waren schon kräftig dabei, die ersten Autos in moderner Art
und Weise zusammenzubauen.

Zur Begrüßung des Ministerpräsidenten aus Bayern hatten wir die chinesische, die bayerische und – da wir keine
VW-Flagge besaßen – eine Audi-Flagge aufgezogen. Immerhin war Audi ein in Bayern ansässiges Unternehmen und wir
diskutierten ja bereits darüber, Audis auf SKD-Basis zu produzieren, um den Markt zu testen.

Beim Rundgang durch das Werk fragte der CSU-Vorsit-
zende Franz Josef Strauß den Kollegen Paul: „Sind die Chinesen eigentlich richtige Kommunisten?" „Nein", antwortete Paul. „Die Chinesen sind in erster Linie Chinesen. Das
waren sie, das sind sie und das werden sie bleiben. Kommunisten, wie wir sie kennen, sind sie jedenfalls nicht." Strauß
freute sich: „Das habe ich mir doch gleich gedacht!"

Strauß war so beeindruckt von seinem Besuch bei uns in
Anting, dass er, zurück in Deutschland, der *Süddeutschen
Zeitung* vorschwärmte, wie wunderbar sich das „Audi-Werk
in Shanghai" entwickeln würde. In seiner Begeisterung hatte er die Beteiligung von Volkswagen in eine Audi-Fabrik

verwandelt, vielleicht nicht zuletzt, weil ihm Ingolstadt einfach näher lag als Wolfsburg und er sich an die Audi-Flagge
in Anting erinnerte. Den meisten Lesern der *Süddeutschen
Zeitung* dürfte es nicht aufgefallen sein. Den Wolfsburgern
allerdings war dieses Diktum von Strauß alles andere als
willkommen. Denn auf kaum etwas konnte man sich in dem
Konzern so verlassen wie auf den erbitterten Wettbewerb
zwischen Volkswagen und Audi. Die Ingolstädter lachten
sich eins, manche Wolfsburger ärgerten sich. In Shanghai
waren wir froh, dass wir weit genug von der Zentrale entfernt waren, um auch schmunzeln zu können.

Der Strauß-Besuch hatte eine für uns wesentlichere Folge. Ein paar Wochen nach seiner China-Reise traf Strauß mit
dem Generalsekretär der Kommunistischen Partei Chinas
(KPC) zusammen, Hu Yaobang. Die beiden erörterten in
München die allgemeine Weltlage und die Handelsbeziehungen zwischen China und Deutschland, die vor 20 Jahren
jede Menge Probleme in sich bargen. Noch unter dem Eindruck seines Besuches bei uns empfahl Strauß Hu Yaobang,
sich das Gemeinschaftsunternehmen in Shanghai anzusehen
und mit den Managern dort zu sprechen. Er glaube, die
machten da einen guten Job und seien auf einem richtigen
Weg, vielleicht könne SVW für China ein Muster für die Zusammenarbeit mit ausländischen Investoren werden.

In der Tat erhielten Paul und ich eines Tages von Zhang
Changmou die Nachricht, dass uns Hu Yaobang besuchen
wird und den Wunsch geäußert habe, mit uns zu sprechen.
Ich erinnere mich an eine höchst interessante Diskussion,
die wir mit dem Generalsekretär der KPC führten. Er überraschte uns mit seiner bemerkenswerten Sachkompetenz und
versetzte uns mit seinem ausgeprägten Sinn für das Machbare in der gegenseitigen Zusammenarbeit regelrecht in Erstaunen.

Ermitteln Sie den direkten Zugang zum Kunden und bauen Sie ihn aus

- Suchen Sie im Reich der Mitte nicht nach einem einheitlichen großen Markt, Sie werden ihn nicht finden. China hat viele Märkte, die ihre eigenen Gegebenheiten aufweisen und dementsprechend unterschiedlich analysiert und bearbeitet werden müssen.
- Fangen Sie nach Möglichkeit nicht überall gleichzeitig an, sondern gehen Sie schrittweise voran. Wählen Sie die Märkte aus, die Sie übersehen können, die für Ihr Produkt ein hohes Potenzial aufweisen und in denen Sie die für China typischen Spielregeln am schnellsten erlernen können.
- Nehmen Sie die Distribution und den Service möglichst schnell in die eigene Hand, auch wenn Sie zunächst mit Partnern starten müssen, die Ihnen Vertriebswege und Servicestrukturen vermitteln, von denen Sie noch niemals etwas gehört haben. Wer würde zum Beispiel bei uns schon ein Auto per Handy kaufen?
- Suchen Sie den unmittelbaren Kontakt zu Ihren Kunden und zeigen Sie ihnen, was Sie unter Kundenservice verstehen. Vergessen Sie nicht, dass viele Chinesen zum ersten Mal in ihrem Leben Ihr Produkt kaufen; versuchen Sie, diese als ständige Kunden an sich zu binden.
- Beobachten Sie genau, wie sich im Reich der Mitte bei zunehmender Kaufkraft die Kundenwünsche ändern, was das Produkt oder den Service angeht oder auch wie der Kunde angesprochen werden will. Der potentielle Käufer auf dem Land erwartet eine andere Ansprache als derjenige in der Großstadt. Richten Sie Ihre Marketingaktivitäten daran aus.
- Nutzen Sie die Sympathie, die Ihnen die Chinesen als deutschem Unternehmen entgegenbringen, um Ihre Markenführung zu intensivieren und um Ihre Marktanteile nachhaltig zu sichern.

10
Langsam, aber gewaltig: Die Lokalisierung nimmt Gestalt an

Es war das erklärte Ziel der Partner, den Santana schnellstmöglich zu lokalisieren, und zwar ohne dabei Abstriche bei den von Volkswagen vorgegebenen Qualitätsstandards zu machen. Nur auf diesem Weg – und da war man sich prinzipiell einig – könnte der Devisenbedarf schrittweise verringert und die lokale Fertigung des Fahrzeugs zu wettbewerbsfähigen Preisen erreicht werden.

Der Joint-Venture-Vertrag gab dafür eine klare Arbeitsteilung verbindlich vor. Volkswagen war für den Anteil der Eigenfertigung verantwortlich, hatte also Presswerk, Rohbau, Lackiererei und Montage auf den letzten Stand der Technik zu bringen und dabei für eine Kapazität von 30 000 Einheiten zu sorgen. Außerdem sollte Volkswagen das Motorenwerk für 100 000 Einheiten errichten und bestimmte Teile für den Santana selbst herstellen. Alle diese Projekte zusammen, für die entsprechende Investitionsmittel bei SVW eingestellt waren und die 1989 abgeschlossen sein sollten, würden etwa 20 Prozent zur gesamten Wertschöpfung beitragen.

Demgegenüber hatten sich die chinesischen Partner dazu verpflichtet, für die schrittweise Lokalisierung der so genannten Kaufteile Sorge zu tragen, also die lokale chinesische Zulieferindustrie entsprechend aufzurüsten. Für alle die Teile des Santanas, die Volkswagen selbst produzierte, sollte VW die erforderlichen technischen Unterlagen und Lieferbedingungen bereitstellen. Die chinesische Seite verantwortete damit runde 80 Prozent der vollständigen Wertschöpfung. Finanzielle Mittel für diese Aufgaben waren naturgemäß nicht im Investitionsprogramm der SVW vorgesehen. Vertraglich fixiert war ferner, dass der gemeinsame Lokalisie-

rungsgrad von 25 Prozent im ersten auf 80 Prozent im siebten Jahr der Zusammenarbeit steigen sollte.

So weit der Vertrag. In Wirklichkeit war die Angelegenheit erheblich schwieriger, als sie sich im Vorfeld des Vertragsabschlusses dargestellt hatte. Schon im August 1985
kämpften wir mit wochenlangen Verzögerungen, um unseren Zeitplan für die Modernisierung der Fabrik, also um unseren Teil der Lokalisierung einzuhalten. Gleichzeitig wurde langsam klar, dass die chinesische Seite bei ihrem Teil der
Verantwortung, eine moderne Zulieferindustrie in Shanghai
aufzubauen, auf der Stelle trat.

Wang Rongjun blickt zurück[8]: „Man muss verstehen,
dass der Zustand und der technische Standard der chinesischen Zulieferindustrie 1986 30 Jahre hinter der Zulieferindustrie in Europa, Japan oder den USA zurücklagen. Die
Zulieferanten in meiner Zeit produzierten Teile und Komponenten für Lkws und nicht für Pkws. Was wir brauchten,
war ein fundamentaler Wechsel nicht nur im Design der Teile, sondern auch in der Technologie. Zu Anfang gab es nicht
einen einzigen Zulieferanten, der in der Lage gewesen wäre,
auch nur ein einziges Teil für den Santana zu produzieren."
Chen Xianglin weiß sich mit einigem Humor daran zu erinnern: „Damals wurde im Scherz erzählt, für einen Santana
könnten nur Antenne und Reifen in China produziert, alles
andere müsse importiert werden."

China verfügte Mitte der 80er Jahre über eine weit gefä-
cherte Automobilindustrie, die zu 90 Prozent auf Lkws und
Busse ausgerichtet war. Über 120 Automobilfabriken und
eine im ganzen Land verstreute Automobilzulieferindustrie
mit rund 2 500 bis 3 000 Betrieben prägten die stark segmen-
tierte Branche. Abgesehen von wenigen Ausnahmen waren
alle diese Unternehmen in Technologie und Management
Jahrzehnte zurück und keines von ihnen erwirtschaftete Gewinne. Um dieses Defizit aufzuholen, bedurfte es enormer
Anstrengungen aller Beteiligten. Nach unseren ersten Erfahrungen hatten sich die Betriebe technisch und kaufmännisch
völlig neu auszurichten, und zwar so, dass sie wie wir schrittweise zur Massenproduktion übergehen könnten. Wie bei

SVW war auch in den Zulieferbetrieben ein völliges Umdenken in allen unternehmerischen Bereichen erforderlich, von der Technik und Steuerung der Fertigung über Qualitätssicherung, Logistik und Materialwirtschaft bis zur Qualifizierung der Mitarbeiter, um nur die wichtigsten Bereiche zu nennen. In den meisten Fällen würde es ohne den Import von Anlagen, Lizenzen und Know-how nicht gehen. Dies würde viel Investitionskapital und eine entsprechende Versorgung mit Devisen erfordern, über die die Zulieferindustrie überhaupt nicht verfügte.

Alle Kaufteile mussten VW-Qualitätsniveau entsprechen, was aus dem Stand heraus nicht erreichbar war. Im Bereich der Qualität konnten wir aus den bekannten Gründen keine Kompromisse eingehen, sonst hätte man sich die spätere Exportfähigkeit von vornherein verbaut. So waren zeitaufwendige Bemusterungs- und Testverfahren vorprogrammiert. Allein alle an der Lokalisierung Beteiligten – chinesische Zentralbehörden, Shanghai, VW, SVW, chinesische wie deutsche Zulieferer – an einen Tisch zu bekommen, um deren Aktivitäten zu koordinieren, war angesichts tausender in China verstreuter Betriebe ein ungemein schwieriges Unterfangen.

Dabei musste man Verzögerungen aufgrund der weiterhin angespannten Devisensituation Chinas einkalkulieren. Ein zügiger Import von Maschinen, Technologie und Know-how war, wie wir selbst erlebt hatten, nur bedingt möglich. Dennoch zeigten unsere bisherigen Erfahrungen, dass die chinesischen Ingenieure bei entsprechender Unterstützung Erstaunliches leisten konnten.

Wir blieben zuversichtlich, unser hochgestecktes Nationalisierungsprogramm mit einem umfassenden Gesamtkonzept gemeinsam zügig verwirklichen zu können – Vertrag hin oder her, die Chinesen brauchten unsere Hilfe. Allerdings waren wir dabei in hohem Maße auf die Unterstützung unserer traditionellen Zulieferunternehmen angewiesen – vor allem aus Deutschland, aber auch aus anderen europäischen Ländern, die wir mit Unternehmerreisen nach China für ein Engagement zu gewinnen suchten. Hatten sie sich persönlich einen Eindruck verschafft und waren im Grunde willens, sich in China zu engagieren, setzten wir alles daran, um sie davon zu überzeugen, dass sich ihre Hilfe nicht darin erschöpfen durfte, lediglich Investitionsgüter und gebrauchte Produktionsanlagen zum Kauf anzubieten oder ihr Know-how oder Lizenzverträge für gutes Geld zu offerieren. Wir wussten aus unseren bisherigen Erfahrungen bei SVW, dass mit Geld oder Technik allein auf Dauer nichts zu bewegen war. Es kam vielmehr darauf an, aktiven Technologietransfer zu leisten, das hieß, den chinesischen Betrieben vor Ort mit Rat und Tat dabei zu helfen, sich auf die bevorstehende Massenproduktion von Teilen und Komponenten technisch und wirtschaftlich vorzubereiten. Hierin lag die eigentliche, die langfristig angelegte Chance der deutschen Automobilzulieferindustrie. Was sie mitbringen musste, waren der Mut und die unternehmerische Risikobereitschaft, wo immer möglich, über Investitionen eine Partnerschaft mit dem chinesischen Betrieb einzugehen.

Die Chinesen glaubten anfangs, Wolfsburg sei daran schuld, dass sich die Lokalisierung bestenfalls schleichend entwickelte. Die Prüfungsprozesse für die Teile, die in China hergestellt wurden, nahmen nach ihrer Ansicht zu viel Zeit in Anspruch. Sicherlich war manchmal auch für uns unverständlich, dass manche Teile länger als ein Jahr in Wolfsburg getestet wurden, ohne dass die Chinesen eine Reaktion erhielten. Schließlich äußerten sie offen den Verdacht, wir verzögerten die Freigabe in China produzierter Teile mit der Absicht, unseren CKD-Anteil möglichst lange möglichst hoch zu halten, an dem VW ihrer Meinung nach nur zu gut verdiente. Außerdem bemängelten die Chinesen das komplizierte Verfahren. Statt meterlange Fernschreiben nach Wolfsburg zu schicken, wollten sie lieber in Shanghai die Teile selbst testen. Dafür fehlten anfangs allerdings sowohl die erforderlichen Einrichtungen und Anlagen wie das hinreichend qualifizierte Fachpersonal. Schließlich war aus chinesischer Sicht schwer zu begreifen, dass wir geradezu „halsstarrig", wie die Chinesen manchmal schimpften, auf hohen Qualitätsstandards bestanden, ohne Wenn und Aber. Manche meinten, man könne bei den für den Inlandsverkauf bestimmten Autos mit niedrigeren Standards arbeiten, sie dann schrittweise verschärfen, um so schneller mehr Teile in China fertigen zu können.

Unter der Generalfrage „Was können wir zügig in China produzieren und kaufen?" gingen wir schon im Sommer 1985 mit unseren Partnern die Einzelteile des Santanas Stück für Stück durch: Kühlmittel, Sitzkissen, Hupe, Lenkrad, Autoradio, Ölfilter und so weiter. Paul und ich waren der Meinung, dass das „Big Project" unter den damaligen Rahmenbedingungen überhaupt nur darstellbar wäre, wenn man aufzeigen könnte, wie man möglichst schnell und in großem Umfang Teile und Komponenten in China produzieren und exportieren könnte. Ansonsten drohte der chronische Devisenmangel, jede Strategie schon im Ansatz zu ersticken.

Von der Vorgabe zur Aufgabe

Ein paar Monate später, im November 1985, forderte Dr. Hahn: „Wir müssen große Brocken nationalisieren, um die Japaner politisch an die Wand zu drücken. Die Chinesen müssen sich an uns binden und nicht an die Japaner." Wir entwarfen eine Prioritätenliste, was in welchen Schritten von den Partnern lokalisiert werden könnte. Vizepremier Li Peng hatte Dr. Hahn darauf hingewiesen, dass wir uns bei der Suche nach potentiellen Zulieferern in China nicht auf die Automobilindustrie beschränken sollten. Es gäbe auch in anderen Branchen, beispielsweise in der Rüstungsindustrie, Unternehmen, die uns in dieser Hinsicht zu Diensten sein könnten. Namentlich hatte er uns die China North Industries Corporation, kurz NORINCO, empfohlen, ein staatliches Konglomerat der Rüstungsindustrie, das auf Initiative der chinesischen Regierung in Zukunft für den zivilen Bereich fertigen sollte.

Während unsere Partner aus Shanghai zunächst verständlicherweise ihre Stadt und Region im Auge hatten und uns deshalb anfangs nahezu ausschließlich dort ansässige Unternehmen als Zulieferer empfahlen, setzte die Zentralregierung auf Betriebe aus ganz China – ein Kurs, auf den im Laufe des Jahres 1986 auch Shanghai langsam einschwenkte. Um die Lokalisierung zu beschleunigen, riet man uns zudem, jeweils zwei Betriebe zu beauftragen, um Wettbewerb zu haben. Das Joint Venture könne sich dann für den Besseren entscheiden. Der Staatsrat hatte sich entschieden, den Gemeinschaftsunternehmen mehr Handlungsfreiheit zuzugestehen. Jedes Joint Venture sollte sich seine Zulieferpartner selbst aussuchen können. Die Zuweisung „von oben", die planwirtschaftlicher Usus war, sollte hier nicht mehr gelten. Unabhängig von den Vorschlägen der CNAIC sollte unser Joint Venture selbst den besten Partner finden. Im Zweifelsfall wollte sich die Staatliche Planungskommission direkt in diesem Sinne für uns unterstützend einschalten.

Auch der Vizepräsident der Zentralen Planungskommission, Gang Zhi Yang, empfahl uns im September 1986, bei der Suche nach Zulieferern über Shanghai hinauszugehen: „Wir glauben heute, dass auch Fabriken außerhalb Shanghais in die Suche nach geeigneten Zulieferern einbezogen werden sollten. Sie können sich also aussuchen, welcher chinesische Zulieferer Ihnen passend erscheint. Wenn Sie irgendeine Fabrik gefunden haben, werden wir Sie unterstützen. Sie sollten auf jeden Fall auch in andere Provinzen gehen."

Im November 1986 teilte uns CNAIC-Präsident Chen Zutao mit, dass er „den Auftrag erteilt" habe, innerhalb von drei Jahren die Kaufteile des Santanas zu lokalisieren. Da sah man einmal wieder, wie sich die Chinesen die Prozesse, die zu lokaler Fertigung führen sollten, vorstellten, im Zweifelsfall als Befehlskette. Aber per Anordnung von oben ließ sich die Zulieferindustrie nicht aufbauen. Wir erarbeiteten ein Grundlagenpapier über die Systematik der Lokalisierung, vom ersten Handstrich bis zum letzten Testergebnis, das grünes Licht für den Einbau der Teile gab. Die systematische Darstellung verzeichnete alle Einzelschritte, die abzuarbeiten waren, und alle Punkte, die es dabei zu beachten galt. Spätestens jetzt wurde jedem klar, wie kompliziert es nicht nur technisch war, selbst einfache Teile lokal herzustellen, sondern auch, wie viele Abstimmungsprozesse notwendig waren, um alle an dem Vorgang Beteiligten optimal einzubeziehen.

Als wir CNAIC-Chef Chen Zutao einmal darauf hinwiesen, dass die in China gefertigten Teile des Santanas, der „local content", laut Vertrag gar nicht unsere Sache, sondern die der Chinesen sei, antwortete er: „Sie sind seit mehr als eineinhalb Jahren hier und haben erst zwei Prozent der Kaufteile lokalisiert. Bis 1991 wollen Sie 80 Prozent lokalen Fertigungsanteil erreicht haben. Den Vertrag habe ich nicht unterschrieben, muss ihn aber loyal erfüllen. Wir müssen beide Fortschritte machen."

Zum Ende unseres ersten vollen Geschäftsjahres, 1986, war allen klar, dass die Lokalisierung über den Raum Shanghai hinaus greifen musste. Paul und ich waren bald schon seit zwei Jahren in Shanghai. Im Laufe des Jahres hatten wir 8 000 Santanas produziert. Am 1. September hatten 60 chinesische Jugendliche eine am deutschen dualen Prinzip orientierte Berufsausbildung in unserem neuen Ausbildungszentrum begonnen. Die Umbauarbeiten im Fahrzeug- und Motorenwerk waren in vollem Gange. Moderne Managementsysteme hielten sowohl im technischen wie im kaufmännischen Bereich langsam Einzug. Ende 1986 lag der Anteil der in China gefertigten Teile immer noch bei nur vier Prozent.

Im Oktober warb ich anlässlich eines Vortrags beim Verband der Automobilindustrie (VDA) für ein stärkeres Engagement der deutschen Zulieferer in China. Das Nationalisierungsprogramm, führte ich aus, gelte für uns als der Maßstab, von dem der weitere Fortschritt unseres Projektes und das zukünftige Engagement von Volkswagen abhängen würden. Es wäre allerdings ein so umfassendes und großes Vorhaben, dass es nur gelingen könnte, wenn man es generalstabsmäßig vorbereitete und alle Beteiligten einbezöge. Insoweit seien unsere traditionellen deutschen Zulieferanten unentbehrlich, für die sich aber auch langfristig eine hervorragende Chance der Markterschließung in China böte.

Ein planmäßigeres Vorgehen zeichnete sich in Shanghai mit Beginn des Jahres 1987 ab. Im Januar saßen erstmals alle Beteiligten an einem Tisch und besprachen die wichtigsten Aspekte. Wir entwickelten ein organisatorisches Modell von drei Arbeitszirkeln, die die Lokalisierung koordinieren und China-weit vorwärts bringen sollten. Für unsere chinesischen Partner wurde aus der Vorgabe „Lokalisierung" die Aufgabe „Nationalisierung". Wir sahen da keinen großen Unterschied, für die Chinesen jedoch hatte die Umbenennung symbolischen Wert. Mit diesem Treffen wurde die Grundlage für ein systematisch abgestimmtes Vorgehen geschaffen. Wir hatten den Chinesen oft vorgeworfen: „Wir wissen eine ganze Menge. Aber Ihr wollt davon nichts hören. Ihr wisst alles besser!" Jetzt bezogen sie uns endlich ein. Wir beschlossen, uns künftig regelmäßig einmal pro Monat zu treffen, weil die Chinesen jetzt, wie sie sagten, „die Erfahrung der deutschen Experten vollkommen ausschöpfen wollten".

Gemeinsam sortierten wir die zu lokalisierenden Teile nach Gruppen und klassifizierten die potentiellen Zulieferer nach ihren Fähigkeiten. Es war sinnvoll, bestimmte Teile, die aus den gleichen Materialien bestanden oder in ähnlicher Weise hergestellt wurden, in Gruppen zusammenzufassen. Bei der China-weiten Suche nach Zulieferern sollte unser besonderes Augenmerk so genannten „Schlüssel-Lieferanten" gelten, Fabriken, die über das Potential verfügten, nach und nach mehr und mehr Teile für uns herzustellen. Wenn wir uns auf solche Betriebe konzentrierten, die mit einem Teil begannen und ihr Zulieferungsprogramm schrittweise aufstocken und erweitern würden, könnten wir Geld und Aufwand sparen.

Nicht ganz einig waren wir uns wieder einmal in Sachen Qualität. Wir wollten als Ziel unserer gemeinsamen Lokalisierungsarbeit die geforderte VW-Qualität festschreiben. Da kam zum wiederholten Mal der Vorschlag, die technischen Spezifikationen an die besonderen chinesischen Bedingungen anzupassen und die Qualitätsansprüche entsprechend zu senken. Zum x-ten Mal erklärten wir postwendend, dass niedrigere Ansprüche auf keinen Fall in Frage kämen. Nach wie vor versuchten die Chinesen – hier über die Formel von der Anpassung an die lokalen Bedingungen –, die Qualitätsansprüche herunterzuschrauben. Wir kannten die Argumente in- und auswendig: Zunächst könne man in China mit geringeren Ansprüchen an die Technik arbeiten, am Anfang müsse dieses oder jenes Teil keine weltmarktfähige Qualität haben und so weiter.

Entscheidend – auch für die chinesische Seite – war die Finanzierung. Die Zulieferunternehmen verfügten, wie gesagt, nicht über das Kapital, um den Modernisierungsschub zu bewältigen, den wir brauchten. Die Preise für die Zulieferteile sollten deshalb so gestaltet werden, dass die Zulieferer selbst Profit machen könnten. Schließlich stellten wir einen Dreijahresplan auf, in dem die einzelnen Schritte zeitlich festgelegt wurden: Welche Teile sollten zuerst in China produziert werden? Wie ließen sich die erforderlichen Tests organisieren? In welcher Zeit sollte was passieren? In welcher Form müssten Lieferanten aus Übersee einbezogen werden?

Abschließend erklärten sich die Chinesen mit unserem Vorschlag einverstanden, für den umfangreichen Knowhow-Transfer, der in den Zulieferbetrieben nötig war, den Senior Experten Service (SES) aus Deutschland zu nutzen. Der SES vermittelte deutsche pensionierte Fach- und Führungskräfte zu preiswerten Konditionen für solche Aufgaben wie die unsrigen ins Ausland. Mit ihm erschlossen wir uns eine fachgerechte und gleichzeitig kostengünstige Alternative der personellen Unterstützung aus Deutschland, zumal wir auf diesem Weg weitgehend auf pensionierte Mitarbeiter von Volkswagen zurückgreifen konnten. Und der SES erschloss sich ein neues Reich. Bis die Senior Experten uns bei der Lokalisierung halfen, hatte es noch keine SES-Einsätze in China gegeben. Heute ist China das Land der Welt, in das die weitaus größte Zahl von Senior Experten vermittelt wurde.

Die Nachfrage nach ihnen entwickelte sich im Zuge der Lokalisierung des Santanas so kräftig, dass der SES ein eigenes Büro in Wolfsburg einrichtete. Heute wird dieses Büro von Siegmar Schulz geleitet, der zu unserer Zeit Ausbildungschef bei SVW war.

Das Ende des Stillstands zeichnet sich ab

Im weiteren Verlauf des Jahres 1987 reorganisierten die Chinesen ihr Bestreben, bei ihrem Anteil an der Lokalisierung vorwärts zu kommen, in Zusammenarbeit mit uns. Wir registrierten mit großer Aufmerksamkeit, wie sich der stellvertretende Leiter der Staatlichen Wirtschaftskommission, Zhu Rongji, von Beijing aus spürbar der Probleme von Shanghai Volkswagen annahm. Im Juli wurde Qiu Ke, der in Pension ging, als Vorsitzender des „Board of Directors" der SVW von Lu Ji-an abgelöst, der gleichzeitig seine Funktion als stellvertretender Vorsitzender der Wirtschaftskommission Shanghais behielt, einem regionalen Abbild der Zentralen Wirtschaftskommission. Das war ein von Zhu Rongji geschickt eingefädelter Schachzug, einen Mann an die Spitze des Aufsichtsrates der SVW zu setzen, dem er zutraute, in der für unser Verständnis ungewohnten Doppelrolle die Lokalisierung und damit unser gemeinsames Projekt mit neuem Schwung vorwärts zu bringen. Im Juni kündigte Zhu unmissverständlich an: „Wenn der Anteil der in China gefertigten Teile nicht zügig auf 40 Prozent steigt, schließen wir SVW." Wenig später brachte Zhu in einem Telefonat, von dem er uns berichtete, mit Shanghais Oberbürgermeister Jiang Zemin den kritischen Stand der Lokalisierung auf den Punkt: „Wir müssen uns die bittere Lehre klar machen, dass wir in drei Jahren bei der Lokalisierung praktisch keinen Schritt vorwärts gekommen sind." Diesem Urteil konnten wir uns aus eigener Erfahrung nur mit vollem Herzen anschließen.

Die Stadtverwaltung reagierte unverzüglich und setzte eine Arbeitsgruppe („Leading group for supporting SVW

construction") ein, der die Aufgabe zufiel, SVW und die Zulieferindustrie umfassend zu unterstützen. Die Leitung dieser Institution wurde Huang Ju übertragen, der unseren
Freund Li Zhao Ji inzwischen in seiner Funktion als Vizebürgermeister abgelöst hatte. Huang Ju ist heute Mitglied
des Politbüros der KPC. Huang Ju und Lu Ji-an gingen voller Zuversicht an ihre neuen Aufgaben heran und verbreiteten Optimismus in Sachen Nationalisierung: „Wir werden
in diesem Jahr mehr erreichen, als wir erwartet haben."

VW-Chef Dr. Hahn, für den Shanghai Volkswagen das
Kernelement einer langfristigen Asien-Strategie des Konzerns
werden sollte, drängte aus seiner Sicht ebenfalls auf verstärkte Anstrengungen in der Lokalisierung des Santanas. In Gesprächen mit der politischen Führung, Vizepremier Li Peng,
CNAIC-Präsident Chen Zutao, Staatliche Planungskommission, erklärte er im Herbst 1987 in Beijing: „Wir müssen die
Lokalisierung vorantreiben, um auf höhere Stückzahlen zu
kommen und die Devisenbilanz zu entlasten. Der ingenieurmäßige Aufwand für 50 bis 100 Einheiten pro Tag ist leider
genauso groß wie für ein großes Volumen." Gleichzeitig warb
er beim chinesischen Partner um Verständnis dafür, dass wir
uns in Sachen Qualität keine Kompromisse erlauben könnten: „Wir sind ‚stur' in Qualitätsfragen, weil wir Motoren
für den weltweiten Verbund aus China zurückkaufen müssen." Der Hinweis war deutlich: Ohne VW-Qualität keine
Exportchance. „Für die Kaufteile wollen wir eine Delegation von deutschen Zulieferern nach China bringen", stellte
Dr. Hahn in Aussicht.

Außerdem schlug er vor, darüber nachzudenken, in welchem Umfang die Ersatzteilproduktion für den Santana
nach China verlagert werden könnte. Das brächte für die lokalen Zulieferer ein höheres Volumen, also eine günstigere
„economy of scale" und damit eine wirtschaftlichere Fertigung. Gleichzeitig könnte durch den Export von Teilen der
Devisenbedarf in saldo verringert werden. Für die Teile, die
zukünftig im Reich der Mitte statt in Deutschland gefertigt
würden, könnten auch Werkzeuge von Deutschland nach
China verlagert werden. Dr. Hahn zeigte sich wieder einmal

als Meister strategischer Überlegungen und die chinesische Führung nahm solche Erörterungen als Beweis für den Ernst, mit dem VW die Partnerschaft eingegangen war und zu entwickeln strebte.

Der Vizepräsident der Staatlichen Planungskommission schilderte die Probleme aus chinesischer Sicht: „Wir haben hauptsächlich zwei Schwierigkeiten: die Wirtschaftlichkeit und den Devisenausgleich. Der Prozess der Nationalisierung des Santanas ist zu langsam. Die Verantwortung dafür liegt nicht nur bei VW, sondern auch bei uns. Ich sage ganz offen, dass die Partner in Shanghai die Santanas zwar gut verkauft haben, aber nicht unter dem Druck stehen, die Nationalisierung voranzutreiben." Die Kritik an Shanghai war kaum überhörbar. „Wir haben ein Projekt in Tianjin. Dort werden jetzt schon 30 Prozent der Teile und Komponenten lokal gefertigt, bis Ende des Jahres sollen es über 60 Prozent sein." Dieser Lokalisierungsgrad bei dem Projekt von Daihatsu schien aus unserer Warte schlichtweg falsch. Man konnte niemals in einem Jahr 30 Prozent des Produktes in lokale Fertigung überführen, es sei denn, man verabschiedete sich von jeglichen qualitativen Anforderungen. Wir kannten inzwischen genügend potentielle chinesische Zulieferbetriebe und wussten genau, wie es dort aussah. Offensichtlich war diese Feststellung einmal mehr der Versuch von chinesischer Seite, den Druck für die Nationalisierungsarbeit zu erhöhen.

In einem Gespräch mit dem Vizepremierminister Li Peng stellte dieser fest: „Wir haben VW gewählt, weil Sie beim Technologietransfer eine gute Politik betreiben. Wir wollten durch Sie erreichen, dass wir möglichst schnell in China Autos bauen können. Die Entwicklung des lokal gefertigten Anteils ist seit 1985 unbefriedigend. Jede Seite muss ihre Arbeit verbessern."

Gleichzeitig warnte er vor überzogenen Erwartungen unsererseits: „Die Gründe für den Erfolg des Santanas sind nicht nur sein Preis und seine Qualität, sondern auch die Tatsache, dass die Zentralregierung das Projekt unterstützt. Wir werden bis zur Höhe des vereinbarten Volumens CKD-Einheiten importieren. Ich hoffe, dass die Lokalisierung durch größere Flexibilität auf Ihrer Seite beschleunigt wird." Man mochte es schon nicht mehr hören.

Aber da die Lokalisierung immer dringlicher wurde und immer noch nicht in dem Tempo vorankam, das wir uns wünschten, war das Entscheidende, dass Dr. Hahn sich höchstpersönlich die Mühe machte, die chinesischen Partner auf höchster Ebene zu überzeugen. Auch CNAIC-Präsident Chen Zutao hatte zum Abschluss unseres Gespräches mit spürbarer Erleichterung an Dr. Hahn gewandt bemerkt: „Ich habe den Eindruck, dass sich der Konzern und Sie persönlich sehr um den Local Content kümmern und eine weitreichende Strategie verfolgen." Dass anlässlich dieses Besuches Dr. Hahn allen seinen Gesprächspartnern versprach, auch weiterhin keine Dividende zu transferieren, sondern die erwirtschafteten Gewinne stattdessen zu reinvestieren, wurde als ein wichtiges Signal verstanden, wie ernst es uns mit dem Ausbau des Projektes war.

Neuer Schwung durch Zhu Rongji

Mit Zhu Rongji, der 1987 Parteisekretär der Stadt Shanghai und im April 1988 ihr Oberbürgermeister wurde, kam die Lokalisierung in Schwung und für Shanghai Volkswagen begann eine dynamische Entwicklungsphase. Unter seiner Federführung wurde am 1. Juli 1988 die „Shanghai Santana Localization Community" ins Leben gerufen, ein landesweites Bündnis, eine „Nationalisierungsunion", wie Chen Xianglin es nannte, die sich der gewaltigen Aufgabe endlich gewachsen zeigte. Der Anteil der in China gefertigten Teile bewegte sich bis 1986 mit weniger als sechs Prozent kaum. 1987 stieg er auf 13 Prozent, sprang im Folgejahr 1988 auf knapp 31 Prozent. Die Zahl der in China produzierenden Zulieferer überschritt 1988 die magische Grenze von 100, darunter mehr und mehr traditionelle Zulieferer des VW-Konzerns, vornehmlich aus Deutschland, aber auch aus Großbritannien, Frankreich und Italien, die oft schon probehalber mit chinesischen Betrieben zusammenarbeiteten und mit ihnen über feste Kooperationsformen verhandelten.

Unter dem Dachbegriff „Marken aus China" verpflichteten sich die Zulieferer auf die von VW geforderten Qualitätsstandards, die in unseren ersten Jahren immer wieder für Ärger gesorgt hatten. Zhu Rongji hatte ein Machtwort in diesem ewigen Streit gesprochen, weil ihm klar war, dass hohe Qualitätsstandards – und zwar in jeder Hinsicht – für den langfristigen Erfolg von Shanghai Volkswagen unerlässlich waren. Die entschiedene Mahnung des späteren Ministerpräsidenten, kein falsches oder mangelhaftes Material zu benutzen oder, wie er es plastisch ausdrückte, „kein Gemüse und keine Melonen" in die Autos einzubauen, hat Chen Xianglin bis heute nicht vergessen.

Zhu hatte die Gründe der bislang schleppenden Entwicklung scharf analysiert. Das Projekt brauchte straffe Führung, ausreichende finanzielle Mittel und ein Ende der hinderlichen Qualitätsdebatte. Chen Xianglin über weitere Initiativen des neuen Oberbürgermeisters: „Zusätzlich richtete die Stadtregierung ein Koordinationsbüro für die Nationalisierung der Santana-Teile ein, und sorgte mit zwei Maßnahmen für die erforderlichen finanziellen Mittel: Gründung eines Nationalisierungsfonds und Pauschalierung des Zielgewinns und der Steuerabgaben."

Dass schließlich die Lokalisierung die Tür zur Massenproduktion öffnete, beleuchten Zahlenverhältnisse, die Chen Xianglin im Folgenden erläutert: „1991, als der nationale Fertigungsanteil der gesamten Automobilindustrie in Shanghai weniger als 60 Prozent betrug, nahm die Jahresproduktion von Pkws durchschnittlich um 18 Prozent zu. Als der national gefertigte Produktanteil über die Marke von 60 Prozent gestiegen war, wuchs die Jahresproduktion der Pkws durchschnittlich um bis zu 67 Prozent. Bis Ende 1995 erreichte der Anteil der nationalen Produktion in der Automobilbranche fast 89 Prozent."

„In diesem Prozess", fährt Chen Xianglin in seinem Resümee fort, „haben der erste stellvertretende Vorstandssprecher Dr. Martin Posth, der technische Direktor Hans-

Joachim Paul sowie der damalige stellvertretende Leiter des Staatlichen Wirtschaftskomitees und spätere Oberbürgermeister Shanghais Zhu Rongji beachtliche Beiträge geleistet. Mit allen Mitteln und Möglichkeiten des Landes und der Stadt Shanghai wurde das Automobil-Joint-Venture Shanghai Volkswagen unterstützt. Um das Ziel der Nationalisierung zu erreichen, investierten die Unternehmen Chinas große Summen, allein die Unternehmen aus Shanghai mehr als 7 Mrd. Yuan RMB. Mit diesen Investitionen wurden mehr als 140 moderne Technologien aus dem Ausland zu chinesischen Produzenten transferiert. So ist ein relativ komplettes, anspruchsvolles, für Großserien geeignetes und fachspezifisches nationales Santana-Autoteile- und -Zubehörproduktionsnetz entstanden."

Begreifen Sie die Lokalisierung als Schlüssel zur Eroberung des Marktes

- Die Chinesen möchten nicht nur Ihre Produkte erwerben, sondern sie wollen auch die dazugehörende Technologie möglichst bald zu eigener Verfügung haben und einen möglichst hohen Anteil Ihres Produkts im eigenen Land fertigen. Stellen Sie sich darauf ein, dass manche Projekte überhaupt nur nach diesem Maßstab vergeben werden.

- Beachten Sie, dass die Verletzung des geistigen Eigentums („Intellectual Property Rights") in China eher ein kulturelles als ein rechtliches Phänomen ist. Prüfen Sie vorher eingehend, ob Sie sich mit einer Fertigung vor Ort auf ein solches Wagnis einlassen wollen, statt sich später über den Entzug von Technologie oder die Nachahmung Ihrer Produkte zu beklagen.

- Wenn Sie sich zum Transfer von Technologie und Knowhow entschlossen haben, bieten Sie Ihrem chinesischen Partner „state of the art"-Produkte an. Seien Sie zu einer kontinuierlichen Übertragung dieser Leistung bereit.

- Sichern Sie Ihre dauerhafte Teilhabe am Geschäft durch entsprechend langfristig angelegte Kooperationsvereinbarungen ab. Auf diesem Wege erhalten Sie sich die Chance, Ihr Produkt und Ihre Technologie aus China heraus mit entsprechend günstigerer Kostenstruktur in aller Welt anbieten zu können.

- Greifen Sie auf Ihre traditionellen Zulieferanten zurück und bieten Sie ihnen an, sie auf ihrem Weg nach China im so genannten Huckepackverfahren zu begleiten. So sichern Sie sich weitgehend die notwendige Qualität vor Ort und eröffnen den Zulieferern neue oder verstärkte Chancen, den chinesischen Markt zu erschließen.

- Geben Sie Ihr China-Wissen als Großhersteller systematisch an Ihre Zulieferanten weiter, die zumeist dem Mittelstand angehören.

11

Ohne politischen Beistand ging nichts

Qualität mauserte sich blitzschnell zum Top-Thema. Am Rande der jährlichen UN-Mitgliederversammlung in New York war Bundeskanzler Helmut Kohl von Chinas Premier Zhao Ziyang schon Ende des Jahres 1985 darauf angesprochen worden, dass die Lokalisierung der Santana-Fertigung bewusst von Volkswagen verzögert würde und man bei Kaufteilen sogar höhere technische Qualitätsanforderungen stellte, als man selbst erfüllte. Das Auswärtige Amt in Bonn hatte sich eingeschaltet. Anschließend musste ein Brief von Bundeskanzler Kohl an Premier Zhao die Unstimmigkeiten klären. Zu unserer Zeit und weil SVW für die „hohe Politik" großen symbolischen Wert in der beiderseitigen Zusammenarbeit hatte, kannte man in der chinesischen Regierung die Probleme in unserem Projekt erstaunlich genau, bis ins letzte Detail. Auch Vizepremier Li Peng hatte gegenüber Dr. Hahn eine Reihe von Klagen vorgebracht, über die Schwergängigkeit der Lenkung, Rost und quietschende Türfeststeller. Generell hatte er die hohen Kosten der CKD-Lieferungen gerügt.

Gewaltiger Ärger um Hupe und Lenkrad

Beschwerden der Chinesen über unzulängliche Beiträge der Deutschen begleiteten uns durch die gesamte Gründungsphase. Ende November 1986 reiste ich nach Beijing, um die immer wieder von chinesischer Seite vorgetragenen Klagen über die Testverfahren und die angeblich zu hohen Qualitätsansprüche mit dem CNAIC-Präsidenten Chen Zutao in einem persönlichen Gespräch möglichst für immer aus dem Weg zu räumen.

Als Berater der Regierung in Sachen Automobil reiste der CNAIC-Präsident inzwischen durch die ganze Welt, um Kontakte zu anderen Autoherstellern aufzunehmen. Auf einer seiner letzten Auslandsreisen hatte er sich in der internationalen Wirtschaftspresse sehr kritisch über Volkswagen geäußert. Er hatte im *Journal of Commerce*, das in New York erschien, vier Vorwürfe gegen VW erhoben. Erstens verzögere VW bewusst die Lokalisierung, zweitens würden von chinesischen Zulieferern, zum Beispiel bei der Hupe, höhere Qualitätsmaßstäbe gefordert, als man selbst einhielte, drittens verzögerten ständig veränderte technische Anforderungen die Freigabe in China produzierter Teile wie beispielsweise des Lenkrads. Außerdem sei viertens auf Muster, die für Tests nach Deutschland geschickt wurden, nach Ablauf von ein bis zwei Jahren jegliches Echo ausgeblieben.

Mit zwei Lenkrädern, eines aus chinesischer und eines aus deutscher Produktion, sowie einer Hupe ausgestattet, suchten Dr. Lee und ich Chen Zutao in seinem Beijinger Büro auf, um uns gegen die öffentlich erhobenen Vorwürfe zu wehren. Mit der Veröffentlichung dieser Kritik war der CNAIC-Präsident nach unserem Empfinden zu weit gegangen. Wenn wir in Zukunft weiter vertrauensvoll und konstruktiv miteinander arbeiten wollten, mussten wir versuchen, die Angelegenheit zu klären. Wir wirkten wohl angriffslustig, denn Chen Zutao verteidigte sich mit seinem ersten Satz: „Für das, was ausländische Journalisten schreiben, bin ich nicht verantwortlich."

„In der *Peoples Daily* habe ich gesagt", fuhr er fort, „dass die chinesische Automobilindustrie neue Technologie von verschiedenen Partnern braucht. Zweitens müssen beide Partner Vorteile daraus ziehen. Drittens bin ich unzufrieden mit der Entwicklung der Lokalisierung, ich habe in diesem Zusammenhang aber keine Firma namentlich genannt. Viertens könnten wir nach meiner Erfahrung in drei Jahren fast alle Teile des Santanas in China produzieren."

Die Erfahrungen, auf die er sich im Kern bezog, stammten aus den 50er Jahren, als die FAW die „Rote Fahne" entwickelt hatte, eine staatliche Funktionärslimousine mit einem Verbrauch von 30 Litern Benzin auf 100 Kilometern Fahrtstrecke, in der Chen Zutao gelegentlich noch durch China fuhr. Wir erlaubten uns den Hinweis, dass das technische Niveau heute erheblich höher sei als damals und sich diese Erfahrungen nicht auf die heutige Zeit übertragen ließen.

Chen Zutao aber antwortete: „Keiner hat dieses Ergebnis bisher überholt, keiner konnte es schneller. Die langsamste Vorstellung ist, in fünf Jahren 80 bis 85 Prozent zu lokalisieren. Mein Ziel ist es, die Lokalisierung voranzutreiben." Der Präsident konkretisierte seinen Vorwurf, dass wir die Lokalisierung behinderten, am Beispiel des Lenkrads, bei dem wir immer wieder Änderungen verlangt hätten. „Im Dezember 1983 haben Sie einen vorläufigen Vertrag mit einem Hersteller in Shanghai abgeschlossen, im August 1984 verlangten Sie zunächst ein Lenkrad mit vier Speichen, dann wurden es zwei Speichen. Ende 1984 haben Sie wieder Änderungen verlangt. Insgesamt haben wir das Lenkrad drei Mal geändert. Zum Schluss haben Sie dem Kompromiss zugestimmt. Aber bis heute ist das Lenkrad wegen angeblicher Qualitätsmängel nicht freigegeben. Uns fehlen Devisen, um diese ständigen Änderungen bezahlen zu können." In der Beschreibung des Prozesses lag Chen Zutao richtig, nur die Bewertung stimmte nicht. Denn in der modernen Automobilindustrie, die die Chinesen doch wollten, entwickelte sich das gesamte Auto mit allen seinen Teilen und Komponenten ständig weiter.

Weil die in China produzierten Lenkräder den Wolfsburger Crashtests nicht standhielten, lehnten wir ihre Freigabe kategorisch ab. Ich schilderte dem CNAIC-Präsidenten mit dem Lenkrad in der Hand anschaulich, was passieren würde, wenn wir seinem Drängen zur Freigabe der Lenkräder nachgäben. Schon bei vergleichsweise harmlosen Auffahrunfällen könnten sie splittern und bersten und dabei Lungen oder Herz der Fahrer durchbohren. Eine solche zweitklassige Ausstattung des Santanas könne doch nicht in seinem Interesse liegen, beschwor ich den CNAIC-Präsidenten und fragte ihn unumwunden: „Sind die Chinesen denn Menschen zweiter Klasse, die man mit zweitklassiger Sicherheit abspeisen darf?" Nicht ganz unbeeindruckt ließ Chen Zutao mein letztes Argument erst einmal stehen und ging zur Hupe über – aus seiner Sicht ein weiteres Beispiel dafür, dass VW die Lokalisierung verzögere und das wohl bei der Beschwerde des chinesischen Ministerpräsidenten gegenüber Bundeskanzler Kohl Pate gestanden hatte.

„Die internationalen und die chinesischen Anforderungen an eine Hupe verlangen einheitlich einen Lebenszyklus von 50 000 Einsätzen. Sie haben schon immer einen Zyklus von 120 000 verlangt. Ihre in der DDR hergestellte Hupe haben wir getestet. Sie hat – nach langem Hin und Her – einen Zyklus von 105 000."

Aus unserer Warte, die ich Chen Zutao verständlich zu machen suchte, sah es folgendermaßen aus: Die technische Spezifikation dieser Hupe, die in der Tat in der damaligen DDR hergestellt wurde, hatten wir verändert, und zwar aus gutem Grund. Anders, als wir es aus Europa gewöhnt waren, hupten chinesische Autofahrer unaufhörlich – schon allein, um Radfahrer auf sich aufmerksam zu machen, die die Straße versperrten und selbst bei extensivem Dauerhupen kaum zur Seite wichen. Um zu vermeiden, dass die auf weniger intensiven Gebrauch eingerichtete Hupe unseres Santanas in China eines zu frühen Tages ausfällt, schraubten wir den Lebenszyklus deutlich hoch, auf 120 000 Einsätze. Weil das technisch aber nicht zu erreichen war, hatte man sich am Ende auf den Zyklus von 105 000 Einsätzen geeinigt. Dies war Teil eines umfassenden Änderungsprogramms am Produkt, denn die chinesische Regierung erwartete von uns, dass wir den Santana den besonderen Gegebenheiten vor Ort angemessen anpassten. Für diese Anpassung des Santanas an die Eigenheiten des chinesischen Marktes hatten wir übrigens insgesamt 350 Änderungen eingeleitet. Eine davon betraf eben die Hupe.

Auf meinen Vorschlag hin einigten wir uns zunächst darauf, unsere gemeinsamen Probleme zukünftig nicht in die Öffentlichkeit zu tragen. Chen Zutaos öffentliche Kritik an Volkswagen hatte auch in Deutschland deutliche Irritationen

ausgelöst. Sie hatte nicht nur die Büros von Bundeskanzler
Helmut Kohl und Außenminister Hans-Dietrich Genscher
beschäftigt, sondern auch Dr. Hahn war alarmiert. Ich zweifelte, ob Chen Zutao wirklich klar war, was seine Äußerungen bewirkt hatten. Nachdem nun alles gesagt war, zog er
seinen Schlüsselbund mit einem kleinen silbernen Audi
Quattro heraus und bemerkte: „Ich habe ähnliche Anhänger
von anderen Firmen bekommen, trage aber nur das deutsche Produkt." Symbolisch gab er mir zu verstehen, dass wir
uns nun wieder vertragen sollten. Mit dem Hinweis auf
seinen Anhänger drückte er doch aus: „Mein Herz ist auf
der Seite von VW, deswegen trage ich auch das kleine Ge-
schenk von Volkswagen." Ich gab zu verstehen, dass die
Sache für mich erledigt sei, und Chen Zutao schwenkte spürbar erleichtert auf Gemeinsamkeit um: „Ich bin sehr zufrieden mit Ihrer Arbeit. Wir sollten nach vorn und nicht
nach hinten blicken. Meine Grundeinstellung werde ich
nicht ändern: Wir müssen die Lokalisierung beschleunigen." In dieser Hinsicht waren wir mit ihm ja völlig einer
Meinung, nur teilten wir nicht unbedingt seine Analyse der
Ursachen.

Chen Zutao traf ich Ende der 90er Jahre wieder. Er war
Professor geworden und leitete ein Büro im chinesischen
Bildungsministerium in Beijing. Als wir einander begrüßt
und Platz genommen hatten, sagte er: „Wissen Sie, ich hätte
viel früher auf VW und Sie hören sollen. Dann hätten wir
alles viel schneller geschafft. Aber wir hatten ein so großes
Misstrauen. Das müssen Sie doch auch verstehen." Ich antwortete: „Natürlich habe ich dafür Verständnis." Hier lernte ich den streitbaren Partner aus früheren Tagen als einen
äußerst liebenswürdigen Menschen kennen. Als Präsident
der chinesischen Automobilindustrie muss er in der frühen
Phase der Wirtschaftsreform unter großem Erfolgsdruck gestanden haben. Als wir uns im November 1986 um die Qualitätsanforderungen stritten, war er es am Ende, der versuchte, die Kurve zurück auf eine gemeinsame Linie zu bekommen. Wir hatten damals einmal mehr zu realisieren,
dass unsere Erfolgsaussichten miteinander verkettet waren.

Einer kam ohne den anderen am Ende nicht vorwärts. Es war genau so, wie Chen Zutao immer gesagt hatte: „Ein Joint Venture ist wie eine Ehe."

Die Stadtverwaltung von Shanghai

Auf die Frage nach den wichtigsten Voraussetzungen für den Erfolg von Shanghai Volkswagen nennt unser erster Vorstandssprecher Zhang Changmou im Rückblick auf unsere gemeinsamen Erfahrungen „die großartige Unterstützung der beiden Investoren und der Stadt Shanghai. Zu Anfang des Aufbaus hatte SVW weder Liquidität, noch reichten Energie- und Stromversorgung aus. Des Weiteren fehlten qualifizierte Mitarbeiter. Dank der großartigen Unterstützung der Stadtregierung wurden diese Probleme schrittweise gelöst. Die Stadt Shanghai hat durch eine spezielle Politik einen Sonderschutz für die Firma geleistet. Ich bin davon überzeugt, dass Aufbau und Wachstum eines Joint Ventures in China ohne Unterstützung der Regierung definitiv unmöglich sind."

Diese Bilanz Zhangs deckt sich mit unseren Erfahrungen, allerdings erinnere ich mich an die Anfangsphase, in der die Unterstützung der Stadt Shanghai noch nicht in dem Maße erfolgte, wie wir sie aus unserer Sicht glaubten, erhalten zu müssen. Immer wieder sprachen wir bei den Behörden der Stadt vor, weil Genehmigungen für irgendetwas ausstanden, weil irgendeine Lieferung im Zoll stecken geblieben war, weil die Straße durch unsere Fabrik nicht gesperrt wurde, weil die Behörden uns keine qualifizierten Mitarbeiter zuwiesen und vieles andere mehr.

Ende März 1986 sahen wir uns zum ersten Mal gezwungen, uns „massiv", wie ich mir notierte, beim Vizebürgermeister Li Zhao Ji zu beschweren: „So kann es nicht weitergehen, so werden wir nicht vorankommen." Hinsichtlich der Unzulänglichkeiten des Managements und der Qualifikation der Mitarbeiter auf der Seite der Chinesen, die wir deutlich angesprochen hatten, teilte Li unsere Sorgen, blickte aber zuversichtlich nach vorn. Die Lösung werde yibu yibu, Schritt für Schritt, stattfinden. Zum wiederholten Mal brachten wir vor, dass die STAC immer noch in unserer Fabrik produzierte. Der Vizebürgermeister versprach uns, dass die STAC die Fabrik bis zum 31. März räumen werde, wo immer es aus Sicht von SVW notwendig sei. Paul sollte genau sagen, wo er Platz brauchte. Dann werde Li dafür sorgen, dass die STAC dort abziehe.

Zu unserer Beschwerde über die öffentliche Straße, die immer noch durch unsere Fabrik führte, die Luo Pu Road, versprach Vizebürgermeister Li uns eine Schließung „noch in diesem Jahr". Es war März, das Jahr war noch lang. Ich muss gestehen, dass uns diese Zusicherung in keiner Weise beruhigte. Auch die Kläranlage, die wir vor allem für eine vernünftige Entsorgung der Abwasser und Schlämme aus der Lackiererei brauchten, werde termingerecht im Juni 1988 fertig gestellt werden, stellte Li in Aussicht. Shanghai habe in Japan in Höhe von 120 Mio. Dollar Bonds ausgegeben, um die notwendigen Investitionsmittel zügig zu besorgen.

Doch auch in dieser Hinsicht mussten wir uns noch länger gedulden, als es im März 1986 nach dem Treffen mit dem Vizebürgermeister den Anschein hatte. Wir erlebten das Gespräch als eine Art VIP-Service für Ausländer, um uns zu beruhigen. Zugegeben, nach solchen Gesprächen tat sich immer etwas an einer Stelle, aber an anderen Stellen blieb alles beim Alten. Das chinesische System tat sich zu dieser Zeit sehr schwer, Veränderungen praktisch umzusetzen. Wer heute im Landesinneren Chinas ein Joint Venture betreibt, wird zuweilen auf ein ähnliches Beharrungsvermögen des Alten stoßen. Das planwirtschaftliche Denken ist nach wie vor da. Vieles hat sich zwar zum Besseren verändert, aber im Kern sind es die gleichen Denk- und Verhaltensmuster, die manches mitunter so beschwerlich machen. Dass sich ein Vizebürgermeister damals mit solchen Detailfragen auseinander setzen musste, zeigt einmal mehr, wie schwerfällig die Prozesse verliefen, wie träge die Masse der veralteten Strukturen war, die uns umgab. Vieles blieb irgendwo

hängen. Selbst der Vizebürgermeister konnte zwar Anordnungen treffen – ob sie aber anschließend praktisch umgesetzt wurden, blieb offen.

Allerdings erzielten wir in solchen Diskussionen auch so
manchen Durchbruch. Denn bei diesem Gespräch erteilte
Vizebürgermeister Li uns die Erlaubnis, Santanas in China
gegen Devisen zu verkaufen, obwohl laut Vertrag die STAC
für den Verkauf unserer Produkte verantwortlich war.

Fünf vor zwölf bei SVW

Im Sommer 1987 standen in familiärer Hinsicht Veränderungen ins Haus. Aus Sorge, unsere Töchter könnten den
schulischen Anschluss ans Gymnasium verpassen, war der
Plan gereift, dass meine Frau zusammen mit ihnen wieder
nach Deutschland umsiedeln sollte. Als wir diesen Plan fassten, wusste ich noch nicht, dass auch für mich das letzte Jahr
als Stellvertretender Vorstandssprecher von Shanghai Volkswagen eingeläutet war.

In Shanghai brachen ernste Zeiten an, die mit einem sehr
traurigen, plötzlichen Todesfall begannen. Rao Bin kam aus
Beijing nach Shanghai, um mit allen Beteiligten intensiv über
die Entwicklung von Shanghai Volkswagen zu diskutieren.
Dabei erlitt er einen Schlaganfall, als dessen Folge er in Be-
wusstlosigkeit fiel. Am 29. August, am frühen Morgen, ver-
starb Rao Bin im Alter von 74 Jahren im Krankenhaus in
Shanghai. Am Nachmittag des 1. September nahmen Hans-
Joachim Paul und ich als einzige Ausländer an den Trauerfei-
erlichkeiten in Shanghai teil und trugen unseren alten Freund
und Förderer, die großartige Persönlichkeit Rao Bin zu Gra-
be. Chen Xianglin bemerkte dazu später einmal: „Das werden die Chinesen für immer in ihren Herzen bewahren."

Kurz nach diesem traurigen Ereignis gab die Zentralre-
gierung bekannt, dass sich die Automobilfabriken FAW und
SAW hauptsächlich um die Entwicklung und Produktion von
Pkws kümmern, während der Standort Shanghai und die
SVW zunächst die Nationalisierungsbemühungen vorantrei-

ben sollten. Weitere Pkw-Produktionsstandorte werde es in China nicht geben. Was war das jetzt für ein taktischer Trick? Schon wieder hatte sich die Zusage, dass das „Big Project" nach Shanghai käme, in Luft aufgelöst. Dabei hatte es schon so ausgesehen, als wenn die Massenfertigung in Shanghai beginnen sollte. Nun merkten wir, dass sich oben im Norden bei der FAW etwas tat, und gewannen den Eindruck, dass die Regierung die Pkw-Produktion bei den staatseigenen Unternehmen unterbringen wollte.

Zur gleichen Zeit mussten wir feststellen, dass viele unserer bisherigen Bitten und Beschwerden bei der Stadtverwaltung von Shanghai noch immer nicht in konkreter Unterstützung sichtbar wurden. Nach wie vor warteten wir auf die Zuteilung des Landes, auf dem unser Presswerk erweitert werden sollte. Uns kam es so vor, als würfen uns die verschiedenen Behörden der Stadtverwaltung ständig Steine in den Weg. Mitte September schlugen wir bei unserem Vorstandssprecher Wang Rongjun Alarm: „Es ist fünf vor zwölf. Wir haben nicht die notwendige Unterstützung der Behörden, teilweise arbeitet auch die STAC gegen uns. Wir brauchen dringend ein Gespräch mit dem Oberbürgermeister, damit die politische Spitze endlich begreift, wie es um die Zukunft der Pkw-Automobilindustrie in Shanghai steht."

In einem Gespräch mit dem Oberbürgermeister Jiang Zemin vernahm Wang Rongjun die Bestätigung der neuen Linie der Zentralregierung. Kurze Zeit später trafen das EXCOM und unser neuer Board-Vorsitzender Lu Ji-an mit Oberbürgermeister Jiang Zemin zusammen, um mit ihm das Bündel von Problemen zu diskutieren, das uns plagte. Paul und ich hatten dafür ordnungsgemäß vorab einen Bericht eingereicht, der 14 Punkte umfasste. Jiang Zemin hörte sich unsere konkreten Bitten an und versprach, sich für deren Lösung einzusetzen, um dann recht schnell auf die größeren Zusammenhänge zu verweisen, in die die weitere automobile Entwicklung Shanghais und der SVW einzuordnen sei.

„In letzter Zeit ist viel über die Autofabriken FAW und SAW bekannt gegeben worden", begann der Oberbürgermeister. „Ich komme aus der ersten Generation der FAW, kenne also diese Fabrik sehr genau. Viele aus der Automobilindustrie waren meine Mitarbeiter oder Kollegen. Im August war Vizepremier Li Peng in Shanghai und sprach ausführlich über die zukünftige Entwicklung der Automobilindustrie Shanghais. Der Beginn der Diskussion des heutigen SVW-Projekts liegt jetzt zehn Jahre zurück. Ich war 1978 in Wolfsburg Sprecher der Delegation, als alles anfing. Ministerpräsident Zhao Ziyang war dreimal in Shanghai und wir haben jedes Mal über SVW gesprochen. Vom ökonomischen Standpunkt aus gesehen hatte ich immer nur eine Massenfertigung im Auge. CNAIC-Präsident Chen Zutao hat festgestellt, dass bis zum Jahr 2000 zirka 800 000 bis 900 000 Pkws benötigt werden, so dass Shanghai ein Großprojekt machen wird." Nachdem wir gerade erst aus anderer Quelle gehört hatten, dass das „Big Project" nicht nach Shanghai käme, sagte Jiang Zemin nun wieder, dass es ein Großprojekt für SVW geben werde. Nach diesem Gespräch mit dem Oberbürgermeister war einmal mehr deutlich geworden, dass es ohne politische Unterstützung kein Fortkommen gab.

Wenige Tage später war ich Gast eines Empfangs, zu dem Chinas Premierminister Zhao Ziyang unter anderen einige ausländische Experten in Beijing in die Große Halle des Volkes anlässlich des Nationalfeiertags eingeladen hatte. Vizepremier Li Peng, dem ich dort begegnete, ermahnte mich bei dieser Gelegenheit: „Sie müssen den Anteil der lokal gefertigten Teile und Komponenten erhöhen, weil wir uns den Import von CKD-Teilen nicht mehr länger leisten können." An mich gewandt hob Premier Zhao Ziyang die Bedeutung von SVW als beispielhafte chinesisch-deutsche Zusammenarbeit hervor und bedankte sich für die Unterstützung aller deutschen Experten beim Aufbau der chinesischen Automobilindustrie. Wörtlich fügte er hinzu: „Ich hoffe, Volkswagen wird Marktführer für Pkw in China sein." „Das hoffe ich auch", entgegnete ich. „Um dieses Ziel zu erreichen, müssen Teile und Management zügig nationalisiert werden."

Die Hoffnung des Ministerpräsidenten, dass VW dauerhaft Marktführer würde, war zwar ermutigend, aber was hieß es jetzt in Bezug auf den Wettbewerb mit der FAW und der SAW um das Großprojekt? Ich hatte verstanden, dass wir Geduld haben, an der Lokalisierung arbeiten und zuversichtlich bleiben sollten. Wer weiß, vielleicht war auch wieder Taktik im Spiel.

Anlässlich der Feierlichkeiten gab es auch ein Treffen mit Staatsrat Gu Mu, der 20 Top-Manager aus chinesisch ausländischen Gemeinschaftsunternehmen nach Beijing eingeladen hatte, um mit ihnen und chinesischen Kollegen über Wege zu diskutieren, auf denen sich die Zusammenarbeit verbessern ließe.

Im Rahmen dieses Treffens unterbreitete ich einige Vorschläge und empfahl den Chinesen, die ausländischen Experten „auszupressen wie Zitronen", um von ihrem Wissen noch mehr als bislang zu partizipieren. Beim Mittagessen berichtete Gu Mu mir, dass der Oberbürgermeister von Shanghai, Jiang Zemin, ihn wegen des Produktionsvolumens von SVW für 1988 angerufen hätte. Gu Mu versprach, sich persönlich für die Stückzahl von 12 000 bei den zuständigen Beijinger Behörden einzusetzen. Wörtlich sicherte er mir zu: „Dieses Problem wird gelöst."

Bei solchen Gelegenheiten lernten wir, wie Politik in diesem Land funktionierte. Staatsrat Gu Mu wusste von Jiang Zemin, dass ich kommen würde. Offensichtlich hatte der Oberbürgermeister aufgrund unseres jüngsten deutlichen Ersuchens um Hilfe Maßnahmen ergriffen, die weiterer Kritik vorbeugen sollten, und dem Staatsrat empfohlen, uns gegenüber Zuversicht zu demonstrieren und uns Unterstützung zuzusagen. Bevor wir uns womöglich noch an die Zentralregierung wenden würden, sollte uns zugesichert werden, dass diese sich selbst mit Nachdruck um eine Lösung unserer Probleme kümmerte.

Es war und es blieb ein stetes Hin und Her zwischen Zuckerbrot und Peitsche. Erst wurde einem der rote Teppich ausgerollt, dann gab's einen Rüffel. Deshalb brauchten wir unsere Vision, an deren Verwirklichung wir glaubten und an der wir festhielten. Viele Wolfsburger Kollegen, die China bestenfalls von Stippvisiten kannten, argwöhnten bei solchen Gelegenheiten: „Da sieht man wieder, dass die Chinesen uns doch nur übers Ohr hauen wollen."

Aber das stimmte nicht. In Wahrheit rangen die Chinesen – jeder auf seinem Platz – ja selbst um den richtigen Weg, um die beste Lösung. Die Zentralregierung diskutierte darüber, wo Chinas Pkw-Industrie angesiedelt werden sollte. Dass die Chinesen uns in diese Überlegungen nicht einbezogen, ärgerte uns zwar, allerdings war das Vertrauensverhältnis noch nicht stark genug, dass das möglich gewesen wäre. Und bei der geschichtlichen Erfahrung mit dem Westen, wie hätte man da Ausländer bei hochpolitischen Plänen mitreden lassen können?

Hinzu kamen die verschiedenen Standorte. Ob Changchun, Shiyan oder Shanghai, jeder Standort kämpfte gegen den anderen. Und wenn es um die eigenen Belange ging, arbeitete man auch schon einmal gegen die Zentralgewalt, waren doch die eigenen Interessen naturgemäß vorrangig. An den jeweiligen Standorten zählte der Umfang an Beschäftigung, man wollte Arbeit und Brot für die Menschen. Den zentralen Regierungsbehörden, die in der Pflicht für das ganze Land, nicht nur für die eine oder andere Region standen, musste es dagegen um die übergeordnete langfristige gesamtwirtschaftliche Entwicklung Chinas gehen. Mitten in diesem Spannungsfeld versuchten wir, uns zu behaupten. So war nun einmal das tägliche Geschäft in China, für das man gute Nerven, die richtigen Argumente und nicht zuletzt Geduld und Ausdauer brauchte.

Das Ende der Luo Pu Road

Im April 1988 wurde Zhu Rongji, zusätzlich zu seinem Amt als Parteisekretär, Oberbürgermeister von Shanghai. Seit seinem Amtsantritt waren noch keine drei Tage vergangen, als er mit einer Delegation von 20 Beamten, die alle behördlicherseits irgendwelche Verantwortlichkeiten für unser Un-

ternehmen trugen, zu uns nach Anting kam und im Stech-
schritt mit uns durch die Fabrik ging, um sich einen Über-
blick über unsere Probleme zu verschaffen. Zhu Rongji
kannte sich in der Autoindustrie bereits bestens aus, hatte
er doch die Wogen geglättet, als das Joint Venture Beijing
Jeep 1986 mangels Devisen beinahe zu einem Ende gekommen wäre.

Der nahezu unmittelbar auf seinen Amtsantritt folgende
Besuch bei uns war eine bemerkenswerte und symbolträch
tige Geste des neuen Oberbürgermeisters. Damit machte er
deutlich, dass er die Automobilindustrie als wichtigsten wirt-
schaftlichen Motor für seine Stadt ansah. Er wollte sich vor
Ort ein Bild davon verschaffen, was bei uns lief, was nicht
lief und wie man gegebenenfalls von Seiten der Stadt helfen
könnte. Als Erstes erkundigte er sich nach dem Stand unserer Lokalisierungsbemühungen. Dann marschierten wir
etwa eine Stunde lang durch die Fabrik, wobei er uns durch
seine gezielten Fragen einmal mehr zu verstehen gab, dass
er ein Automann durch und durch geworden war. Zu einem
abschließenden Gespräch setzten wir uns in den Versamm-
lungsraum von SVW. Der neue Oberbürgermeister fragte
mich: „Herr Posth, haben Sie Probleme, die Sie mir vor-
tragen möchten?"

„Sehr geehrter Herr Oberbürgermeister", antwortete
ich, „von Ihnen, den Chinesen, habe ich gelernt, von vielen
Problemen nur die wichtigsten drei zu nennen, in der Hoffnung, dass sich dann etwas bewegt. Lassen Sie mich mit dem
dringendsten Problem beginnen. Die öffentliche Straße, die
durch unser Fabrikgelände führt, ist immer noch nicht geschlossen worden. Sie wissen, Herr Oberbürgermeister, was
Staub für eine Lackiererei bedeutet. Jedes Staubkorn, das
durch die ohnehin nicht sehr gut abdichtenden Fenster in
die Lackiererei gelangt, finden Sie nachher auf dem Lack der
Santanas wieder, die unsere Hallen verlassen. Diese Straße
hätte seit zwei Jahren geschlossen sein müssen. So war es im
Joint-Venture-Vertrag geregelt worden." Sofort fragte er seinen zuständigen Beamten, ob das stimmte. Uns wurde aus
dem Chinesischen übersetzt: „Zhu Rongji fragt, ob der Joint-

Venture-Vertrag die schnelle Schließung der Straße vorgese-
hen hat." Augenblicklich entschied Zhu Rongji: „Wenn die
Straße innerhalb von 24 Stunden nicht geschlossen ist, rufen
Sie mich bitte an. Was ist Ihr zweites Problem?"

Nun bat ich meinen technischen Kollegen, sein wichtigs-
tes Anliegen vorzubringen, die Abwasserentsorgung. Die
Klärschlämme, die der Lackierprozess hinterließ, müssten
entsorgt werden. Dafür bräuchte man eine spezielle Anlage,
die damals 24 Mio. D-Mark kostete. Für diese Anlage hätte
die Bezirksregierung von Jiaoding seit zwei Jahren sorgen
sollen, aber da hätte sich trotz unseres vielfachen Nachha-
kens bis jetzt nichts getan. Zugegeben, die hohe Summe an
erforderlichen Devisen war sicherlich eine schwere Bürde
für den Bezirk. Aber wir konnten es nicht hinnehmen, dass
die Klärschlämme nach wie vor einfach im normalen Abwasser landeten.

Nachdem Paul die Angelegenheit erläutert hatte, ging bei
den Chinesen das gleiche Spiel von vorn los. Zhu Rongji
fragte: „Wer ist zuständig?" Ein Beamter aus seinem Gefol-
ge meldete sich. Dieses Problem ließ sich schwerlich innerhalb von 24 Stunden beheben, aber Zhu sicherte uns eine
rasche Lösung zu. Und tatsächlich begann die Stadt bald mit
dem Bau der Kläranlage. Zhu Rongji fragte: „Haben Sie
sonst noch etwas, Herr Dr. Posth?" Ich trug noch einen dritten Punkt vor, der das schon erwähnte Verfahren der Preisfestsetzung für den Santana betraf.

„Sie werden mir gestatten", ergriff der Oberbürgermeis-
ter erneut das Wort, „dass ich auch drei Punkte anspreche.
Erstens geht die Lokalisierung nicht schnell genug voran.
Zweitens beschäftigt SVW zu viele Expatriates und drittens
tun Sie aus meiner Sicht nicht genug für eine ausgeglichene
Devisenbilanz von Shanghai Volkswagen."

„Jawohl, Herr Oberbürgermeister", antwortete ich, „das
ist richtig, die Lokalisierung geht zu langsam." Ich wiederholte unseren Standpunkt, dass wir für den Teil der Lokalisierung in Form der Erweiterung der Fabrikanlagen und
Errichtung des Motorenwerks zwar verantwortlich seien,
während es der chinesischen Seite obliege, Teile und Kom-

ponenten zu lokalisieren. Für die chinesische Aufgabe boten
wir einmal mehr unsere Unterstützung an. Auch in der Frage der Anzahl der Expatriates kam es zu einer Annäherung
der Positionen, weil Paul und ich der Meinung waren, dass
wir auch sie auf längere Sicht zu „lokalisieren" hätten. Dies
müsste man Funktion für Funktion diskutieren. Schließlich
verabschiedeten wir uns voneinander.

Als Zhu Rongji uns mit seiner Delegation verlassen hatte, fragten sich in der Fabrik alle, wie man die Straße, die seit
drei Jahren nicht gesperrt worden war, nun innerhalb eines
Tages schließen wollte. Niemand konnte sich vorstellen, dass
die Angelegenheit, die sich nun schon so lange hingezogen
hatte, Tags darauf vom Tisch sein sollte. „Das wird ja peinlich", sagte ich zu den Kollegen, „wenn wir morgen beim
Oberbürgermeister anrufen müssen, weil sich wieder nichts
getan hat."

Am nächsten Tag um halb sieben Uhr früh fuhren Paul
und ich wie gewöhnlich zur Fabrik. Als wir uns ihr näher-
ten, stießen wir auf einen Stau von Fahrzeugen. Vor der Ein-
fahrt in das Fabrikgelände lag ein gewaltiger Kran quer über
der Straße und versperrte sie. Keiner kam weiter. Woher die
Chinesen den Kran über Nacht geholt hatten, und wer ihn
quer vor unsere Fabrikeinfahrt befördert hatte, haben wir
nie in Erfahrung gebracht. Doch seither endete die Luo Pu
Road vor unserem Tor. Noch am gleichen Tag begannen
Grabungsarbeiten für die Umgehungsstraße. Wir atmeten
auf, hatten wir doch einen viel versprechenden Auftakt von
Zhu Rongji als Oberbürgermeister Shanghais erlebt.

Für seine Tatkraft ist Zhu Rongji heute noch berühmt und
bekannt unter den Chinesen und den ausländischen Freunden. Langes Reden war seine Sache nicht. Sein Markenzei-
chen waren scharfe Analysen und schnelle Umsetzungserfol-
ge. Sie kennzeichneten das Wirken dieses beeindruckenden
Mannes, bis er sein Amt als Ministerpräsident der Volksrepublik im Jahre 2003 niederlegte.

Sichern Sie sich politische Unterstützung für Ihr Projekt

- Glauben Sie nicht an das Märchen von einer funktionierenden Privat- und Marktwirtschaft in China, in der politische Beziehungen ihren Wert verloren hätten. Geschäfte zu machen ist in China immer noch „political business". Im Zweifel hat stets die Politik das letzte Wort.
- Bauen Sie ein Netzwerk von vertrauensvollen Beziehungen auf („Guanxi"), wann und wo immer Sie es können. Pflegen Sie es über die Dauer einer kritischen Projektphase hinaus. Seien Sie sich sicher, dass Ihr chinesischer Partner diese persönliche Beziehung zu Ihnen sein Leben lang aufrechterhält, auch wenn Sie Ihr jetziges Amt oder Ihre heutige Funktion gar nicht mehr innehaben.
- Verlassen Sie sich nicht darauf, in der Provinz, in der Ihr Projekt gelegen ist, könne man Ihnen in allen Lebenslagen helfen. Fahren Sie besser zweigleisig und etablieren Sie in Beijing und auf der lokalen Ebene Kontakte, und zwar auf allen hierarchischen Stufen.
- Rechnen Sie damit, dass sich im Reich der Mitte der Wandel vom Verteilungs- zum Käufermarkt noch nicht allerorten vollzogen hat. Für den Absatz Ihrer Produkte in der abgelegenen Provinz kann es daher spielentscheidend sein, „Stützpunkte" in der noch weitgehend planwirtschaftlich agierenden Umgebung etabliert zu haben.
- Betrachten Sie die chinesische Bürokratie nicht als Desaster, sondern als Herausforderung. Aber akzeptieren Sie Korruption niemals als Herausforderung, sondern als Katastrophe, die es zu bekämpfen gilt.

12
Bilanz aus 1000 Tagen

Ende September 1987 zeichnete sich ab, dass der Arbeitsdirektor der Volkswagen AG, Karl-Heinz Briam, in der zweiten Hälfte des Jahres 1988 in den Ruhestand gehen würde. Dr. Hahn ließ mich wissen, dass ich als einer von mehreren Kandidaten im Gespräch sei und das Präsidium des VW-Aufsichtsrates über die Personalie zügig entscheiden möchte. Aus diesem Grund sollte ich mich so bald wie möglich zu Vorstellungsgesprächen nach Deutschland aufmachen. Ich tat dies ehrlich gesagt mit gemischten Gefühlen.

Natürlich hatte die Vorstellung etwas Faszinierendes, als Mittvierziger in den Vorstand der Volkswagen AG berufen zu werden mit der Aufgabe, die personalpolitischen Geschicke des Konzerns weltweit mitzugestalten. Andererseits hatte ich für die Aufgabe in Shanghai auf einem Fünfjahresvertrag bestanden. Jetzt, wo wir die Anfangsschwierigkeiten einigermaßen überwunden hatten und so richtig Tritt fassten, sollte ich die Unternehmung SVW nach 1000 Tagen verlassen? Gar nicht auszumalen, wie die chinesischen Partner reagierten, wenn ich letztlich bei der Bestellung gar nicht zum Zuge käme. Könnte ich jemals wieder auf das Vertrauen bauen, das wir uns bis dato erarbeitet hatten? Auf der anderen Seite war klar, dass meine Familie wegen der Einschulung der Kinder ins Gymnasium in Deutschland Shanghai in Kürze verlassen würde. Vielleicht gäbe es ja auch die Möglichkeit, die begonnene Arbeit in Shanghai, wenn schon nicht auf operativer, so doch als stellvertretender Vorsitzender des „Board of Directors" auf anderer Ebene fortzusetzen?

Noch im Dezember 1987 wurde sich das Präsidium des Aufsichtsrates dahingehend einig, dem Gremium in seiner ersten ordentlichen Sitzung Ende Februar 1988 vorzuschla-

gen, mich als Nachfolger im Amt des Arbeitsdirektors zu
bestellen. So geschah es, und meine Tage in Shanghai waren
demgemäß bis Mitte 1988 gezählt.

Was hatten wir geschafft?

Das nahende Ende meiner Zeit in Shanghai vor Augen zog
ich im Frühjahr 1988 eine erste Bilanz. Was hatten wir erreicht? Wie weit waren wir gekommen in den drei Jahren,
die vergangen waren, seit wir mit unserer Arbeit begonnen
hatten?

Die Modernisierung der Fabrik war trotz aller Schwierigkeiten auf bestem Wege. Noch in diesem Jahr würde ein
Presswerk mit der höchsten Automation in China in Betrieb
genommen werden. Das Schmuckstück von Shanghai Volkswagen und für China, die hochmoderne Motorenfabrik,
deren Montagelinie Dr. Hahn im Herbst 1987 per Knopf-
druck gestartet hatte, sah ihrer Vollendung entgegen. Die
Montage war nun für 200 Fahrzeuge ausgelegt. Der neue
Rohbau erfüllte seine Funktion, bestens ausgestattet mit
einem Roboter, den VW uns zu Demonstrationszwecken ge-
schenkt hatte. Weitere unterstützende Anlagen wie Boiler-
haus, Transformatorenstationen und zentrales Ersatzteilla-
ger waren nicht mehr „von gestern", sondern in einem zeit-
gemäßen Zustand. Mit Genugtuung konnten wir feststellen,
dass uns das Jahr 1988 die modernste Automobilfabrik mit
einer Kapazität von 60000 Einheiten und die modernste Motorenfabrik in der Volksrepublik China für 100000 Stück
bescheren würde, wenn auch die neue Lackiererei erst 1989
eingeweiht werden könnte.

In der Bilanz per Ende des Jahres 1988 würde der Durchbruch im Rahmen der Nationalisierung einen markanten
Eindruck hinterlassen, der nicht zuletzt den energischen Bemühungen aller an diesem Prozess Beteiligten zu verdanken
war. Fast 17 Prozent aller Teile des Santanas würden nun in
China produziert werden. Und mit dem Fortschritt der Lokalisierung, da war ich mir sicher, würden sich sogar die Li-

quiditätsprobleme entspannen, die uns ständig beschäftigt hatten. Nun wurde langsam sichtbar, dass unsere anstrengenden Qualitätsdebatten der Mühe wert gewesen waren. Unsere Hahn'sche „Sturheit" trug Früchte. Ein weltweit nach einheitlichen Maßstäben agierendes VW-Team bescheinigte der SVW auf der Messskala, die die Produktqualität des Santanas widerspiegelte, im vorderen Drittel angekommen zu sein. Welch ein Fortschritt im Denken und Handeln unserer chinesischen Mitarbeiter! Jetzt wurde Wirklichkeit, was Oberbürgermeister Zhu Rongji einmal anlässlich eines gemeinsamen Treffens erklärt hatte: „Wer das moderne deutsche System der Qualitätssicherung erlernen möchte, sollte Shanghai Volkswagen besuchen."

In vielen Bereichen waren Fortschritte unübersehbar. Der Santana hatte sich zum Bestseller auf dem chinesischen Markt gemausert. Auf den Straßen aller damaligen 30 Provinzen, autonomen Regionen und direkt der Zentralregierung zugeordneten Städte fuhren unsere Autos, ob in Lhasa, auf dem Dach der Welt, im nördlichen Harbin oder südlichen Guangzhou. 1986 waren knapp 8500 Einheiten verkauft worden, 1987 schon mehr als 11000. 1988 sollte der Verkauf auf gut 15500 ansteigen. 36 voll funktionsfähige Servicestationen standen unseren Kunden im ganzen Land zur Verfügung, deren Dienstleistung durch zwei mobile Serviceeinheiten in den Ballungszentren Shanghai und Beijing ergänzt worden waren, um vor Ort schneller helfen zu können. Unsere Marketingaktivitäten waren nun landesweit zu erkennen. Wir nutzten eine Möglichkeit der Produktwerbung, die damals in China noch in den Kinderschuhen steckte. In jeder größeren Stadt prangte unser Santana auf riesigen Plakatflächen, auf denen zu lesen war: „Shanghai Santana – The Most Advanced Car In China". Der Santana aus Shanghai, unser Santana, war das fortschrittlichste, das modernste, das beste Auto im Reich der Mitte.

Schließlich waren wir in unseren personalpolitischen Bemühungen ganz wesentlich vorangekommen. Das leistungsbezogene Entgeltsystem, mit dem wir 1986 begonnen hatten, die „eiserne Reisschüssel" zu zerschlagen, ein Symbol des überkommenen, alten Chinas, begann nun zu greifen. Es wurde mustergültig auch für andere Unternehmen des Landes, die beim Projekt der industriellen Modernisierung mitmachen und an den Früchten der Reform teilhaben wollten. Auch die gemeinsam erarbeitete, am deutschen dualen Prinzip der Berufsausbildung orientierte Facharbeiterausbildung der SVW erwies sich für andere als hilfreiches Instrumentarium, um sich aus den Zwängen der Planwirtschaft allmählich zu befreien.

Diese internen Qualifizierungsbemühungen wurden durch die Ausbildung von chinesischen Mitarbeitern in deutschen VW-Werken und in Brasilien begleitet und unterstützt. Durch die nun gegebene Möglichkeit, jährlich rund 100 gut ausgebildete und ehrgeizige Graduates von Shanghais besten Universitäten anzuwerben, waren wir in Sachen Qualifizierung unserer zwischenzeitig auf 2 250 Mitarbeiter gewachsenen Belegschaft auf einem wirklich guten Weg.

Die Mitarbeiter hatten schon viel gelernt, sie arbeiteten gewissenhaft und fleißig, verdienten gutes Geld, hatten einen sicheren Arbeitsplatz, zwei Wochen Urlaub im Jahr und ein gutes Essen in der modernisierten Werkskantine. Jeder Mitarbeiter hatte einen garantierten Sitzplatz im Bus, der ihn morgens zur Fabrik brachte und mit dem er nach Feierabend nach Hause fuhr. Die blauen SVW-Jacken trugen unsere Mitarbeiter mit Stolz, auch außerhalb des Werksgeländes.

Alles in allem galt Shanghai Volkswagen nun in China als Musterbeispiel für eine gelungene und in Zusammenarbeit mit einem ausländischen Partner erfolgte Modernisierung. Chinesische Führungspersönlichkeiten nannten SVW „a window of China to the outside world", ein Fenster Chinas zur Welt.

Noch im Jahr 1988 beendete der Staatsrat das jahrelange Tauziehen um das „Big Project", indem er salomonisch entschied, dass die FAW, die SAW und Shanghai als Standorte für eine Großfertigung ausersehen seien. Damit war die bisherige Konkurrenz nicht beendet, sondern nur auf eine andere Ebene verlagert worden. Immerhin rechneten wir uns gute Chancen für die weitere Entwicklung der Shanghai Volkswagen aus. Auch der Mutterkonzern, der sich durch den Schachzug in Changchun mit Audi ein zweites Standbein geschaffen und sich gleichzeitig eines potentiellen Wettbewerbers (Chrysler) entledigt hatte, sah insgesamt eine gute Möglichkeit, seine Präsenz in der Volksrepublik deutlich auszubauen. Dies auch deshalb, weil bei dem einzigen „großen" Wettbewerber, der SAW, noch kein ausländischer Partner in Sicht war, von den drei „mittleren" Pkw-Herstellern Beijing Jeep, Peugeot und Daihatsu in Tianjin (Lizenzfertigung) keine größere Gefahr ausging und die zwei „kleinen" japanischen Hersteller Suzuki und Fuji Heavy Works als Projekte auf Lizenzbasis in abgelegenen Provinzen ihr Eigenleben führten. Übrigens blieb diese so genannte 3:3:2-Formation bestehen, bis China 2001 der Welthandelsorganisation (WTO) beitrat.

Wir wissen, dass weitere drei Jahre verstrichen, bis 1991 das Joint Venture FAW-Volkswagen gegründet wurde, in dem die Audi-Lizenzfertigung aufging und in dem fortan der VW Jetta gefertigt wurde. Was wir allerdings nicht geschafft hatten und was bis heute nur unzureichend gelungen ist, war, in nennenswertem Umfang Teile und Komponenten, die in China für den Santana gefertigt wurden, zu exportieren und in den weltweiten Konzernverbund einzuspeisen. Insoweit blieb mehr Wunsch, als in Wirklichkeit möglich war. Denn entweder stimmte die Qualität nicht oder der Preis, und manchmal fiel beides zusammen.

Im Sommer 1988 übergab ich meine Aufgabe an meinen Nachfolger Dr. Burkhart Welkener. Als ich Anting verließ, nahm ich nicht ohne leise Wehmut Abschied von den Menschen, mit deren vielfältigem Wissen, unermüdlichem Einsatz und Geduld es tatsächlich gelungen war, aus der „Bruchbude", die wir anfangs vorgefunden hatten, eine ordentliche Autofabrik zu machen, die Santanas in Eins-a-Qualität produzierte, wenn auch noch in kleinen Mengen. Wer unsere Anfänge gesehen hatte, musste zugeben, dass Hans-Joachim Paul mit seinem Team in der Fabrik regelrechte Wunder vollbracht hatte. Er blieb übrigens noch bis 1989 im Amt.

Im Oktober 1989 nahm das letzte fehlende Teilstück der modernisierten Fertigung seinen Betrieb auf, die Lackiererei. Ich ließ es mir nicht nehmen, den Abschluss der Modernisierung der Fabrik mitzufeiern, und genoss den Tag als Stellvertretender Board-Vorsitzender von SVW, dankbar, dass ich Shanghai Volkswagen in dieser Funktion auch in meinem neuen Amt als VW-Arbeitsdirektor weiter begleiten durfte.

Die Musterfabrik der Modernisierung

„Shanghai Volkswagen", fasst Jiang Tao die Entwicklung zusammen, „wurde vor fast 20 Jahren gegründet. 20 Jahre sind nur ein kleiner Augenblick in dem langen Fluss der Geschichte, aber dieser hat in der neuzeitlichen Geschichte der chinesischen Automobilindustrie einen beachtlichen Eindruck hinterlassen. Shanghai Volkswagen hat eine wichtige exemplarische Wirkung bei der Modernisierung der Automobilindustrie in Shanghai und der Förderung der großartigen Entwicklung der chinesischen Pkw-Industrie."

Unser Santana entwickelte sich, wie in unserer ersten Werbung versprochen, tatsächlich zum Trendsetter der Motorisierung und eroberte jeden Winkel des großen Landes. Jiang Tao: „Aufgrund der nachhaltigen Entwicklung der chinesischen Wirtschaft stieg die Pkw-Nachfrage ständig, überdies war der von SVW hergestellte Santana bei den damaligen chinesischen Verbrauchern sehr populär. Der Absatz der Shanghai Volkswagen nahm sehr schnell zu. Die Liquidität erhöhte sich konsequent. Um die Marktnachfrage zu befriedigen, erweiterte sich Shanghai Volkswagen ständig. (...) Heute ist Shanghai Volkswagen bereits der größte modernisierte Pkw-Hersteller Chinas. (...) Zur Markengruppe der Shanghai Volkswagen gehören heute fünf Typen, Santana, Santana 3000, Passat, Polo, Gol und Touran, und sechs Serien mit dutzenden Modellen. Volkswagen ist der ersten Pkw-Hersteller mit einer Gesamtproduktion von drei Millionen Autos in China."

Jiang Tao würdigt SVW als „Meilenstein in der Entwicklungsgeschichte der chinesischen Pkw-Industrie. Shanghai Volkswagen hat mit geringen Anfangsinvestitionen die Chance der Reform- und Öffnungspolitik genutzt, sich, unterstützt von allen Seiten in China sowie mit Hilfe von Volkswagen, in mehr als 20-jährigem Bemühen aller chinesischen und deutschen Mitarbeiter zu einem modernen Pkw-Hersteller mit der Kapazität von 450 000 Autos entwickelt. SVW hat die Pkw-Industrie Shanghais völlig verändert und erheblich zur schnellen Entwicklung der chinesischen Pkw-Industrie insgesamt beigetragen. (...) Von den heutigen wichtigsten großen Automobilunternehmen in China gibt es kein einziges, das nicht der Entwicklungsformel, dem Beispiel von SVW gefolgt wäre. Durch SVW wurde die Zahl der Autoteile- und Zubehörunternehmen so aufgestockt, dass später gegründete Pkw-Hersteller davon profitierten. China hat sich in weniger als 20 Jahren zu einem der größten Automobilherstellungsmärkte und -konsummärkte der Welt entwickelt, wofür der Beitrag der SVW unentbehrlich war."

Chen Xianglin ergänzt aus seiner Warte die bis heute reichende Bilanz: „Nach 20 Jahren hat sich Shanghai Volkswagen zu einer der erfolgreichsten Firmen der Automobilindustrie in China entwickelt, und die Automobilindustrie ist zu einer der wichtigsten Säulenbranchen in Shanghai geworden. In dieser Zeit entwickelte sich die Zusammenarbeit zwischen den chinesischen und deutschen Partnern erfolgreich, wenn auch der Weg nicht immer ohne Schwierigkeiten war. In dem heutigen chinesischen Markt, mit vielen Konkurrenten, entspricht die Entwicklung der Shanghai Volkswagen einem alten chinesischen Sprichwort: ‚Bootsfahrt gegen Wasser, entweder vorwärts oder rückwärts.' Nur wenn wir die Vergangenheit zusammenfassen, uns weiterhin innovativ entwickeln, den Veränderungen anpassen, wissenschaftliche Entscheidungen treffen, können wir noch einmal einen großartigen Erfolg erzielen. Um die Interessen der chinesischen und deutschen Partner abzusichern beziehungsweise um die nachhaltige Entwicklung der Shanghai Volkswagen zu gewährleisten, hoffen wir, dass die deutsche Volkswagen

AG bei der Unterstützung des Shanghai-Volkswagen-Joint-Ventures hinsichtlich der eigenständigen Produktentwicklung, des Exportes in das Ausland und der Verwendung lokaler Teile- und Zubehörprodukte weiterhin tatkräftig ist."

Nicht zuletzt, und das freut mich persönlich, wird nach Jahrzehnten ersichtlich, dass uns die „Lokalisierung" des Managements in nicht unbeträchtlichem Ausmaß gelungen ist. Wenn ich heute in China auf Reisen dortige Automobilunternehmen besuche, treffe ich nahezu überall chinesische Top-Manager, deren berufliche Laufbahn mit einer Ausbildung bei Shanghai Volkswagen begonnen hat. Jiang Zhiwei etwa, den der Kollege Paul anfangs so gern in seiner Fertigung gehabt hätte, den die STAC dann aber doch für sich beanspruchte, ist heute Direktor bei Korean Ssangyong Motor Co. Ltd., einem chinesisch-koreanischen Joint Venture mit der SAIC Motor Corporation. Deren Präsident ist Chen Hong, der so strebsam in Wolfsburg gelernt hatte, was er bei SVW dann nicht so schnell umsetzen konnte, wie er es gern getan hätte.

Dass uns auch ein Stück weit menschliche Verständigung jenseits kultureller Grenzen gelungen war, lassen zwei resümierende Urteile vermuten, die mich persönlich berühren. Sie stammen von Wang Rongjun, unserem zweiten Vorstandssprecher, und Chen Yunqin, meiner klugen, fleißigen und immer hilfsbereiten Sekretärin. Wang Rongjun fasst seine Zeit bei Shanghai Volkswagen in den Sätzen zusammen: „Die Jahre, in denen ich bei Shanghai Volkswagen arbeitete, waren die besten Jahre meines Lebens, in denen ich das meiste gelernt und zugleich die größte Leidenschaft in meine Arbeit eingebracht habe. Die Zusammenarbeit mit ausländischen Kollegen war erfreulich, die Geschäftsführung arbeitete effektiv, das Unternehmen wurde zügig aufgebaut und hat sich schnell entwickelt. Immer wenn ich an diese Zeit denke, ist es für mich eine sehr schöne Erinnerung." Ähnlich fällt die Bilanz von Frau Chen aus, wenn sie sich an ihre SVW-Zeit erinnert: „Es war die härteste, aber auch die schönste Zeit in meinem Leben."

Gewiss, die politische Führung hatte sich die Modernisierung der Industrie Ende der 70er Jahre auf ihre Fahnen geschrieben und stellte in Beijing die politischen Weichen für diesen Prozess. Engagiert betrieben und schließlich umgesetzt wurde die Modernisierung aber vor Ort, in den Kommunen und in den Unternehmen. Unsere Übersetzer, unsere chinesischen Kollegen, unsere deutschen Mitarbeiter, wir alle verstanden uns als Agenten der Veränderung, als Triebkräfte der Reform.

Shanghai Volkswagen aufzubauen war eine große Herausforderung für jeden, der daran beteiligt war, in erster Linie die Mitarbeiter, das Management, unsere Board-Mitglieder, unsere Kollegen von Volkswagen und die Freunde von der STAC, unsere weiteren chinesischen Anteilseigner CNAIC und BoC, die Beamten der Stadtverwaltung, die zuständigen Minister, Kommissionsleiter oder Industriefunktionäre aus Beijing. Nicht zu vergessen das Heer der – übrigens in aller Regel ehrenamtlich tätigen – Senior Experten, die chinesischen Zulieferer und die vielen deutschen Kollegen aus der hiesigen Zulieferindustrie, die sich – nach gründlicher Prüfung selbstverständlich – ein Herz fassten und zu einem frühen Zeitpunkt auch den Sprung in den chinesischen Markt wagten. Das ambitionierte Vorhaben der Modernisierung der chinesischen Autoindustrie gelang bei SVW nur mit diesen vereinten Kräften.

Wesentlichen Anteil an dem Kunststück der Bündelung der Kräfte hatte Zhu Rongji, den wir als Vizechef der Zentralen Wirtschaftskommission in Beijing kennen und als Oberbürgermeister von Shanghai respektvoll schätzen lernten. Zum 20. Jahrestag der Gründung von Shanghai Volkswagen, im Oktober 2004, gratulierte der ehemalige Ministerpräsident dazu, dass es bei SVW gelungen sei, „ein Modell der umfassenden Zusammenarbeit in Form eines chinesisch-deutschen Unternehmens zu kreieren". Ein gutes Jahr später, im Dezember 2005, verlieh die Union Mittelständischer Unternehmen e. V. (UMU) dem engagierten Wirtschaftsreformer in Beijing in Anwesenheit von Bundeskanzler Gerhard Schröder und einer großen Wirtschaftsdelegation aus Deutschland den Europäischen Mittelstandspreis.

Ich empfand es als große Ehre, dass Zhu Rongji mich bei seiner Dankesrede direkt ansprach und in der für ihn typischen
Art bemerkte: „Zwischen uns gab es eine gute Zusammenarbeit, aber auch oft Auseinandersetzungen." [9]

Ja, wir stritten uns oft mit unseren chinesischen Partnern, aber das war unvermeidlich, nur so konnten wir zu-
einander finden, nur mit Kompromissen, die beide Partner
tragen konnten – „immer im Interesse des Joint Ventures",
wie unser alter Freund und Weggefährte Zhang Changmou
es ausdrückt.

Das letzte Wort überlasse ich voller Hochachtung dem
Großvater des Projektes Shanghai Volkswagen, Jiang Tao.
Er stellte im Rückblick auf die Gründungsgeschichte abschließend fest: „Shanghai Volkswagen konnte deshalb einen
so strahlenden Erfolg erzielen, weil die beiden Partner und
alle chinesischen und deutschen Mitarbeiter die günstige Situation ergriffen haben, und mit Ehrlichkeit zusammengear-
beitet, zusammengehalten und für das Ziel gekämpft haben.

Sie studierten die Schwierigkeiten gemeinsam und suchten gemeinsam nach Lösungen. Sie diskutierten bei Auseinandersetzungen gemeinsam und einigten sich auf die beste Meinung. So konnte sich das Joint-Venture-Unternehmen gut
entwickeln, so erzielten beide Partner Gewinn. Meiner Meinung nach ist es eine sehr wichtige Erfahrung. Jedes chi-
nesisch-ausländische Kooperationsprojekt wird bei einer
solchen Einstellung erfolgreich sein. Deswegen bin ich der
Auffassung, wenn Chinesen mit Deutschen in irgendeiner In-
dustriebranche in vergleichbarer Weise zusammenarbeiten,
gibt es bestimmt gute Aussichten für einen Erfolg des Projektes oder des Unternehmens."

Machen Sie aus Ihrem China-Engagement einen dauerhaften Gewinn

- Was immer Sie in China unternehmen, Sie werden, wenn Sie genau hinhören und hinschauen, reichlich lernen können.
- Tragen Sie das Erlernte systematisch zusammen und bereiten Sie es so auf, dass Ihr Unternehmen weltweit davon profitieren kann.
- Erbitten Sie von jedem Expatriate, der China wieder verlässt, eine ausführliche Darstellung („debriefing") darüber, was er vor Ort an Stärken und Schwächen der heimischen Zentrale während der Dauer seines Einsatzes empfunden hat.
- Fragen Sie nach Empfehlungen, auf welchen Arbeitsfeldern und auf welchem Wege Verbesserungen und Veränderungen eingeleitet werden sollten.
- Lassen Sie sich detailliert schildern, was die Chinesen besser machen als wir und fragen Sie nach Vorschlägen, wie man dies in unsere Managementkultur einbringen kann.
- Diskutieren Sie diese Ergebnisse zu Hause auf der Ebene des höchsten Führungsgremiums. Demonstrieren Sie bei der Bekanntgabe dessen, was es aufgrund der Erfahrungen in China daheim zu verändern gilt, dass Sie Ihre oft beschworene Rolle als „change agent" wirklich wahrnehmen.

Anhang

Anmerkungen

Die im Text zitierten Äußerungen stammen aus den im Vorwort be-
nannten Quellen, aus Gesprächen mit Hans-Joachim Paul und Klaus
Wulf oder aus Gesprächsprotokollen des Verfassers.

[1] Hahn, Carl H.: Meine Jahre mit Volkswagen, Signum Verlag, München 2005, S. 176.
[2] Jungblut, M.: Volkswagen für die Volksrepublik, in: *DIE ZEIT*, 17.
Oktober 1985.
[3] Hoon-Hallbauer, S. K.: Management of Sino-Foreign Joint Ventures, Lund University Press, Lund 1994, S. 143 (Übersetzung d.
Verf.).
[4] Hahn, Carl H., a. a. O., S 164.
[5] Hoon-Hallbauer, S. K., a. a. O., S. 140 f. (Übersetzung d. Verf.).
[6] Hahn, Carl H., a. a. O., S 179.
[7] Hahn, Carl H., a. a. O., S 167.
[8] Harvard Business School N9-696-092, March 18, 1996 (Übersetzung d. Verf.)
[9] Zhu Rongji, in: Union Mittelständischer Unternehmen e.V. – UMU,
Europäischer Mittelstandspreis – Global Award – 2004/2005, Bro-
schüre, S. 30.

Abkürzungen

AMC	American Motors Co.
BoC	Bank of China
BMZ	Bundesministerium für wirtschaftliche Zusammenarbeit und Entwicklung
CKD	Completely Knocked Down (völlig auseinander genommen)
CNAIC	China National Automotive Industry Corporation
Co.	Company
Co. Ltd.	Company limited (Gesellschaft mit beschränkter Haftung)
COSCO	China Ocean Shipping Co.
e. V.	eingetragener Verein
EXCOM	Executive Committee (Organ des operativen Managements, dem deutschen Vorstand vergleichbar)
Expat(s)	Expatriate(s) (Fachbegriff für ausländische Mitarbeiter, die mit einem Arbeitsvertrag an das Joint Venture gebunden sind)
FAW	First Automobile Works, Changchun, Provinz Jilin
FAW-VW	First Automobile Works-Volkswagen Co. Ltd. (1991 gegründetes Joint Venture)
FEC	Foreign Exchange Certificates
GTZ	Gesellschaft für technische Zusammenarbeit
KPC	Kommunistische Partei Chinas
Mio.	Million(en)
MOFERT	Ministry of Foreign Economic Relations and Trade (Außenhandelsministerium)
Mrd.	Milliarde(n)
NORINCO	China North Industries Corporation
RMB	Renminbi („Währung des Volkes"), chinesische Landeswährung
SAIC	Shanghai Automotive Industry Corporation (vormals SATIC)
SATIC	Shanghai Automobile Tractor and Industry Corporation (vormals STAC)
SAW	Second Automobile Works, Shiyan, Provinz Hubei
SEC	State Economic Commission (Staatliche Wirtschaftskommission)
SES	Senior Experten Service, Stiftung der Deutschen Wirtschaft für internationale Zusammenarbeit gGmbH · gemeinnützige Gesellschaft
SGM	Shanghai General Motors Corporation Co. Ltd.
SKD	Semi Knocked Down (halb auseinander genommen)
SOE	State Owned Enterprises (Staatsunternehmen)

SPC	State Planning Commission (Staatliche Planungskom-mission)
STAC	Shanghai Tractor and Automobile Corporation
SVW	Shanghai Volkswagen Automotive Co. Ltd.
UMU	Union Mittelständischer Unternehmen e. V.
VDA	Verband der deutschen Automobilindustrie e. V.
WTO	World Trade Organisation (Welthandelsorganisation)

Literaturhinweise

Auswahl weiterer Veröffentlichungen des Verfassers zum Thema China

Posth, M.: The Automobil Sector. In: China's Accession to the World Trade Organization. National and International Perspectives. Edited by Heike Holbig and Robert Ash. RoutledgeCurzon 2002, pp. 75–99

Posth, M.: Wirtschaftsmacht China. Vom Entwicklungsland zur Handelsnation. In: Internationale Politik, April 2001_ Nr. 4 _ 56. Jahr, S. 9–16

Posth, M.: Wirtschaftsraum China – Motor des asiatischen Jahrhunderts oder Risiko für Ausländische Investoren? In: FAZ-Institut, Handbuch Länderprofile und Marktanalysen 2001, S. 146 ff.

Posth, M./Bergmann, G.: Managementprobleme internationaler Equity Joint Ventures. In: Macharzina/Oesterle (Hrsg.): Handbuch Internationales Management: Grundlagen – Instrumente – Perspektiven, Gabler Verlag, Wiesbaden 1997, S. 536–552, auch als Sonderdruck erschienen

Posth, M.: Der Aufbau einer Pkw-Industrie in China. In: China – Eine Chance für die deutsche Automobilindustrie, VDA 3, Frankfurt am Main 1994, S. 11–25

Posth, M.: Erfahrungen von Volkswagen bei Einstieg, Aufbau und Führung von Gemeinschaftsunternehmen in der Volksrepublik China. In Kumar/Haussmann (Hrsg.): Handbuch der Internationalen Unternehmenstätigkeit, Verlag C.H. Beck, München 1992, S. 1013–1030

Posth, M.: Der Aufbau von Shanghai Volkswagen (SVW) – Praktische Erfahrungen bei der Errichtung eines Joint Venture. Vortrag 40. Deutscher Betriebswirtschafter-Tag, Berlin, 20.–22. 10. 1986; veröffentlicht in: Zfbf Sonderheft 22/87, China als Markt und Kooperationspartner, S. 89–99, Hrsg. des Sonderheftes: Prof. Dr. E. Frese, Prof. Dr. G. Lassmann

Personenregister

Testimonials

„Um Chinas wirtschaftliche Entwicklung wirklich zu begreifen, muss man sich mit dem Verlauf ganz konkreter Projekte beschäftigen. Das gilt vor allem für diejenigen, die ein eigenes Engagement vor Ort erwägen. Dazu bietet das Buch von Martin Posth ein einzigartiges Dokument: Zeugnis profunder Kenntnis, didaktisch gut aufgebaut, mit nachvollziehbaren Schlussfolgerungen, einfach lesenswert!"

Prof. Dr. Heinrich v. Pierer
Vorsitzender des Aufsichtsrats der Siemens AG,
Vorsitzender des Asien-Pazifik-Ausschusses der Deutschen Wirtschaft
Vorsitzender des Deutsch-Chinesischen Dialogforums

„Dieses Buch ist Pflichtlektüre für jeden, der versucht in China oder über China zu arbeiten. Die persönlichen Erfahrungen eines Managers der ersten Stunde helfen auch der Wissenschaft, die Transformation Chinas in neuem Licht zu sehen. Die praktischen Lehren, die Martin Posth zieht, sollte jeder beherzigen, der in China Erfolg haben will."

Prof. Dr. Eberhard Sandschneider
Deutsche Gesellschaft für Auswärtige Politik

„Martin Posth hat mit dem Aufbau des Volkswagenwerkes in Schanghai zu Beginn der Reform-Ära Deng Xiaopings eine breite Bresche in die Mauer geschlagen, hinter der sich das Reich der Mitte bis dahin verschanzt hatte. Seine Erfahrungen sind nützlich für jeden, der sich auf dem chinesischen Markt mit Erfolg bewegen möchte. Die spannende Lektüre seines Berichtes und die Beherzigung seiner Einsichten können jedem Unternehmer viel Lehrgeld ersparen."

Dr. Theo Sommer
DIE ZEIT, Editor-at-Large

„Für Chinesen ist dieses Buch von Martin Posth ein historisches Dokument über die Öffnungspolitik und für ausländische Investoren eine Pflichtlektüre."

Prof. Xu Kuangdi
Oberbürgermeister von Shanghai 1995 – 2001
Präsident des chinesischen Industrieverbandes
Vorsitzender des Deutsch-Chinesischen Dialogforums

Ein absolutes Muss für alle China-Interessenten!

Himmelmann/Hungerbach
Das CHINA-PARADOX
250 Seiten.
ISBN 3-446-40289-6

China ist schon heute der größte Handelspartner in Asien. Das Land des Lächelns bietet viele Chancen, aber auch genauso viele Risiken. In diesem Buch wird Tacheles geredet: Ob es sich um die Voraussetzungen für ein wirtschaftliches Engagement in China, um das unsichere Rechtssystem oder die allgegenwärtige Korruption handelt – die Autoren schildern das chinesische Wirtschaftsleben hautnah und nehmen dabei kein Blatt vor den Mund!

Gewissensfragen für Manager.

Hemel
Wert und Werte
326 Seiten.
ISBN 3-446-22813-6

Wirtschaft und Ethik gehören zusammen. Das sagen alle Manager – in ihren Sonntagsreden. Aber Ethik tut weh: Darf ein Manager einen Unternehmensstandort schließen, der nicht so profitabel arbeitet wie andere? Muss er es, wenn dadurch das Unternehmen als Ganzes wettbewerbsfähiger wird? Darf er in einem Land produzieren, das Kinderarbeit toleriert? Lässt sich die Trennung von einem schwachen Mitarbeiter verantworten, der in die sichere Arbeitslosigkeit entlassen wird?

Der Autor betreibt keine Feierabendphilosophie für Hochglanzprospekte. Er macht Ethik nutzbar für den Unternehmensalltag: praktisch, handfest und verständlich.

Mehr Informationen zu diesem Buch und zu unserem Programm
unter **www.hanser.de/wirtschaft**